21世纪高等教育计算机规划教材

C 程序设计及实验指导

C Programming

李俊生 杨波 黄继海 编著

U0316232

人民邮电出版社

北 京

图书在版编目（CIP）数据

C程序设计及实验指导 / 李俊生，杨波，黄继海编著
. -- 北京：人民邮电出版社，2012.12（2016.1重印）
21世纪高等教育计算机规划教材
ISBN 978-7-115-30548-0

Ⅰ．①C… Ⅱ．①李… ②杨… ③黄… Ⅲ．①
C语言－程序设计－高等学校－教学参考资料 Ⅳ.
①TP312

中国版本图书馆CIP数据核字(2013)第016752号

内 容 提 要

全书共分为三篇："基础知识"篇、"综合"（课题实训）篇和"C 程序设计实验指导"篇，主要内容涵盖了 C 语言概述，数据描述和运算，结构化程序设计思想和三种基本结构，数组、函数、指针，复合结构，预处理，位运算，文件、基本算法、课题研讨及实验等。

"基础知识"篇主要讲解课程所要求的知识点，旨在培养读者对 C 程序设计基本理论的学习；"综合"篇按研究或讨论课题展开，强化基本理论学习与实际的结合，旨在培养读者综合程序设计能力；"C 程序设计实验指导"篇旨在加深对讲授内容的理解，培养学生独立编写源程序、独立上机调试、独立运行程序和分析结果的实践应用能力。

本书设计独特、新颖，语言精练、通俗易懂，结构紧凑，注重理论和实践编程能力的培养。各章节配有练习题可供读者练习，同时还为读者精心设计了课题实训题目，使读者养成良好的程序设计风格的同时，进一步提高程序设计能力。

本书由多年教学经验的一线老师编写，可作为地方院校大学本科、高职高专等开设 C 程序设计课程的教材及实验指导，也可供参加全国计算机等级考试者参考。

◆ 编　著　李俊生　杨　波　黄继海
责任编辑　李海涛

◆ 人民邮电出版社出版发行　　北京市丰台区成寿寺路 11 号
邮编　100164　电子邮件　315@ptpress.com.cn
网址　http://www.ptpress.com.cn
北京中石油彩色印刷有限责任公司印刷

◆ 开本：787×1092　1/16
印张：17　　　　　　　2012 年 12 月第 1 版
字数：445 千字　　　　2016 年 1 月北京第 2 次印刷

ISBN 978-7-115-30548-0

定价：36.00 元

读者服务热线：(010)81055256　印装质量热线：(010)81055316
反盗版热线：(010)81055315

前　言

　　"C 程序设计"是一门理论性和应用性均较强的课程，它具有高级语言的特性，可以作为系统程序设计语言，也可以作为应用程序设计语言，本书是作者根据多年从事 C 语言课程教学的经验和体会而精心编写的，旨在为 C 程序设计教学提供理论与实验环节，使读者不仅能全面地掌握 C 语言程序设计的基本思想、方法和技术，而且能掌握计算机程序设计能力。

　　教材突出基础理论知识的应用和编程能力的培养，在编写过程中力求语言精练、内容实用、注重实践，以方便教学和读者自学。全书共分为三篇："基础知识"篇、"综合"（课题实训）篇和"C 程序设计实验指导"篇，主要内容涵盖了 C 语言概述，数据描述和运算，结构化程序设计思想和三种基本结构，数组、函数、指针，复合结构，预处理，位运算，文件、基本算法、课题研讨及实验等。

　　在"基础知识"篇中，主要讲解课程所要求的知识点，旨在培养读者对"C 程序设计"课程基本理论的学习，各章节根据 C 语言的特点，力求突出系统性、实用性，简明易懂，由浅入深地讲授 C 语言的基本内容，该篇每章章节末都附有习题练习以供读者进行训练。

　　在"综合"篇中，以"研究或讨论课题"为主线，精心设计具有实际意义的综合案例，并展开案例分析与算法设计，强化理论学习与实际的结合，目的是以自主研究分析学习为前提，培养和锻炼读者的综合程序设计能力。

　　在"C 程序设计实验指导"篇中，主要为 C 程序设计课程理论教学提供实验环节，以任务驱动为前提，围绕实验目的，对实验内容进行精心设计，加强读者编程能力的训练和良好程序设计风格的培养，同时在实验学时安排上，要求一个实验对应 2 ~ 3 个学时，以完成课程教学所要求的基本实验学时数。

　　本书凝聚了红河学院、中州大学许多一线工作的教师及工程师多年的编程经验及智慧，他们是：李俊生、杨波、黄继海、傅锦伟、李迎江、晏立、杨翔、高山武、张建美、许海成、娄七明等。

　　由于时间紧迫，加之编者的水平有限，书中难免有不足之处，敬请读者提出宝贵意见。

编　者

2012 年 11 月

目　录

第 2 篇 综合（课题实训）

第 3 篇　C 程序设计实验指导

第 1 篇
基础知识

第1章
C 语言概述

教学目标

◆　掌握 C 语言标识符的命名方法；

◆　熟悉 C 语言源程序的基本结构与书写风格；

◆　了解 C 语言程序的结构，main 函数和其他函数；

◆　了解头文件，数据说明，函数的开始和结束标志以及程序中的注释。

1.1　C 语言的发展过程

　　C 语言是在 20 世纪 70 年代初在美国问世的。1983 年由美国国家标准协会（American National Standards Institute）制定了一个 C 语言标准，通常称之为 ANSI C。由于 C 语言的强大功能和各方面的优点，C 语言被信息界视为当代最优秀的程序设计语言之一，得到了广泛的使用。

1.2　当前 C 语言的常见集成（或编译）环境

　　Microsoft VC++6.0（图形界面），是当前全国计算机等级考试采用的集成环境。虽然 Turbo C（字符界面）较为典型，但现在已不太流行。

见多识广

　　集成环境或编译环境，也称为版本，目前流行的 C 语言还有以下几种：Microsoft C 或称 MS C；Borland Turbo C 或称 Turbo C；AT&T C 等。这些 C 语言版本不仅实现了 ANSI C 标准，而且在此基础上各自作了一些扩充，使之更加方便、完美，但使用时数据长度可能不同，需要注意。

1.3　C 语言词汇

　　语言词汇分为六类：标识符、关键字、运算符、分隔符、常量和注释符。

1. 标识符

在程序中使用的变量名、函数名、标号等统称为标识符。除库函数的函数名由系统定义外，其余都由用户自定义。标识符只能是字母（A～Z，a～z）、数字（0～9）和下画线（＿）组成的字符串，并且其第一个字符必须是字母或下画线。

举例：以下标识符是合法的：　　　a, x, x3,BOOK_1, sum5。

以下标识符是非法的：3s（以数字开头）；s*T（出现非法字符*）；-3x（以减号开头）；bowy-1（出现非法字符－（减号））

在使用标识符时还必须注意以下几点。

（1）标识符的长度最好不要超过 8 位，以免对不同的版本有歧义。

（2）在标识符中，大小写是有区别的，如 Book 和 book 是两个不同的标识符。

（3）标识符为便于阅读理解，尽可能做到"顾名思义"。

温馨提醒　　　　标识符需先说明，也称先声明，后使用！

2. 关键字

用户定义的标识符不应与关键字（也称为保留字，32 个）相同。关键字分为数据类型关键字（20 个，用于定义、说明变量、函数或其他数据结构的类型）和流程控制关键字（12 个，用于表示或控制一个语句的功能）两大类（见附录 C）。

【注意】 在 C 语言中，关键字都是小写的。Turbo C 扩充了 11 个关键字：asm，_cs，_ds，_es，_ss，cdecl，far，huge，interrupt，near，pascal。

3. 运算符

运算符由一个或多个字符组成，共有 34 种，如括号、赋值、逗号等都作为运算符处理（见附录 D）。

4. 表达式

表达式由运算符与变量、函数一起组成，表示各种运算功能（详见第 2 章 2.3 节）。

5. 分隔符

分隔符有逗号和空格两种。逗号主要用在类型说明和函数参数表中，分隔各个变量。空格多用于语句各单词之间，作间隔符。

6. 常量

分为数字常量、字符常量、字符串常量、符号常量、转义字符等多种。

7. 注释符

C 语言的注释符是/*……*/，在/*和*/之间的即为注释。或每行以//开始，后面的则为注释。程序编译时，不对注释作任何处理。注释可出现在程序中的任何位置。注释用来提示或解释程序的意义。

1.4　C 源程序的结构特点

（1）一个 C 语言源程序可以由一个或多个源文件组成。

（2）每个源文件可由一个或多个函数组成。（注：C 语言是一种结构化语言，在实际工作中，一般将函数视为结构化的模块，函数包括 3 部分：函数名、形式参数和函数体）。

（3）一个源程序不论由多少个文件组成，都有一个且只能有一个 main 函数，即主函数。

（4）源程序中可以有预处理命令（include 命令仅为其中的一种），放在源程序的最前面。

（5）每一个说明、每一个语句都必须以分号（需在英文输入状态下）结尾。但预处理命令、函数头和大括号"}"之后不能加分号。

（6）标识符、关键字之间必须至少加一个空格以示间隔。

C 程序的基本结构如图 1-1 所示。

```
包含文件
子函数类型说明;
全局变量定义;
void main()
{ 局部变量定义;
  语句序列;
}
sub1(形式参数表)
{ 局部变量定义;
  语句序列;
}
    ……
subn(形式参数表)
{ 局部变量定义;
  语句序列;
}
```

图 1-1　C 程序的基本结构

1.5　书写程序时应遵循的规则

从书写清晰，便于阅读、理解、维护的角度出发，书写程序时应遵循以下规则。

（1）一个说明或一个语句占一行。

（2）用{}括起来的部分，通常表示了程序的某一层次结构。{}一般与该结构语句的第一个字母对齐，并单独占一行。

（3）低一层次的语句或说明可比高一层次的语句或说明缩进若干格后书写，以便看起来更加清晰，增加程序的可读性。

在编程时应力求遵循这些规则，以养成良好的编程风格。

1.6　C 语言的字符集

字符是组成语言的最基本的元素。C 语言字符集由字母、数字、空格、标点和特殊字符组成。在字符常量、字符串常量和注释中还可以使用汉字或其他可表示的图形符号。

（1）字母：小写字母 a～z 共 26 个，大写字母 A～Z 共 26 个。

（2）数字：0～9 共 10 个。

（3）空白符：空格符、制表符、换行符等统称为空白符。空白符只在字符常量和字符串常量中起作用。在其他地方出现时，只起间隔作用，编译程序对它们忽略不计。因此，在程序中使用空白符与否，对程序的编译不发生影响，但在程序中适当的地方使用空白符将增加程序的清晰性和可读性。

（4）标点和特殊字符：由键盘可以直接输入。

1.7　C 语言的主要特点

（1）C 语言简洁、紧凑，使用方便、灵活。

（2）C 语言为结构化语言，其基本模块可视为函数，而且具有结构化的控制语句。

（3）程序书写自由，主要用小写字母表示，压缩了一切不必要的成分。

（4）运算符丰富。

（5）数据结构类型丰富。

（6）语法限制不太严格，程序设计自由度大。

（7）C 语言允许直接访问物理地址，能进行位（bit）操作，能实现汇编语言的大部分功能，可以直接对硬件进行操作。

（8）生成目标代码质量高，程序执行效率高。

（9）用 C 语言写的程序可移植性好（与汇编语言相比）。

但是，C 语言对程序员要求也高，程序员用 C 写程序会感到限制少、灵活性大、功能强，但较其他高级语言在学习上要困难一些。

1.8　C 语言的拓展——面向对象的程序设计语言

在 C 语言的基础上，1983 年又由贝尔实验室推出了 C++，2000 年推出了 C#.NET，进一步扩充和完善了 C 语言，成为一种面向对象的程序设计语言。C++目前流行的版本是 Microsoft Visual C++6.0。

C++、C#.NET（注：C#放弃了指针的概念）提出了一些更为深入的概念，它所支持的面向对象的概念容易将问题空间直接联系程序空间，为程序员提供了一种与传统结构程序设计不同的思维方式和编程方法，因而也增加了整个语言的复杂性，掌握起来有一定难度。

1.9　简单的 C 程序介绍

从下面这些例子中可了解到组成一个 C 源程序的基本部分和书写格式。

【例 1.1】　在显示器上输出：伙计，您好！

```
#include<stdio.h>  /*预处理*/
void main()      /*返回值为空的主函数*/
{
    printf("伙计，您好！\n");  /*调用语句 printf()函数，输出：伙计，您好!*/
}
```

- #include< >为预处理，include 称为文件包含命令，扩展名为.h 的文件称为头文件（其中，stdio.h 为由系统定义的标准输入/输出库函数），因有它才可以支持调用 printf()函数。
- main()是主函数的函数名，每一个 C 源程序都必须有且只能有一个主函数，void 表示返回值为空。
- /*……*/（或用//）后面的为注释，是程序的说明，不参与程序运行。
- 程序的执行结果如下：

```
伙计，您好!
Press any key to continue
```

【例 1.2】 比较 2 个数的大小，并输出最大数。

```c
#include <stdio.h>
void main()
{ int max(int,int);              //说明或声明函数
 int  a,b,c;                     //定义变量 a，b，c 为整型
 printf("请输入 a，b 的值：\n");   //输出提示信息
 scanf("%d,%d",&a,&b);           //从键盘上输入 a，b 的值，注意 "%d,%d" 之间的符号 "，"
 c=max(a,b);                     //调用函数 max，并将结果赋予变量 c
 printf("max=%d",c);             //输出
 }
int  max(int  x, int  y)         /*定义取最大值函数 max，其中形式参数 x、y 定义为 int 类型。函数功能为找出变量 a 和 b 的最大值。该函数返回结果为 int 类型*/
{    int z;
     if(x>y)   z=x;
     else      z=y;
     return(z);                  /*把结果返回主调函数*/
}
```

- 程序的执行结果如下：

```
请输入a，b的值：
23,42
max=42
```
（注：输入 23，42 后按 Enter 键）

- 程序的运行：从 main 函数的{处开始，到 main 函数的}处结束。

程序的功能是从键盘输入两个数 a，b 的值，取出最大值，然后输出结果。

知识点滴

在 main()之前的部分称为预处理命令(详见后面)。include 称为文件包含命令，其意义是把尖括号<>或引号""内指定的文件包含到本程序来，成为本程序的一部分。被包含的文件通常是由系统提供的，其扩展名为.h，因此也称为头文件或首部文件。include 中包含了各个标准库函数原型。因此，凡是在程序中调用一个库函数时，都必须包含该函数原型所在的头文件。在本例中，使用了 2 个库函数：输入函数 scanf，输出函数 printf，即它们均包含在标准输入/输出库函数 stdio.h（默认安装：C:\Program Files\Microsoft Visual Studio\VC98\Include \stdio.h）中，max 函数是自定义函数。

1.10 输入和输出函数

1. 格式输入函数 scanf

功能：按指定的格式输入数据，调用格式为

scanf("格式控制字符串",参数表)；

其中，scanf 是函数名，格式控制字符串用来规定输入格式；参数表中至少包含一个输入项，且必须是变量的地址，多个输入项之间用逗号隔开。

例如：语句 scanf("%d%c",&a,&b); 用来接收从键盘输入的 1 个十进制整数、1 个字符，并分别存放在变量 a 和 b 的存放地址中。（注：&为取地址运算符）

2. 格式输出函数 printf

功能：按指定的格式输出数据，调用格式为

```
printf("格式控制字符串",参数表);
```

其中，printf 是函数名，格式控制字符串用来规定输出格式，这些输出项可以是实数、变量或表达式，多个输出项之间用逗号隔开。

例如，语句 printf("%d,%f",a,b); 按十进制整数形式输出整数 a 和实数 b。

1.11 C 程序的编辑、编译和运行

C 程序的开发过程如图 1-2 所示。

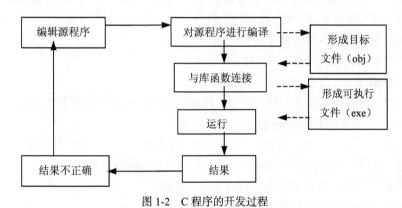

图 1-2 C 程序的开发过程

小 结

（1）C 语言标识符的命名方法是：标识符只能是字母（A~Z, a~z）、数字（0~9）、下画线（＿）组成的字符串，并且其第一个字符必须是字母或下画线。（关键字（32 个）不能再用）

（2）C 语言同时具备了高级语言和低级语言的特征。

（3）C 程序的构成：由函数构成，至少包含一个 main 函数。

（4）C 语言的编译程序属于编译系统。要完成一个 C 程序的调试，必须经过编辑源程序、编译源程序、连接目标程序和运行可执行程序 4 个步骤。

习 题

一、选择题

1. 下列叙述中不是 C 语言的特点的是（   ）。

A. 简洁、紧凑、使用方便、灵活，易于学习和应用

B. C 语言是面向对象的程序设计语言

C. C 语言允许直接对位、字节和地址进行操作

D. C 语言数据类型丰富、生成的目标代码质量高

2. 所有 C 函数的结构都包括的三部分是（　　）。

A. 语句、花括号和函数体　　　　B. 函数名、语句和函数体

C. 函数名、形式参数和函数体　　D. 形式参数、语句和函数体

3. C 语言程序由（　　）组成。

A. 子程序　　　　　　　　　　　B. 主程序和子程序

C. 函数　　　　　　　　　　　　D. 过程

4. 下面属于 C 语言标识符的是（　　）。

A. Lab　　　　　　B. ? f　　　　　　C. @b　　　　　　D. _a123

5. C 语言中主函数的个数是（　　）。

A. 2 个　　　　　　B. 1 个　　　　　　C. 任意个　　　　　D. 10 个

6. 下列关于 C 语言注释的叙述中错误的是（　　）。

A. 以 "/*" 开头并以 "*/" 结尾的字符串

B. 程序编译时，不对注释作任何处理

C. 以 "//" 开头到结尾的一行的字符串

D. 程序编译时，需要对注释进行处理

E. 注释可出现在程序中的任何位置，用来向用户提示或解释程序的意义

7. 下列不是 C 语言的分隔符的是（　　）。

A. 逗号　　　　　　B. 空格　　　　　　C. 制表符　　　　　D. 双引号

8. 下列关于 C 语言的关键字（也称为保留字）的叙述中错误的是（　　）。

A. 关键字是由 C 语言规定的特定意义的字符串

B. 用户定义的标识符不应与关键字相同

C. 用户定义的标识符可以与关键字相同

D. ANSI C 标准规定的关键字有 32 个

二、填空题

1. C 程序是由_____构成的，一个 C 程序中至少包括_____。因此，_____是 C 程序的基本单位。

2. 开发一个 C 程序要经过_____、编译、_____和运行 4 个步骤。

三、程序设计题

试编写一个 C 程序，输出如下信息。（提示：注意格式）

****

欢迎学习 C 程序！

_____

第2章
数据描述和运算

教学目标

◆ 掌握 C 语言提供的基本数据类型：整型、实型、字符型的表示和使用，掌握变量的定义和初始化方法；

◆ 掌握算术运算、赋值运算、逗号运算、关系运算和逻辑运算；

◆ 熟悉不同类型数据的输入和输出操作；

◆ 了解测试数据长度运算和位运算。

2.1 C 语言的数据类型

2.1.1 C 语言的数据类型

程序中使用的各种变量都应先说明，后使用。对变量的说明可以包括 3 个方面：数据类型、存储类型和作用域。

所谓数据类型是根据数据的性质，表示形式，占据存储空间的多少，构造特点来划分的。在 C 语言中，数据类型可分为：基本数据类型（整型、字符型、实型或浮点型【单精度、双精度型】、无值型 5 类），构造数据类型（数组、结构体、枚举、共用体 4 类），指针类型，空类型 4 大类。

基本数据类型是不可以再分的最简单的数据类型，在本章中先介绍基本数据类型，另外 3 种类型将在后续的相关章节中介绍。C 语言的数据类型如表 2-1 所示。

表 2-1   C 语言的数据类型

基本数据类型					构造数据类型				指针类型	空类型
整型	字符型	实型或浮点型		无值型	数组	结构体	共用体	枚举		
		单精度	双精度							

2.1.2 C 语言的基本数据类型

1. 5 种基本数据类型

C 语言提供的 5 种基本数据类型及其对应的关键字如表 2-2 所示。

表 2-2 　　　　　　　　C 语言基本数据类型及其对应的类型说明符（关键字）

数据类型	类型说明符	说　　明
字符型	char	用来描述单个的字符
整型	int	用来描述在计算机中可以准确表示的整数
浮点（单精度）型	float	用来描述在计算机中近似表示的实数，双精度型比单精度型表示的精度高
双精度型	double	
无值型	void	用来描述无返回值的 C 函数或无定向指针等

2. 基本数据类型的修饰

C 语言规定，可以在基本数据类型关键字前面加上类型修饰符，以适应不同的使用情况，从而扩展基本数据类型的数值范围。数据类型修饰符共有 4 种：signed（带符号）、unsigned（无符号）、short（短型）和 long（长型）。这 4 种类型修饰符均可用于 int 型，而 signed、unsigned 可修饰 char 型，long 可修饰 int 型和 double 型。实型 float 和 double 总是有符号的，不能用 unsigned 修饰。

3. 各种数据类型的数值取值范围

各种数据类型的数值取值范围如表 2-3 所示。

表 2-3 　　　　　　　　不同数值类型的数值取值范围（VC++6.0 集成环境）

数据类型	类型说明符	比特数（字节数）	有效位数	数值范围
基本整型、长整型	Int 或 long int	32（4）		$-2147483648 \sim 2147483647$ 即$-2^{31} \sim (2^{31}-1)$
短整型	short int	16（2）		$-32768 \sim 32767$ 即$-2^{15} \sim (2^{15}-1)$
无符号整型	unsigned int	32（4）		$0 \sim 4294967295$ 即 $0 \sim (2^{32}-1)$
无符号短整型	unsigned short	16（2）		$0 \sim 65535$ 即 $0 \sim (2^{16}-1)$
字符型	char	8（1）		C 字符集
单精度实型	float	32（4）	$6 \sim 7$	负数：$-3.4028235 \times 10^{38} \sim$ $-1.401298 \times 10^{-45}$ 正数：$1.401298 \times 10^{-45} \sim$ 3.4028235×10^{38}
双精度实型	double	64（8）	$15 \sim 16$	负数：$-1.79769313486231570 \times 10^{308} \sim$ $-4.94065645841246544 \times 10^{-324}$ 正数：$4.94065645841246544 \times 10^{-324} \sim$ $1.79769313486231570 \times 10^{308}$
长双精度型	long double	128(16)	$18 \sim 19$	$10^{-4931} \sim 10^{4932}$

温馨提醒　　　　表中各数据类型所占比特数（字节数）及数值范围会因计算机系统的不同而不同，特此说明。例如，整型数据所占字节数在各种集成环境中会有所不同，如在 Turbo C2.0 中，短整型、整型、无符号整型占用 2 个字节，而长整型占 4 个字节。

2.2 常量、变量及其类型

对于基本数据类型，按其取值是否可改变又分为常量和变量两种。在程序执行过程中，其值不发生改变的量称为常量，取值可变的量称为变量。它们可与数据类型结合起来分类。例如，可分为整型常量、整型变量、浮点常量、浮点变量、字符常量、字符变量等。在程序中，常量是可以不经说明而直接引用的，而变量则必须先说明、后使用。

2.2.1 常量及其类型

1. 整型常量

在 C 语言中，整型常量是十进制、八进制、十六进制数字表示的整数。其中，八进制整数的表示必须以 0 开头，使用数码为 0～7；十六进制整数的表示必须以 0X 或 0x 开头，使用数码为 0～9，A～F 或 a～f。

例如：

十进制常量：371，−87，−472，908l，…

八进制常量：0101，−0724，0677，…

十六进制常量：0x213，−0xa7b，−0X84B2，…

2. 实型常量

实型常量又称浮点型常量，是一个十进制表示的符号实数，如 0.32，−98，2.3，2.34E−5，1.23e2 等。

C 语言中的浮点常数为双精度型，浮点常数有以下两种书写方式。

（1）十进制小数表示法，如 2.34。

（2）科学计数法（即指数形式），例如 2.34E−5，表示 2.34×10^{-5}，其中的 E 也可用小写 e。

一个实数可以有多种指数表示形式。例如，123.457 可以表示为 123.457e0，1.23457e2，0.0123457e4 等。其中，1.23457e2 称为"规范化的指数形式"，即在字母 E(或 e)之前的数值中，小数点之前的整数部分必须且只能有 1 位非零数字，如 2.3456E2，7.01e4 都属于规范化的指数形式，而 23.456E2，0.701e4 则不属于规范化的指数形式。

温馨提醒　通常对于特别大或特别小的数用指数格式比较方便，一般不太大也不太小的数用小数表示法比较直观。

3. 字符型常量

字符常量有以下两种表示方法。

（1）对可显示的字符，直接用单引号括起来的单个字符，即为字符常量，如'i'，'j'等。

（2）对不可显示字符，主要是控制字符（如换行符、回车符等）和在 C 语言中有特殊含义和用途的字符（如单引号、双引号、反斜杠等），可以用转义字符形式表示。

控制字符常量在屏幕上是不能显示的，在程序中无法用一个一般形式的字符表示。为了在程序中使用控制字符，则需要采用转义字符的方式。意思就是将反斜杠（\）后面的字符转换成另外的意义，如'\n'中的'n'不代表字母 n 而作为"换行"符。

转义字符是由反斜杠（\）后跟某个字符或数字组成的，如表 2-4 所示。

表 2-4 常用转义字符表

转义字符	ASCII 码值（十进制）	功　　能
\n	10	换行，将光标移到下一行开头
\0	0	空字符（NULL），（一般作字符串结束标志）
\t	9	水平制表（HT），（跳到下一个 Tab 位置）
\v	11	垂直制表（VT）
\a	7	响铃（BEL）
\b	8	退格，将光标移到前一列
\r	13	回车，将光标移到本行的开头
\f	12	换页，将光标移到下页开头
\\	92	反斜杠字符'\'
\'	39	单引号字符
\"	34	双引号字符
\ddd		1～3 位八进制 ASCII 码所代表的字符，如'\101'表示字母'A', '\102'表示字母'B'
\xhh		1～2 位十六进制 ASCII 码所代表的字符，如'\x41'表示字母'A'

温馨提醒

在转义字符中只能使用小写字母，每个转义字符只能看做一个字符。

4. 字符串常量

字符串常量是用双引号括起来的单个字符或多个字符。字符串中字符的个数称为字符串长度。长度为 0 的字符串（即一个字符都没有的字符串）称为空串，表示为""（一对紧连的双引号）。

例如，"m"，"abc"，"Hello World! "，"How do you do."等，都是字符串常量。

如果反斜杠和双引号作为字符串中的有效字符，则必须使用转义字符。例如，"a\\b\\c"表示字符串"a\b\c"。

和其他常量一样，字符串常量存储在常量存储区中。存储时，按字符串中字符从左到右的顺序依次占用连续的存储单元，每个字符占用一个字节，存放其对应的 ASCII 码。C 编译器会自动在每个字符串常量的末尾加上一个空字符（即'\0'）作为字符串结束标志。因此，如果一个字符串常量含有 n 个字符，则它要占用的存储空间为 $n+1$ 个字节。例如，字符串常量"Hello"中含有 5 个字符，它在内存中要占用 6 个字节，即

H	E	L	L	O	\0

【注意】 字符常量与字符串常量不同，比如说，字符常量'A'与字符串常量"A"是两回事。

（1）定界符不同：字符常量使用单引号，而字符串常量使用双引号。

（2）字符常量只能是单个字符（转义字符也是一个字符），字符串常量则可以含一个或多个字符。

（3）字符常量占一个字节的内存空间，字符串常量占的内存字节数等于字符串中字符数加 1。增加的一个字节存放字符'\0'（ASCII 码值为 0），这是字符串的结束标志。所以，字符常量'A'是一个字符，字符串常量"A"是两个字符。

5. 符号常量

有时为了使程序更加清晰和便于修改,增加程序的可维护性,用一个标识符来代表一个常量,即给某个常量取个有意义的名字,这种常量称为符号常量。符号常量是在一个程序中指定一个符号代表一个常量。习惯上符号常量名用大写字母表示,普通变量名用小写字母表示。

符号常量是用标识符表示的常量。从形式上看,符号常量是标识符,像变量;但实际上它是常量,其值在程序运行时不能被修改。

定义符号常量有 3 种方法:宏定义、const 修饰符和枚举。

2.2.2　变量及其类型

在程序运行过程中,其值可以被改变的量称为变量。每个变量都必须有一个名字,即变量名,变量命名遵循标识符命名规则。

C 语言中的变量,必须 "先定义,后使用"。定义变量就是对变量的数据类型进行说明,一般定义格式为

数据类型　变量表列;

例如:

```
int i;                  /* 定义整型变量 */
int a=2,b=4,m;          /* 定义整型变量,并部分初始化 */
char a,b,c;             /* 定义字符型变量 */
float f,g=3.14,t;       /* 定义单精度实型变量 */
```

在进行变量定义时,应注意以下几点。

(1)在一个数据类型后,变量名表可以是一个变量名,也可以包含若干个变量名,各变量名之间用逗号间隔。类型说明符与变量名之间至少用一个空格间隔。

(2)最后一个变量名之后必须以 ";" 号结尾。

(3)变量定义必须放在变量使用之前,一般放在函数体的头部分,在 C 语言的语句之前。

(4)C 规定,可以在定义变量的同时使变量初始化,让变量获得初值。

2.3　运算符、表达式及 C 语句

2.3.1　运算符的种类、运算优先级和结合性

1. 运算符的种类

C 语言的运算符很丰富,可分为以下几类。

(1)算术运算符:用于各类数值运算。

包括加(+)、减(−)、乘(*)、除(/)、求余(或称模运算,%)、自增(++)和自减(−−)7 种。

(2)关系运算符:用于比较运算。

有大于(>)、小于(<)、等于(==)、 大于等于(>=)、小于等于(<=)和不等于(!=)6 种。

(3)逻辑运算符:用于逻辑运算。

包括与(&&)、或(||)、非(!)3 种。

(4)位操作运算符:参与运算的量,按二进制位进行运算。

包括位与(&)、位或(|)、位非(~)、位异或(^)、左移(<<)和右移(>>)6 种。

（5）赋值运算符：用于赋值运算。

分为简单赋值(=)、复合算术赋值(+=,-=,*=,/=,%=)和复合位运算赋值(&=,|=,^=,>>=,<<=)3 类共 11 种。

（6）条件运算符：这是一个三目运算符，用于条件求值(? :)。

（7）逗号运算符：用于把若干表达式组合成一个表达式(，)。

（8）指针运算符：用于取内容(*)和取地址(&)2 种运算。

（9）求字节数运算符：用于计算数据类型所占的字节数(sizeof)。

（10）特殊运算符：有括号()、下标[]、成员(→，.)等几种。

根据运算符的运算对象数目，运算符可分为以下 3 种。

（1）单目运算符，如()，[]，->，.，++，——，!，*，&，~等。

（2）双目运算符，如*，/，%，+，−，<<，<，<=，!=，&&，||，+=，*=等。

（3）三目运算符，C 语言中，只有条件运算符（ ? : ）是三目运算符。

2．优先级和结合性

C 语言中，运算符的运算优先级共分为 15 级。1 级最高，15 级最低。在表达式中，优先级较高的先于优先级较低的进行运算。而在一个运算量两侧的运算符优先级相同时，则按运算符的结合性所规定的结合方向处理。

C 语言中，各运算符的结合性分为两种，即左结合性（自左至右）和右结合性（自右至左）。关于运算符的优先级和结合性请参看附录 B。

2.3.2 表达式

表达式就是用运算符将操作数（运算对象）连接起来的式子。

C 语言的操作数（运算对象）包括常量、变量、函数值等。

表达式按照运算符的运算规则进行运算可以获得一个值，称为"表达式的值"。

其表达式的分类有：赋值表达式，算术表达式，关系表达式，逻辑表达式，条件表达式，逗号表达式等。

2.3.3 求值规则

1．算术运算

算术运算符包括基本算术运算符和自增自减运算符，其运算规则如表 2-5 所示。

表 2-5 算术运算符及自增自减运算符运算规则表

运算对象个数	名称	运算符	运算规则	运算对象类型	结合性	优先级
单目	正	+	取原值	整型或实型	自右向左	2
	负	−	取负值			
	增 1（前缀）	++	先加 1，后使用	主要用于整型变量		
	增 1（后缀）	++	先使用，后加 1			
	减 1（前缀）	——	先减 1，后使用			
	减 1（后缀）	——	先使用，后减 1			

续表

运算对象个数	名称	运算符	运算规则	运算对象类型	结合性	优先级
双目	加	+	加法	整型或实型	自左向右	4
	减	−	减法			
	乘	*	乘法	整型或实型	自左向右	3
	除	/	除法			
	模	%	整除取余	整型		

温馨提醒　　　C 语言中的运算符是采用键盘可输入的符号，乘法运算符*在表达式中不能省略，也不可用.或×来代替；除法运算符/也不可用÷代替。

2. 关系运算

所谓"关系运算"就是"比较运算"，其运算规则如表 2-6 所示。

表 2-6　　　　　　　　　　　　关系运算规则表

运算对象个数	名称	运算符	运算规则	运算对象类型	结合性	优先级
双目	小于	<	条件成立为真，结果为 1；不成立时为假，结果为 0	整型、实型或字符型（运算结果为逻辑值，整型）	自左向右	6
	小于等于	<=				
	大于	>				
	大于等于	>=				
	等于	==	同上	同上	自左向右	7
	不等于	!=				

温馨提醒　　　在表达式中不可用≤、≥、=、≠来代替<=、>=、==、!=。

3. 逻辑运算

C 语言提供了 3 个逻辑运算符，其逻辑运算符及运算规则分别如表 2-7 和表 2-8 所示。

表 2-7　　　　　　　　　　　　逻辑运算符

运算对象个数	名称	运算符	运算规则	运算对象类型	结合性	优先级
单目	非	!	逻辑非	整型、实型或字符型（运算结果为逻辑值，整型）	自右向左	2
双目	与	&&	逻辑与		自左向右	11
	或	‖	逻辑或			12

表 2-8　　　　　　　　　　　　逻辑运算符的运算规则

运算对象 A	运算对象 B	A&&b	a‖b	!a	!b
0	0	0	0	1	1
0	非 0	0	1	1	0
非 0	0	0	1	0	1
非 0	非 0	1	1	0	0

4. 赋值运算

C 语言提供的赋值运算符如表 2-9 所示。

表 2-9　　　　　　　　　　赋值及自反赋值（复合赋值）运算符

运算对象个数	名称	运算符	运算规则	运算对象类型	结合性	优先级
双目	赋值	=	a=b,就是把 b 赋值给 a	任何合法类型	自右向左	14
	加赋值	+=	a+=b 等价于 a=a+b	整型、实型、字符型		
	减赋值	-=	a-=b 等价于 a=a-b			
	乘赋值	*=	a*=b 等价于 a=a*b			
	除赋值	/=	a/=b 等价于 a=a/b			
	模赋值	%=	a%=b 等价于 a=a%b	整型		

5. 逗号运算

在 C 语言中，逗号（,）也是一种运算符，称为逗号运算符。其功能是把两个表达式连接起来组成一个逗号表达式。逗号运算符的优先级最低，其运算规则如表 2-10 所示。

表 2-10　　　　　　　　　　逗号运算符

运算对象个数	名称	运算符	运算规则	运算对象类型	结合性	优先级
双目	逗号	,	从左向右顺序求表达式的值	表达式（运算结果是第二个表达式的值）	自左向右	15

6. 条件运算

条件运算符由?和:组成一个条件运算符?:，是 C 语言中唯一的三目运算符。条件运算符规则如表 2-11 所示所示。

表 2-11　　　　　　　　　　条件运算符

运算对象个数	名称	运算符	运算规则	运算对象类型	结合性	优先级
三目	条件	? :	对于条件表达式 a?b1:b2若 a 非零，取 b1 的值;若 a 为零，取 b2 的值;	表达式（条件表达式的值是 b1 或 b2）	自右向左	13

7. 求长度运算

C 语言提供的长度运算符如表 2-12 所示。

表 2-12　　　　　　　　　　长度运算符

运算对象个数	名称	运算符	运算规则	运算对象类型	结合性	优先级
单目	长度	sizeof	测试数据类型或变量所占用的字节数	类型说明符或变量（结果为整数）	自右向左	2

其他运算符在后续章节介绍。

2.3.4　类型转换

C 语言允许不同类型的数据混合运算，不同类型的数据构成表达式时在运算符的作用下要进行类型转换，即把不同类型的数据先转换成统一的类型，然后再进行运算。转换的方法有两种，一种是自动转换，另一种是强制转换。

1. 自动转换

自动转换发生在不同数据类型混合运算时，由编译系统自动完成。自动转换遵循以下规则。

● 若参与运算量的类型不同，则先转换成同一类型，然后进行运算。

● 转换按数据长度增加的方向进行，以保证精度不降低。例如，int 型和 long 型运算时，先把 int 型转成 long 型后再进行运算。

● 所有的浮点运算都是以双精度进行的，即使仅含 float 单精度量运算的表达式，也要先转换成 double 型，再作运算。

● char 型和 short 型参与运算时，必须先转换成 int 型。

● 在赋值运算中，赋值号两边量的数据类型不同时，赋值号右边量的类型将转换为左边量的类型。如果右边量的数据类型长度比左边长时，将丢失一部分数据，这样会降低精度，丢失的部分按四舍五入向前舍入。

总结上述类型自动转换的规则，可用图 2-1 来说明。

2. 强制转换

强制转换是通过类型转换运算来实现的。一般形式为

（数据类型名）（表达式）

其功能是把表达式的运算结果强制转换成类型说明符所表示的类型。

在使用强制转换时应注意以下问题。

（1）数据类型名和表达式都必须加括号（单个变量可以不加括号）。

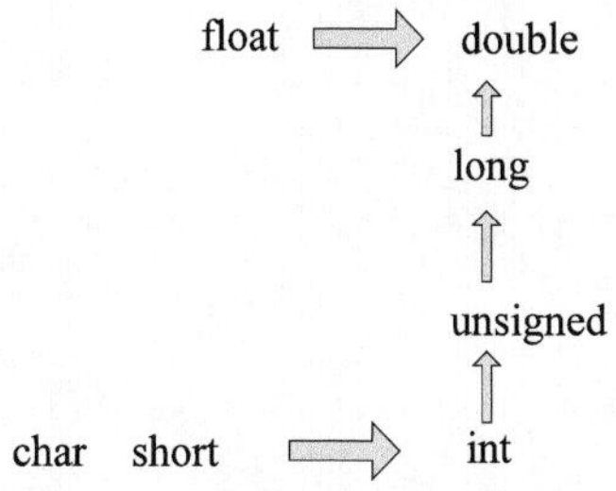

图 2-1　类型自动转换规则

（2）无论是强制转换或是自动转换，都只是为了本次运算的需要而进行的临时性转换，而不改变该变量定义的类型。

2.3.5　C 语言语句

一个 C 程序应包含数据描述和数据操作。数据描述主要定义数据结构（用数据类型表示）和数据初值，由数据声明部分来实现。数据操作的任务是对已提供的数据进行加工，由执行语句来实现。C 语句分为以下 5 类。

1. 控制语句

控制语句完成一定的控制功能。C 语言中共有以下 9 种控制语句：

● if( )⋯　 或 if( )⋯ else⋯　　　　　　　（条件语句）

● for( )⋯　　　　　　　　　　　　　　　（循环语句）

● while( )⋯　　　　　　　　　　　　　　（循环语句）

● do⋯while( )　　　　　　　　　　　　　（循环语句）

● continue　　　　　　　　　　　　　　　（结束本次循环语句）

● break　　　　　　　　　　　　　　　　（中止执行 switch 或循环语句）

● switch　　　　　　　　　　　　　　　　（多分支选择语句）

● goto　　　　　　　　　　　　　　　　　（转向语句）

● return　　　　　　　　　　　　　　　　（从函数返回语句）

2. 函数调用语句

由一次函数调用加一个分号就构成一个函数调用语句。

3. 表达式语句

在一个表达式的后面加上分号（;）就构成了一个简单的语句，称"表达式语句"。

4. 空语句

空语句只有一个分号，它什么也不做。

5. 复合语句

可以用{ }把多个语句括起来变成一个语句，称为"复合语句"。

【例2.1】　输入 3 个整数，按从大到小的顺序输出（流程图参见图 2-2）。

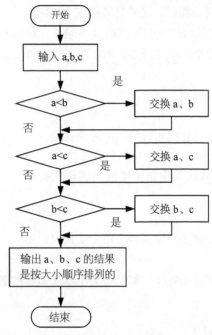

图 2-2　按大小顺序输出 3 个整数的流程图

程序如下：

```
#include <stdio.h>
void main()
{ int a,b,c,t=0;
printf("\n 请输入三个整数：\n");        /*函数调用语句，提示输入信息*/
scanf("%d %d %d",&a,&b,&c);           /*函数调用语句，从键盘输入 3 个数*/
if(a<b)                               /*if 条件语句*/
{t=a; a=b; b=t;}                       /*复合语句，交换 a、b 的值*/
if(a<c)  {t=a; a=c; c=t;}
if(b<c)  {t=b; b=c; c=t;}
printf("\n 三个数从大到小的顺序为：%d, %d, %d",a,b,c);
}
```

运行结果如下：

```
请输入三个整数：
67 0 84

三个数从大到小的顺序为：84,67,0
Press any key to continue
```

　　分析：程序中有 4 种语句形式：函数调用语句，if 条件语句，赋值表达式语句，复合语句。其中的每一个复合语句分别是由 3 个赋值表达式语句构成的，复合语句是由多个语句构成的。本例中的 if 条件语句在判定条件为真后进行变量值的交换，此处使用了复合语句实现变量值的交换（因实现交换用到了 3 个赋值语句，若不用 "{" 和 "}" 构成复合语句，则不能达到要求）。

2.4　不同数据类型的输出

　　C 语言没有提供输入/输出语句，数据的输入/输出是由函数来完成的。常用的输出函数有格式输出函数 printf()、单字符输出函数 putchar()、字符串输出函数 puts()等。

2.4.1　格式输出函数 printf()

　　C 语言中最基本的输出函数是 printf()，它是标准输出函数，在 C 程序设计中用得最多，其功能是按指定的格式，把指定的数据显示到显示器屏幕上。

　　printf()函数是一个标准库函数，它的函数原型在头文件"stdio.h"中。因 printf()函数使用频繁，C 语言允许在使用 printf()函数之前，不必进行"文件包含"预处理。

　　printf()函数调用的一般形式为

```
printf("格式控制字符串",输出表列)
```

其中，双引号部分"格式控制字符串"用于指定输出格式。格式控制串可由"格式控制说明符"和"普通字符"组成。

　　"格式控制说明符"是以%开头的字符，在%后面跟有各种格式字符，以说明输出数据的类型、形式、长度、小数位数等。例如：

　　"%d"表示按十进制整型输出；

　　"%f"表示按十进制实型输出；

　　"%c"表示按字符型输出等。

　　"普通字符"原样输出，在显示中起提示作用。

　　输出表列中给出了各个输出项，要求格式控制说明符和各输出项在数量和类型上应该一一对应。printf()函数的格式控制说明符如表 2-13 所示，其附加格式说明符如表 2-14 所示。

表 2-13　　　　　　　　　　　　printf()函数的格式控制说明符

格式字符	功能说明
%d %i	以十进制形式输出带符号整数（正数不输出符号）
%o	以八进制形式输出无符号整数（不输出前缀 0）
%x %X	以十六进制形式输出无符号整数（不输出前缀 0x） 使用%X，则输出十六进制数的 a～f 时以大写字母形式输出
%u	以十进制形式输出无符号整数
%f	以小数形式输出单、双精度实数
%e %E	以指数形式输出单、双精度实数 若用%E，输出时的指数以大写 "E" 表示
%g %G	以%f 或%e 中较短的输出宽度输出单、双精度实数，不输出无意义的 0。用%G 时，若以指数形式输出，则指数以大写 "E" 表示
%c	输出单个字符
%s	输出字符串

表 2-14	printf()函数的附加格式说明符
格式字符	功能说明
L	用于长整型数，可加在格式符 d, o, x, u 前面
m（m 为一个正整数）	输出数据的最小宽度
.n（n 为一个正整数）	对实数，表示输出 n 位小数；对字符串，表示截取的字符个数
-	输出的数字或字符在域内向左边靠

【例 2.2】 格式输出举例。

```
#include <stdio.h>
void main()
{  int a=88, b=89;                    /* 定义 a, b 为整型变量，并对 a, b 赋初值 */
   printf("%d %d\n",a,b);             /* 格式输出函数调用，是函数调用语句 */
   printf("%d,%d\n",a,b);             /* 上一句的普通字符空格换为本语句的逗号 */
   printf("%c,%c\n",a,b);             /* 格式字符串%d 换为%c */
   printf("a=%d,b=%d\n",a,b);         /* 普通字符 "a=" 和 "b=" 原样输出，作提示用 */
}
```

分析：本例中利用格式输出函数 4 次输出了 a,b 的值，但由于格式控制串不同，输出的结果也不相同。4 个函数调用语句中的格式字符串"\n"表示换行。

第 1 次输出 a,b 时，两数之间有空格，即输出：88 89

第 2 次输出 a,b 时，两数之间是逗号，即输出：88,89

第 3 次输出 a,b 时，格式是%c，输出的不再是十进制数，而是 88 和 89 所对应的 ASCII 码字符，两字符之间是逗号，即输出：X,Y

第 4 次输出 a,b 时，多了普通字符 a=和 b=，两数之间有逗号，即输出：a=88,b=89

运行结果如下：

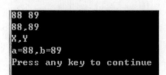

2.4.2 字符输出函数

1. 单字符输出函数 putchar()

C 语言提供的 putchar()函数用于单个字符的输出，调用格式为

`putchar(c);`

其中，c 是一个字符变量或常量（含转义字符），也可以是一个不大于 255 的整型变量或常量。例如：

```
putchar(c);          /* 输出一个字符，就是字符变量 c 的值 */
putchar('d');        /* 输出一个字符 d，是一个字符常量 */
putchar(84);         /* 输出一个字符 T，是一个字符常量 */
putchar('T');        /* 输出一个字符 T，是一个字符常量 */
putchar('\n');       /* 输出一个转义字符，就是 "控制换行" */
putchar(7);          /* 输出一个转义字符，就是 "一声响铃" */
putchar('\007');     /* 输出一个转义字符，就是 "一声响铃" */
```

调用 putchar()函数前必须包含文件 "stdio.h"。

2. 字符串输出函数 puts()

C 语言提供的 puts() 函数用于将一个字符串（以'\0'为结束标志的字符序列）输出到终端，调用格式为

```
puts(str);
```

其中，str 是一个字符数组名，或是一个字符串常量（含转义字符）。

例如，已定义 str 是一个字符数组名，该数组被初始化为 "Computer"，则输出字符串可有如下形式：

```
puts(str);
puts("Computer");
printf("%s",str);
printf("Computer");
```

从上面可看出，由于可用 printf() 函数输出字符串，因此 puts() 函数不常用。

调用 puts() 函数前必须包含文件 "stdio.h"。

2.5　不同数据类型的输入

常用的输入函数有格式输入函数 scanf()函数、单字符输入函数 getchar()和字符数组输入函数 gets()。

2.5.1　格式输入函数 scanf()

scanf()函数称为格式输入函数，即按用户指定的格式从键盘上把数据输入到指定的变量之中。

scanf()函数是一个标准库函数，它的函数原型在头文件"stdio.h"中，与 printf()函数相同，C 语言也允许在使用 scanf()函数之前不必作"文件包含"预处理。

scanf()函数的一般形式为

scanf("格式控制字符串"，地址表列);

其中，双引号部分"格式控制字符串"的作用与 printf()函数相同，但不能显示普通字符串，也就是不能显示提示字符串。若有"普通字符"，应该原样输入。可是，普通用户不知道该原样输出什么，所以，除分隔符外，通常不用"普通字符"，而尽量只用"格式转换说明符"。

"格式转换说明符"是以%开头的字符，在%后面跟有各种格式字符，以说明输入数据保存的类型、形式等。

"地址表列"是由若干个地址组成的表列，可以是变量的地址，或字符串的首地址，"格式转换说明符"和"地址表列"在数量和类型上应该一一对应。

scanf()函数常用的格式转换说明符如表 2-15 所示，其附加格式说明符如表 2-16 所示。

表 2-15　　　　　　　　　　　　scanf()函数的格式转换说明符

格式字符	功能说明
%d	用来输入十进制整数
%o	用来输入八进制整数
%x	用来输入十六进制整数
%u	用来输入无符号十进制整数
%f 或%e	用来输入实型数（用小数形式或指数形式）
%c	用来输入单个字符
%s	用来输入字符串

表 2-16	scanf()函数的附加格式说明符
附加字符	功能说明
L	用于输入长整型数据（%ld、%lo、%lx）及 double 型数据（%lf 或%le）
H	用于输入短整型数据（%hd、%ho、%hx）
域宽 m	指定输入数据所占的宽度（列数），域宽 m 为一正整数
*	表示本输入项在读入后不赋值给相应的变量

【例 2.3】 计算银行存款本息。输入存款金额 money、存期 Nyear 和年利率 rate，根据下列公式计算并输出存款到期时的本息 sum（税前），输出时保留两位小数。

$sum=money(1+rate)^{year}$

银行存款流程图如图 2-3 所示。

```
输入存款金额money

输入存期year

输入年利率rate

计算 sum=money(1+rate)^year

输出存款到期本息sum(税前)
```

图 2-3   银行存款流程图

程序如下：

```c
#include <stdio.h>        /*程序中将调用输入/输出函数，需包含头文件 stdio.h*/
#include <math.h>                         /*程序中将调用数学函数，需包含头文件 math.h*/
void main()
{ int money, year;                       /*定义两个整型变量*/
 double  rate, sum;                      /*定义两个双精度浮点型变量*/
 printf("\n 请输入存款金额 money =");    /*提示输入 money*/
 scanf("%d",&money);                      /*输入 money*/
 printf("\n 请输入存期=");                /*提示输入 year*/
 scanf("%d",&year);                       /*调用 scanf()函数输入 year*/
 printf("\n 请输入年利率 rate =");       /*提示输入 rate*/
 scanf("%lf",&rate);                      /*%lf 用来输入 double 型数据*/
 sum= money*pow((1+rate), year);          /*调用幂函数 pow()计算，再赋值*/
 printf("\n 存款到期时的本息为 sum=%.2f 元(税前) \n",sum); /*输出结果*/
}
```

运行结果如下：

```
请输入存款金额money =1000

请输入存期=3

请输入年利率rate =0.025

存款到期时的本息为sum=1076.89元(税前)
Press any key to continue
```

分析：程序中 3 次调用了 scanf()函数，每一次调用构成一个函数调用语句，分别输入了 3 个数据。此例也可考虑只调用一次 scanf()函数来输入以上 3 个数据：

```
scanf("%d ,%d, %lf", &money,&year, &rate);
```

用 scanf()函数输入多个数据时，输入参数的类型、个数和位置要与格式转换说明符一一对应。此处用逗号作为分隔符来输入 3 个参数（逗号为普通字符，要原样输入）。

若 scanf()函数中不用逗号作为分隔符，如

```
scanf("%d %d %lf", &money,&year, &rate);
```

则输入的 3 个数之间可用一个或多个空格键、回车键、Tab 键来分隔。

程序中 4 次调用 printf()函数，每一次调用构成一个函数调用语句。前 3 个是配合 scanf()函数的调用作屏幕提示，第 4 个 printf()函数调用语句用于输出计算结果。

程序中有一个赋值表达式语句，用于计算存款到期时的本息。表达式中调用了一个数学函数——幂函数 pow()，用于计算$(1+rate)^{year}$的值，因此，在调用幂函数 pow()之前（即主函数 main()前），需要进行"文件包含"的预处理：#include <math.h> 或 #include "math.h"。关于预处理将在第 8 章介绍。

2.5.2　字符输入函数

1. 单字符输入函数 getchar()

getchar()函数的功能是从键盘上输入一个字符。这是一个无参函数。

其一般调用形式为

getchar();

通常把输入的字符赋予一个字符变量，构成赋值语句，例如：

```
char c;           /* 定义 c 为字符变量 */
c=getchar();        /* 调用 getchar()函数，从键盘上输入一个字符，赋值给 c*/
```

getchar()函数只能接收单个字符，输入数字也按字符处理。输入多于一个字符时，只接收第一个字符。

调用本函数前必须包含文件"stdio.h"。

2. 字符数组输入函数 gets()

gets()函数的功能是从键盘上输入一个字符串到字符数组。

其一般调用形式为

gets(str);

其中，函数参数 str 是已定义的字符数组名。

gets()函数和 puts()函数一样，只能输入或输出一个字符串。

调用本函数前必须包含文件"stdio.h"。

小　　结

1. C 语言的数据类型

在 C 语言中，数据类型可分为基本数据类型、构造数据类型、指针类型和空类型 4 大类。基本数据类型最主要的特点是，其值不可以再分解为其他类型，是构造其他类型的基础。基本数据类型有字符型（char）、整型（int）、实型或浮点型（float 、double）和无值型（void）。

构造数据类型是根据已定义的一个或多个数据类型用构造的方法来定义的。也就是说，一个

构造类型的值可以分解成若干个"成员"或"元素"。每个"成员"都是一个基本数据类型或又是一个构造类型。在 C 语言中,常用构造类型有数组类型、结构类型和联合类型。

指针类型是一种特殊的,同时又具有重要作用的数据类型。其值用来表示某个量在内存储器中的地址。

有些函数,调用后并不需要向调用者返回函数值,这种函数可以定义为"空类型",其类型说明符为 void。

2. 常量、变量及其类型

对于基本数据类型,按其取值是否可改变又分为常量和变量两种。在程序执行过程中,其值不发生改变的量称为常量,其值可变的量称为变量。它们可与数据类型结合起来分类。例如,可分为整型常量、整型变量、浮点常量、浮点变量、字符常量、字符变量等。在程序中,常量是可以不经说明而直接引用的,而变量则必须先说明、后使用。

3. 运算符、表达式及 C 语句

C 语言的运算符很丰富,可分为以下几类:算术运算符、关系运算符、逻辑运算符、位操作运算符、赋值运算符、条件运算符、逗号运算符、指针运算符、求字节数运算符、特殊运算符。

C 语言中,运算符的运算优先级共分为 15 级。1 级最高,15 级最低。在表达式中,优先级较高的先于优先级较低的进行运算。而在一个运算量两侧的运算符优先级相同时,则按运算符的结合性所规定的结合方向处理。结合性分为两种,即左结合性(自左至右)和右结合性(自右至左)。

表达式就是用运算符将操作数(运算对象)连接起来的式子。

C 语言允许不同类型的数据混合运算,不同类型的数据构成表达式时在运算符的作用下要进行类型转换,即把不同类型的数据先转换成统一的类型,然后再进行运算。变量的数据类型是可以转换的,转换的方法有两种,一种是自动转换,另一种是强制转换。

一个 C 程序应包含数据描述和数据操作。数据描述主要定义数据结构(用数据类型表示)和数据初值,由数据声明部分来实现。数据操作的任务是对已提供的数据进行加工,由执行语句来实现。C 语句分为 5 类:控制语句(有 9 种)、函数调用语句、表达式语句、空语句和复合语句。

4. 不同数据类型的输出

C 语言没有提供输入/输出语句,数据的输入/输出是由函数来完成的。常用的输出函数有格式输出函数 printf()、单字符输出函数 putchar()、字符串输出函数 puts()等。常用的输入函数有格式输入函数 scanf()函数、单字符输入函数 getchar()和字符数组输入函数 gets()。

在 C 语言中,所有的数据输入/输出都是由库函数完成的,因此都是函数调用语句。

在使用 C 语言的库函数时,要用预编译命令:

`#include "头文件"或<头文件>`

将有关"头文件"包括到源文件中。

考虑到 printf()和 scanf()函数使用频繁,系统允许在使用这两个函数时可不加"文件包含"的预处理。

习 题

一、选择题

1. 数字字符 0 的 ASCII 码值为 48,若有以下程序

```
void main()
{   char a='1',b='2 ';
    printf("%c,",b++);
    printf("%d\n",b-a);
}
```

程序运行后的输出结果是（　　）。

  A.3,2   B. 50,2   C. 2,2   D. 2,50

2.　有以下程序

```
void main()
{   int a,b,d=25;
    a=d/10%9;
    b=a&&(-1);
    printf("%d,%d\n",a,b);
}
```

程序运行后的输出结果是（　　）。

  A. 6,1   B. 2,1   C. 6,0   D. 2,0

3.　有以下程序

```
void main()
{   int m=3,n=4,x;
    x=-m++;
    x=x+8/++n;
    printf("%d\n",x);
}
```

程序运行后的输出结果是（　　）。

  A. 3   B. 5   C. −1   D. −2

4.　有以下程序

```
void main()
{   char a,b,c,d;
    scanf("%c,%c,%d,%d",&a,&b,&c,&d);
    printf("c,%c,%c,%c\n",a,b,c,d);
}
```

若运行时从键盘上输入：6,5,65,66↙，则输出结果是（　　）。

  A. 6,5,A,B   B. 6,5,65,66   C. 6,5,6,5   D. 6,5,6,6

5.　有以下程序段

```
int  k=0,a=1,b=2,c=3;
k=a<b?b:a;   k=k>c?c:k;
```

执行该程序段后，k 的值是（　　）。

  A. 3   B. 2   C. 1   D. 0

6.　有以下程序

```
#include <stdio.h>
void main()
{   char  c1='1',c2='2';
c1=getchar();
c2=getchar();
putchar(c1);
putchar(c2);
}
```

当运行时输入：a<回车>后，以下叙述正确的是（　　）。

  A.　变量 c1 被赋予字符 a，c2 被赋予回车符

  B. 程序将等待用户输入第 2 个字符

  C. 变量 c1 被赋予字符 a，c2 中仍是原有字符 2

  D. 变量 c1 被赋予字符 a，c2 中将无确定值

7. 以下选项中，当 x 为大于 1 的奇数时，值为 0 的表达式是（ ）。

  A. x%2==1   B. x/2   C. x%2!=0   D. x%2==0

8. 已知大写字母 A 的 ASCII 码值是 65，小写字母 a 的 ASCII 码值是 97。以下不能将变量 c 中的大写字母转换为对应小写字母的语句是（ ）。

  A. c=(c-'A')%26+'a' B. c=c+32   C. c=c-'A'+'a' D. c=('A'+c%26-'a')

9. 有以下程序

```
void main()
{   int a;   char c=10;
    float f=100.0;   double x;
    a=f/=c*=(x=6.5);
    printf("%d %d %3.1f %3.1f\n",a,c,f,x);
}
```

程序运行后的输出结果是（ ）。

  A. 1 65 1 6.5   B. 1 65 1.5 6.5 C. 1 65 1.0 6.5 D. 2 65 1.5 6.5

10. 有以下程序

```
#include <stdio.h>
#define F(x,y) (x)*(y)
void main()
{   int a=3,b=4;
    printf("%d\n",F(a++,b++));
}
```

程序运行后的输出结果是（ ）。

  A. 12   B. 15   C. 16   D. 20

11. 有以下程序

```
void main()
{   int a=0, b=0;
    a=10;                    // 给 a 赋值
    b=20;                    // 给 b 赋值
    printf("a+b=%d\n",a+b);  // 输出计算结果
}
```

程序运行后的输出结果是（ ）。

  A. a+b=10   B. a+b=30 C. 30   D. 出错

12. 设 ch 是 char 型变量，其值为 A，且有下面的表达式

```
ch=(ch>='A'&&ch<='Z')?(ch+32):ch
```

上面表达式的值是（ ）。

  A. A   B. a   C. Z   D. z

13. 以下程序的输出结果是（ ）。

```
void main()
{   int a=3;
    printf("%d\n",(a+=a-=a*a));
}
```

  A. −6   B. 1   C. 2   D. −12

14. 以下变量 x,y,z 均为 double 类型且已正确赋值,不能正确表示数学式子 x/(y*z)的 C 语言表达式是 (　　)。

　　A. x/y*z　　　　　B. x*(1/(y*z))　　C. x/y*1/z　　　　D. x/y/z

15. 若变量 c 为 char 类型,能正确判断出 c 为小写字母的表达式是 (　　)。

　　A. 'a'<=c<='z'　　　　　　　　B. (c>='a')||(c<='z')

　　C. ('a'<=c)and('z'>=c)　　　　　D. (c>='a')&&(c<='z')

16. 若已定义 x 和 y 为 double 类型,则表达式 x=1,y=x+3/2 的值是 (　　)。

　　A. 1　　　　　　　B. 2　　　　　　　C. 2.0　　　　　　D. 2.5

17. 已知大写字母 A 的 ASCII 码值是 65,小写字母 a 的 ASCII 码值是 97,则用八进制表示的字符常量'\101'是 (　　)。

　　A. 字符 A　　　　　B. 字符 a　　　　　C. 字符 e　　　　　D. 非法的常量

18. 若有以下程序.

```
void main()
{  int k=2,i=2,m;
   m=(k+=i*=k);  printf("%d,%d\n",m,i);
}
```

执行后的输出结果是 (　　)。

　　A. 8,6　　　　　　B. 8,3　　　　　　C. 6,4　　　　　　D. 7,4

19. 若有定义:int a=8,b=5,c;,执行了语句 c=a/b+0.4;后,c 的值为 (　　)。

　　A. 1.4　　　　　　B. 1　　　　　　　C. 2.0　　　　　　D. 2

20. 以下正确的字符串常量是 (　　)。

　　A. "\\\"　　　　　　B. 'abc'　　　　　C. Olympic Games　D. " "

21. 以下程序的输出结果是 (　　)。

```
void main()
{  int  a=5,b=4,c=6,d;
   printf("%d\n",d=a>c?(a>c?a:c):(b));
}
```

　　A. 5　　　　　　　B. 4　　　　　　　C. 6　　　　　　　D. 不确定

22. 以下程序的输出结果是 (　　)。

```
void main()
{  int a=4,b=5,c=0,d;
   d=!a&&!b||!c;
   printf("%d\n",d);
}
```

　　A. 1　　　　　　　B. 0　　　　　　　C. 非 0 的数　　　　D. -1

23. 已知字母 A 的 ASCII 码值为十进制的 65,下面程序的输出是 (　　)。

```
void main()
{  char ch1,ch2;
   ch1='A'+'5'-'3';
   ch2='A'+'6'-'3';
   printf("%d,%c\n",ch1,ch2);
}
```

　　A. 67,D　　　　　　B. B,C　　　　　　C. C,D　　　　　　D. 不确定的值

24. 以下程序的输出结果是 (　　)。

```
#include <stdio.h>
```

```
#include <math.h>
void main(){
    int a=1,b=4,c=2;
    float x=10.5,y=4.0,z;
    z=(a+b)/c+sqrt((double)y)*1.2/c+x;
    printf("%f\n",z);
}
```

  A. 14.000000   B. 15.400000   C. 13.700000   D. 14.900000

25. 以下程序的输出结果是（ ）。

```
#include <stdio.h>
void main()
{
    int a,b,d=241;
    a=d/100%9;
    b=(-1)&&(-1);
    printf("%d,%d\n",a,b);
}
```

  A. 6,1   B. 2,1   C. 6,0   D. 2,0

二、填空题

1. 以下程序运行时，若从键盘输入：10 20 30<回车>，输出的结果是_____。

```
#include <stdio.h>
void main()
{ int i=0,j=0,k=0;
  scanf("%d%*d%d",&i,&j,&k);
  printf("%d%d%d\n",i,j,k);
}
```

2. 以下程序运行后的输出结果是_____。

```
void main()
{ int a,b,c;
  a=10; b=20; c=(a%b<1)||(a/b>1);
  printf("%d,%d,%d\n",a,b,c);
}
```

3. 以下程序段的输出结果是_____。

```
int i=9;
printf("%o\n",i);
```

4. 以下程序运行后的输出结果是_____。

```
void main()
{ int a,b,c;
  a=25;
  b=025;
  c=0x25;
  printf("%d,%d,%d\n",a,b,c);
}
```

5. 已知字符 A 的 ASCII 码值为 65，以下语句的输出结果是_____。

```
char ch='B';
printf("%c,%d\n",ch,ch);
```

6. 有以下语句段

```
int n1=10,n2=20;
printf("_____",n1,n2);
```

要求按以下格式输出 n1 和 n2 的值，每个输出行从第一列开始，请填空。

```
n1=10
n2=20
```

7. 有以下程序

```
#include <stdio.h>
void main()
{ char ch1,ch2; int n1,n2;
  ch1=getchar(); ch2=getchar();
  n1=ch1-'0';n2=n1*10+(ch2-'0');
  printf("%d\n",n2);
}
```

程序运行时输入：12✓，执行后输出结果是_____。

8. 若变量 a,b 已定义为 int 类型并赋值 21 和 55，要求用 printf 函数以 a=21,b=55 的形式输出，请写出完整的输出语句_____。

9. 以下程序运行后的输出结果是_____。

```
void main()
{ int x=0210;  printf("%X\n",x);
}
```

10. 以下程序运行后的输出结果是_____。

```
void main()
{ char c;     int n=100;
  float f=10;   double x;
  x=f*=n/=(c=50);
  printf("%d%f\n",n,x);
}
```

11. 执行以下程序后的输出结果是_____。

```
void main()
{ int a=10;
  a=(3*5,a+4);
 printf("a=%d\n",a);
}
```

12. 以下程序运行后的输出结果是_____。

```
void main()
{ int p=30;
  printf("%d\n",(p/3>0 ? p/10 :p%3));
}
```

13. 以下程序运行后的输出结果是_____。

```
void main()
{ char m;
  m='B'+32; printf("%c\n",m);
}
```

14. 以下程序运行后的输出结果是_____。

```
void main()
{ int m=011, n=11;
  printf ("%d,%d\n",++m,n++);
}
```

15. 下列程序的输出结果是_____。

```
void main()
{ int a=1,b=2;
  a=a+b;b=a-b;a=a-b;
  printf("%d,%d\n",a,b);
```

```
}
```

16. 以下程序的输出结果是_____。

```
void main()
{ int a=0;
  a+=(a=8);
  printf("%d\n",a);
}
```

17. 若有语句

```
int i=-19,j=i%4;
printf("%d\n",j);
```

则输出的结果是_____。

18. 若有程序

```
void main()
{ int i,j;
  scanf("i=%d,j=%d",&i,&j);
  printf("i=%d,j=%d\n ",i,j);
}
```

要求给 i 赋 10，给 j 赋 20，则应该从键盘输入_____。

19. 执行以下程序时输入 1234567<CR>，则输出结果是_____。

```
#include <stdio.h>
void main()
{ int a=1,b;
  scanf("%2d%2d",&a,&b);  printf("%d,%d\n",a,b);
}
```

20. 以下程序的功能是：输出 A：B：c 三个变量中的最小值，请填空。

```
#include <stdio.h>
void main()
{ int  a,b,c,t1,t2;
  scanf("%d%d%d",&a,&b,&c);
  t1=a<b? _____;
  t2=c<t1? c:t1;
  printf("%d\n",t2);
}
```

三、程序设计题

1. 编写程序，输入三角形的边长，求三角形的面积并输出。

2. 编写程序，输入 3 个整数，按从大到小的顺序输出。

3. 为鼓励小区住户节约用水，自来水公司采取按月用水量分段计费的办法，住户应交水费 y（元）与月用水量 x（吨）的函数关系式如下（$x \geqslant 0$）。输入住户的月用水量 x（吨），计算并输出该住户应支付的水费 y（元）（保留两位小数）。

$$y = f(x) = \begin{cases} 3.3x & x \leqslant 15 \\ 3.8x - 7.5 & x > 15 \end{cases}$$

第3章
结构化程序设计

教学目标

◆ 理解结构化程序设计的思想；

◆ 熟悉传统流程图和 N-S 流程图的画法；

◆ 掌握结构化程序设计的 3 种基本结构——顺序结构、选择结构、循环结构；

◆ 掌握控制转移语句 break、continue 的使用。

3.1 结构化程序设计的思想及流程图

3.1.1 结构化程序设计思想

结构化程序设计（Structured Programming）的核心是算法设计，基本思想是采用自顶向下、逐步细化的设计方法以及单入单出的控制结构，即将一个复杂问题按照功能进行拆分，并逐层细化到便于理解和描述的程度，最终形成由多个小模块组成的树形结构。其中每个模块都是单入单出的控制结构。

结构化程序设计包括 3 种基本结构：顺序结构、选择结构和循环结构。所有的算法都可以用这 3 种结构的组合来描述。

流程图是描述结构化程序设计算法的方法，并分为两种：传统流程图和 N-S 流程图，下面分别介绍这两种流程图。

3.1.2 传统流程图

传统流程图用几何图形的组合描述算法，如图 3-1 所示。流程图可以把解决问题的先后次序直观地描述出来。

顺序结构、选择结构和循环结构的传统流程图的示意如图 3-2 所示。传统流程图可以直观表示算法，易于理解，但是它对流程线即箭头的使用没有严格限制，很容易使流程图变得复杂而没有规律。与传统流程图相比，N-S 流程图更适合结构化设计。

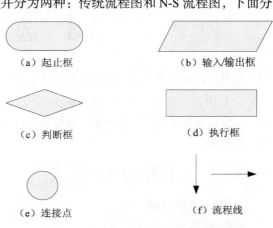

（a）起止框　　　　　（b）输入/输出框

（c）判断框　　　　　（d）执行框

（e）连接点　　　　　（f）流程线

图 3-1　ANSI 规定的一些常用的流程图符号

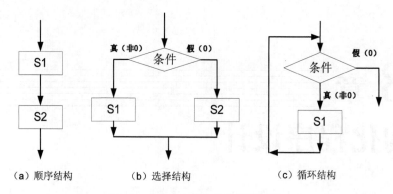

（a）顺序结构　　　　　（b）选择结构　　　　　（c）循环结构

图 3-2　3 种基本结构的传统流程图

3.1.3　N-S 流程图

20 世纪 70 年代提出了一种新的流程图——N-S 流程图。N-S 流程图去掉了所有箭头，全部算法写在一个矩形框内，在该框内还可以包含从属于它的其他矩形框。

顺序结构、选择结构和循环结构的 N-S 流程图的示意如图 3-3 所示。

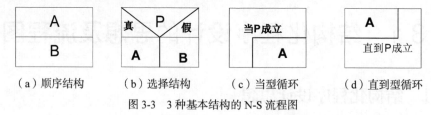

（a）顺序结构　　（b）选择结构　　（c）当型循环　　（d）直到型循环

图 3-3　3 种基本结构的 N-S 流程图

3.2　顺　序　结　构

顺序结构是最简单的一种结构，程序中的语句按照书写的顺序，自上而下地执行。其特点是程序总是从第 1 条语句开始执行，依次执行完所有的语句后结束程序。

3.3　选　择　结　构

选择结构体现了程序的判断能力，即通过对条件的判断来选择执行不同的程序语句。

在 C 语言中常用 if 语句（又称条件语句）或 switch 语句（又称多路开关语句）来构成选择结构。if 语句一般适用于两路选择，也可以通过嵌套形式来实现多路选择。switch 语句能方便地实现多路选择。

3.3.1　if 语句的 3 种形式

1. 简单选择结构

语句形式：

`if`（表达式）语句

例如，if(a>b)printf("%d",a);

执行过程：判断是否 a>b，若是则输出 a；若不是（即 a<=b）则跳过该语句执行下一条语句。流程图如图 3-4 所示。

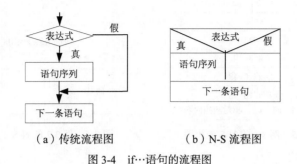

（a）传统流程图　　　　　　（b）N-S 流程图

图 3-4　if…语句的流程图

温馨提醒　　表达式可以是任何类型，如逻辑型、关系型、数值型等，语句序列可以是一个语句也可以是写成复合语句形式的多个语句。

【例 3.1】　输入一个 3 位整数，依次输出该数的正（负）号和百位、十位、个位数字。

图 3-5 所示为对应的 N-S 流程图。

程序如下：

```c
#include<stdio.h>
#include<math.h>
void main()
{   char c1,c2,c3,c4;
    int x;
printf("请输入一个 3 位整数：\n");
    scanf("%d",&x);
     c4=x>=0?'+':'-'; /* 将 x 的符号存入 c4，运算优先级：先做关系表达式 x>=0，然后是条件运算"?:"，最后是赋值运算*/
    x=abs(x);                 /* 求 3 位整数的绝对值 */
      c3=x%10+48;             /* x%10 获得个位数字，加 48 后转换为对应的字符 */
    x=x/10;                   /* 获得 x 的百位和十位 */
    c2=x%10+48;               /* x%10 获得十位数字，加 48 后转换为对应的字符 */
    c1=x/10+48;               /* x/10 获得百位数字，加 48 后转换为对应的字符 */
    printf("%c\t%c\t%c\t%c\n",c4,c1,c2,c3);
}
```

运行结果如下：

【提高】　此例若更加完备些，则应考虑若输入的数不足 3 位或超出 3 位时，程序要有输入错误的提示。请考虑如何修改。

【例 3.2】　输入一个学生的语文、数学和英语成绩，如果这三门课的平均成绩为 90 分或 90 分以上，则在屏幕上显示"优秀"。图 3-6 所示为对应的 N-S 流程图。

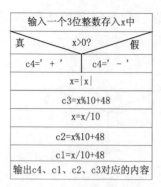

图 3-5　例 3.1 的 N-S 流程图

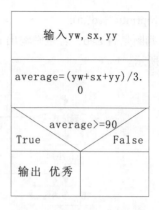

图 3-6　例 3.2 的 N-S 流程图

程序如下：

```
#include <stdio.h>
void main()
{ float yw,sx,yy,average;                /* 分别存放语文、数学，英语成绩，平均成绩 */
  printf("请输入语文，数学，英语成绩（数值间用，隔开）: \n");
  scanf("%f,%f,%f", &yw,&sx, &yy);        /* 从键盘上输入三门课的成绩*/
  average=(yw+sx+yy)/3.0;                 /* 计算平均成绩 */
  if(average>=90)                         /* 判断平均成绩是否在 90 分以上*/
      printf("优秀! \n");                 /* 在屏幕上显示优秀! */
}
```

运行结果如下：

```
请输入语文，数学，英语成绩（数值间用，隔开）:
88,89,93
优秀!
```

【想一想】当平均成绩低于 90 分时，执行结果如何？

2. 两路选择结构

语句形式：

if（**表达式**）

　语句 1

else　**语句 2**

例如：if（a>b）

　　　　printf("%d",a);

　　else

　　　　printf("%d",b);

执行过程：若 a>b 成立，则输出 a；否则（即 a<=b）输出 b。流程图如图 3-7 所示。

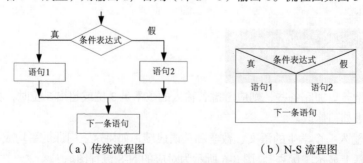

（a）传统流程图　　　　　　　　（b）N-S 流程图

图 3-7　if…else…语句的流程图

温馨提醒

语句 1 和语句 2 可以是一个语句，也可以是写成复合语句形式的多个语句。

【例 3.3】　从键盘上输入 3 个数，输出较大的数。

N-S 流程图如图 3-8 所示。

程序如下：

```
#include <stdio.h>
void main()
{int x,y,z,max;     /*定义所需变量*/
printf("\n 请输入三个整数（用空格隔开）  : \n "); /*输出提示信息*/
scanf("%d %d %d",&x,&y,&z); /*输入变量的值*/
if(x>y)
    max=x;
else
    max=y;
if(max<z)  max=z;
printf("\n 其中最大的数是：%d.\n", max);
}
```

运行结果如下：

```
请输入三个整数（用空格隔开）：
 1 3 7
其中最大的数是：7.
```

【想一想】如果要输出较小的数，不用空格分隔，如何来修改这个程序？

3. 多路选择结构

语句形式：

if（表达式 1）语句 1

else　if（表达式 2）语句 2

else　if（表达式 3）语句 3

…

else　if（表达式 n）语句 n

else　语句 n+1

流程图如图 3-9 所示。

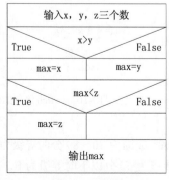

图 3-8　例 3.3 的 N-S 流程图

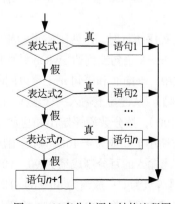

图 3-9　if 多分支语句结构流程图

执行过程：依次判断表达式的值，当出现某个值为真时，则执行其对应的语句。然后跳到整个 if 语句之外继续执行程序。如果所有的表达式均为假，则执行语句 *n*+1，然后继续执行后续语句。

例如：

```
if (number>500) cost = 0.15;
else if (number>300) cost = 0.10;
else if (number>100) cost = 0.075;
else if (number>50) cost = 0.05;
else cost = 0;
```

温馨提醒

（1）在 if 语句中，语句 1 至语句 *n*+1 可以是单个语句，也可以是复合语句。请记住：复合语句必须是用一对花括号 "{" 和 "}" 把若干 C 语句括起来的语句。

（2）if 语句本身可以嵌套使用，else 总是与它上面最近的未配对的 if 配对。如果要改变这种默认的配对关系，可以加上左、右花括号来确定新的配对关系。

3.3.2 switch 语句

switch 语句是多分支选择语句。前面用 if 语句也可以实现多分支选择结构，但会使 if 语句的嵌套层次太多，从而降低了程序的可读性。switch 语句则能更加方便、直接地实现多路选择结构。

语句常用形式：

switch （表达式）
{ case 常量表达式 1：语句 1；**break**；
 case 常量表达式 2：语句 2；**break**；
 ...
case 常量表达式 *n*：语句 *n*；**break**；
default ：   语句 *n*+1；
}

流程图如图 3-10 所示。

执行过程：先计算 switch 语句中表达式的值，再依次与 1～*n* 个常量表达式的值进行比较，当表达式的值与某个 case 后的常量表达式的值相等时，则执行该 case 后的语句，然后执行 break 语句跳出 switch 结构。如果所有常量表达式的值都不等于 switch 中表达式的值，则执行 default 后的语句。

说明：程序执行时，从匹配常量的相应 case 处入口，一直执行到 break 语句或到达 switch 结构的末尾为止。在 switch 语句中，default 和语句 *n*+1 可以同时省略。

【例 3.4】 从键盘上输入一个学生的百分制成绩（≥0，并且≤100），按分数段评定出相应的等级'A'～'E'。如果输入的成绩小于 0 或大于 100，则输出出错信息。

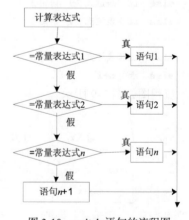

图 3-10 switch 语句的流程图

分析：当输入的百分制成绩为 90～100 分时等级为 A；成绩为 80～89 分时等级为 B；成绩为 70～79 分时等级为 C；成绩为 60～69 分时等级为 D；成绩为 60 分以下时等级为 E，其他则提示错误。可以把成绩转换为 0～10 的一个整数。流程图如图 3-11 所示。

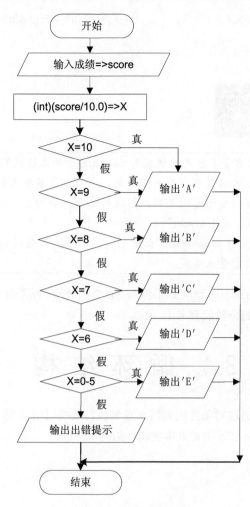

图 3-11　例 3.4 的流程图

程序如下：

```c
#include<stdio.h>
void main()
{ float score;          /*变量 score 存放百分制成绩*/
  int x;                /*变量 x 存放 score 除以 10 得到的整数*/
printf("\n请输入一个百分制成绩: ");
scanf("%f", &score);
x=(int)(score/10.0);    /*把输入的成绩转换成一个在区间[0,9]之间的整数*/
  switch(x)
  { case 10:
    case  9: printf("等级: A" ); break;  /* 90 到 100 分的为等级 A*/
  case 8: printf("等级: B" ); break;
  case 7: printf("等级: C" ); break;
  case 6: printf("等级: D" ); break;
  case 5:
  case 4:
  case 3:
  case 2:
  case 1:
  case 0: printf("等级: E" ); break;      /* 小于 60 分的为一个等级 E*/
```

```
default: printf("成绩输入有误！");          /*最后一个语句后可以不加 break,会自动结束 switch*/
    }
  }
```

运行结果如下：

```
请输入一个百分制成绩：87
等级：B
Press any key to continue
```

温馨提示

（1）case 后面常量表达式的值应与 switch 后面的表达式的值的类型一致。

（2）每个 case 的后面可以是一条语句，也可以是多条语句，还可以没有语句。

（3）多个 case 的后面可以共用一组执行语句，如例 3.4 中的 case 5 到 case 0 都共用语句 "printf("等级：E"); break;"。

（4）break 是用来结束 switch 语句的，即如果没有遇到 break, 将继续往下执行而不会再判断余下的常量表达式。

【小牛试刀】 例 3.4 中的 switch 语句如果将 break 全部删除,结果如何? 执行结果和例 3.4 有什么不同呢? 一定要把所有的分数段都考虑一次。

3.4 循 环 结 构

循环结构的主要功能是通过对条件的判断来重复执行某些语句或程序段。在 C 语言中主要用 for 语句或 while 语句或 do…while 语句来构成循环结构。

3.4.1 while 语句

语句形式：

while（循环表达式） 语句;

例如: while(x>0)

  x--; /*当 x>0 时,就循环执行 x--*/

执行过程：先判断循环表达式（x>0）的值，如果为真，执行循环体（即 x--;）一次，再判断循环表达式(x>0)的值，并重复上述操作过程，直到 x>0 为假时（即 x<=0）才结束循环，然后转去执行循环的后续语句。流程图如图 3-12 所示。

【例 3.5】 从键盘上输入某同学 5 门课程的成绩，然后计算出平均成绩并输出。

分析：此题可用 while 循环 5 次来输入成绩，并累加到一个变量 sum 中，最后再求 sum 的平均值。算法流程图如图 3-13 所示。

程序如下：

```c
#include <stdio.h>
void main()
{  int i;
float sum,score;
   i=1;sum=0.0;   /*累加单元 sum 必须赋初值 0*/
printf("请输入 5 门课程的成绩: \n ");
while(i<=5)
  { scanf("%f",&score);          /*输入成绩*/
```

```
        sum=sum+score;              /*累加成绩*/
        i++;                        /*循环控制变量增1*/
    }
    printf("\n 平均成绩为：%6.2f \n",sum/5.0);
     /*while 结构的后续语句*/
    }
```

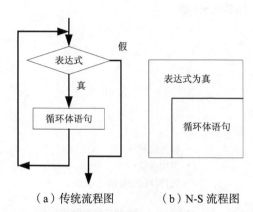

（a）传统流程图　　（b）N-S 流程图

图 3-12　while 语句的流程图

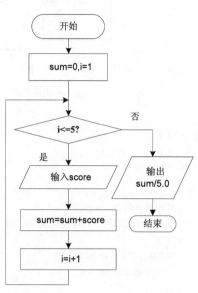

图 3-13　例 3.5 的迭代算法流程图

运行结果如下：

```
请输入5门课程的成绩：
 75 93 68 84.5 72

 平均成绩为：  78.50
Press any key to continue
```

3.4.2　do…while 语句

语句形式：

do
　　语句；
while(循环表达式)；

例如：

```
do
x--;
while(x>0);    /*循环执行 x--，直到 x<=0*/
```

执行过程：先执行循环体 x--一次，然后判断循环表达式(x>0)的值，如果为真，则再去执行循环体一次，重复上述操作过程，直到表达式(x>0)的值为假时（即 x<=0）才结束循环，然后转去执行循环的后续语句。执行过程的控制流程图如图 3-14 所示。

【例 3.6】　用 do…while 语句改写例 3.5：从键盘上输入某同学 5 门课程的成绩，然后计算出平均成绩并输出。N-S 流程图如图 3-15 所示。

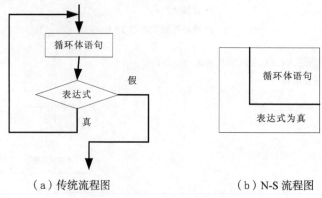

（a）传统流程图   （b）N-S 流程图

图 3-14   do…while 语句流程图

程序如下：

```c
#include <stdio.h>
void main()
{   int i;
    float sum,score;
    i=1;sum=0.0;
    printf("请输入 5 门课程的成绩：\n ");
    do
    { scanf("%f",&score);                        /* 输入成绩 */
      sum=sum+score;                             /* 累加成绩*/
      i++;                                       /* 循环控制变量增 1*/
    } while(i<=5);
    printf("\n 平均成绩为：%6.2f \n",sum/5.0);    /* while 结构的后续语句 */
}
```

此程序的运行结果如下，它与例 3.5 的结果一样。

【例 3.7】   从键盘上输入字符并显示，直到输入字符 "$"。N-S 流程图如图 3-16 所示。

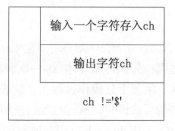

图 3-15   例 3.6 的 N-S 流程图   图 3-16   例 3.7 的 N-S 流程图

程序如下：

```
#include <stdio.h>
void main()
{ char ch;
  do
  {ch=getchar();              //取字符函数，输入一个字符到变量 ch 中
   putchar(ch) ;             /*输出字符 ch, putchar()是字符输出函数*/
  }
     while(ch!='$');         /*当 ch='$'时结束循环*/
}
```

运行结果如下：

```
How are$ you
How are$
Press any key to continue_
```

3.4.3　for 语句

语句形式：

for(表达式 1;表达式 2;表达式 3)

　　语句；

说明：for 语句比较适合用于循环次数为已知的情况。

表达式 1：一般为赋值表达式，为循环控制变量赋初值。

表达式 2：一般为关系表达式或逻辑表达式，作为控制循环结束的条件。

表达式 3：一般为赋值表达式，为循环控制变量增量或减量。

例如：for(i=1;i<=10;i++)

　　　　　sum=sum+i;　/*求解 1+2+3+…+10 的和，结果存入 sum 中*/

执行过程：

（1）求解表达式 1(i=1;)。

（2）求解表达式 2(i<=10;)，若其值为真则执行循环体(sum=sum+i;)一次，接着求解表达式 3(i++)，再重复第（2）步。若为假转向第（3）步。

（3）结束 for 循环。

流程图如图 3-17 所示。

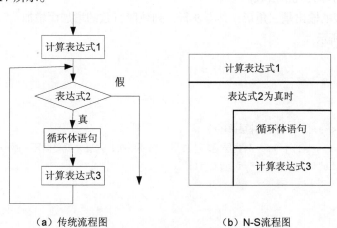

（a）传统流程图　　　　　　　　　（b）N-S流程图

图 3-17　for 语句流程图

【例 3.8】 用 for 语句改写例 3.5：从键盘上输入某同学 5 门课程的成绩，然后计算出平均成绩并输出。（本题的流程图和例 3.5 是一样的，这里不再画出。）

程序如下：

```
#include<stdio.h>
void main()
{ int i;
    float sum,score;
    sum=0.0;
    printf("请输入 5 门课程的成绩: \n ");
    for(i=1;i<=5;i++)                       /*for 循环结构*/
      {   scanf("%f",&score);               /*输入成绩*/
          sum=sum+score;                    /*总分累加*/
      }
    printf("\n 平均成绩为: %6.2f\n",sum/5.0);  /*输出平均成绩*/
}
```

【想一想】 此程序的运行结果和例 3.5 的结果是否一样？

（1）对循环体，可以是单个语句，也可以是多个语句（需用{}括起来）。

（2）循环中必须包含改变循环表达式值的语句或表达式，使循环能正常结束。

（3）while：先判断表达式的值，再执行循环体，所以循环次数可能为 0。

温馨提醒

（4）do…while：先执行循环体，然后再判断表达式的值，所以循环体至少被执行一次。

（5）for 循环最好不要省略其表达式 1、表达式 2、表达式 3，以免产生歧义。

3.4.4 循环嵌套

如果在一个循环体中又含有另一个完整的循环结构，则称为循环嵌套。当内嵌的循环中含有另一个嵌套的循环时，称为多重循环。但内层循环必须被完全包含于外层循环内，不允许循环结构交叉。

while 循环、do…while 循环和 for 循环 3 种结构，可以自身嵌套，也可相互嵌套。

【例 3.9】 打印九九乘法表。

分析： 乘法表的输出呈三角形，共有 9 行，列数随行数的增加而增加。需要两层嵌套循环，流程图如图 3-18 所示。

程序如下：

```
#include<stdio.h>
void main()
{  int i,j;
  for(i=1;i<=9;i++)    /*外层循环*/
  {  for(j=1;j<=i;j++)   /*内层循环。外层 i 循环一次，内层 j 就要循环一圈*/
       printf("%d*%d=%2d ",i,j,i*j);
     printf("\n");
  }
}
```

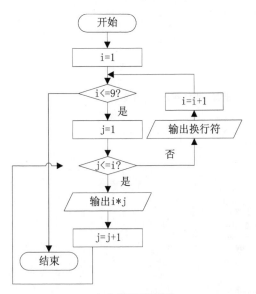

（a）传统流程图　　　　　　　　　　　（b）N-S 流和图

图 3-18　例 3.9 的流程图

运行结果如下：

```
1*1= 1
2*1= 2   2*2= 4
3*1= 3   3*2= 6   3*3= 9
4*1= 4   4*2= 8   4*3=12   4*4=16
5*1= 5   5*2=10   5*3=15   5*4=20   5*5=25
6*1= 6   6*2=12   6*3=18   6*4=24   6*5=30   6*6=36
7*1= 7   7*2=14   7*3=21   7*4=28   7*5=35   7*6=42   7*7=49
8*1= 8   8*2=16   8*3=24   8*4=32   8*5=40   8*6=48   8*7=56   8*8=64
9*1= 9   9*2=18   9*3=27   9*4=36   9*5=45   9*6=54   9*7=63   9*8=72   9*9=81
```

3.4.5　break 语句和 continue 语句

在前面讨论的 3 种循环控制中，都是以某个表达式的结果作为循环条件，当表达式的值为真时继续执行循环，当表达式的值为假时结束循环。此外，C 语言还提供了两个语句 break 和 continue来控制流程转移。

1. break 语句

语句形式：

```
break;
```

执行过程：终止 switch 语句或循环语句的执行，跳出当前 break 所在的控制结构，转去执行后续语句。

2. continue 语句

语句形式：

```
continue;
```

执行过程：终止本次循环体的执行，即跳过循环体中 continue 后面的语句，直接开始下一次循环体的执行。

【例 3.10】　输入 5 个正整数，将其中的奇数累加。

流程图如图 3-19 所示。

```
#include <stdio.h>
void main()
```

```
{int i,n,sum=0;
printf("请输入 5 个数: \n");
for (i=1;i<=5;i++)
    {scanf("%d",&n);
    if (n%2==0)
     continue;   /*如果 n 是偶数，则不予累加，继续输入下一个数*/
    sum=sum+n;
    }
printf("其中的奇数之和是: %d\n",sum);
}
```

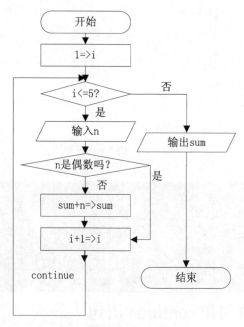

图 3-19　例 3.10 的流程图

运行结果如下：

或

【小牛试刀】

（1）两个运行结果哪个对，为什么？

（2）如果把程序中的 continue 换成 break，程序功能将如何改变？

（3）此例子如果不用 continue，程序如何修改？

温馨提醒

break 语句和 continue 语句的区别：

（1）continue 语句只结束本次循环操作，而不是终止整个循环的执行。

（2）break 语句则是结束整个循环过程，不再判断执行循环的条件是否成立。

在多重嵌套循环中，break 语句只能跳出（或终止）它所在的那层循环结构，而不能同时跳出（或终止）多层循环。continue 也类似。

两种结构的流程图比较如图 3-20 所示。

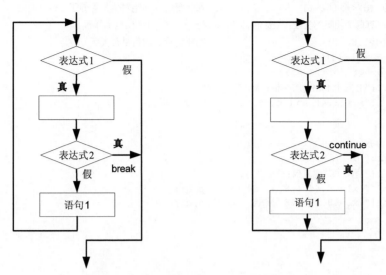

图 3-20　break 语句和 continue 语句的区别

3.5　编 程 实 例

【例 3.11】　求一元二次方程 $ax^2+bx+c=0$ 的解。
有以下几种可能：

① $a=0$，不是二次方程；

② $b^2-4ac=0$，有两个相等实根；

③ $b^2-4ac>0$，有两个不等实根；

④ $b^2-4ac<0$，有两个共轭虚根。

思路：本题可采用分治法（一种很重要的算法：字面上的解释是"分而治之"，就是把一个复杂的问题分成两个或更多的相同或相似的子问题，再把子问题分成更小的子问题……直到最后子问题可以简单的直接求解，原问题的解即子问题的解的合并）来求解，主要的流程图如图 3-21 所示。

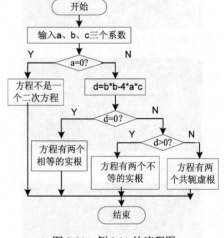

图 3-21　例 3.21 的流程图

用 if 语句编写的程序如下：

```
#include<stdio.h>
#include<math.h>              //因为使用平方根函数 sqrt 和求绝对值函数 fabs
void main()
{ float  a,b,c,d,x1,x2,p,q;    /*p 表示实部，q 表示虚部*/
  printf("\n 输入系数 a ,b,c=" );
  scanf("%f,%f,%f",&a, &b, &c);
  printf("\n 方程 \n " );
  if(fabs (a)<=1.0e-6)         /*系数 a 的值为 0 时*/
  printf("不是一个二次方程。\n " );
else
  { d=b*b-4*a*c;              /*计算判别式 b*b-4*a*c 的值并赋予变量 d*/
```

```
        if(fabs (d)<=1.0e-6)                    /*判断变量 d 的绝对值是否等于 0*/
        printf("有两个相等的实根: \n x1,x2=%8.4f \n ",-b/(2*a) );
    else if(d>1.0e-6)                           /*判断变量 d 的值是否大于 0*/
        { x1=(-b+sqrt(d))/(2*a);
          x2=(-b-sqrt(d))/(2*a);
          printf("有两个不相等的实根: \n " );
          printf("x1=%8.4f and x2=%8.4f \n " ,x1,x2);
        }
        else
        { p= -b/(2*a);
          q=sqrt(-d)/(2*a);
          printf("有两个共轭复根: \n " );
          printf(" x1=%8.4f +%8.4f i \n " ,p,q);
          printf(" x2=%8.4f -%8.4f i \n " ,p,q);
        }
    }
}
```

说明:

（1）为了检验该程序是否能求出 4 种解，分别针对解的 4 种可能性设计了 4 组数据，以便程序的每一个分支都能执行到。程序运行结果如下。

结果一:

```
输入系数a ,b,c=0,1,2

方程
不是一个二次方程。
Press any key to continue
```

结果二:

```
输入系数a ,b,c=1,2,1

方程
有两个相等的实根:
x1,x2= -1.0000
Press any key to continue
```

结果三:

```
输入系数a ,b,c=1,3,1

方程
有两个不相等的实根:
x1= -0.3820 and x2= -2.6180
Press any key to continue
```

结果四:

```
输入系数a ,b,c=1,3,5

方程
有两个共轭复根:
 x1= -1.5000 +  1.6583 i
 x2= -1.5000 -  1.6583 i
Press any key to continue
```

（2）程序中用到了求平方根函数 sqrt()和求绝对值函数 fabs()。由于实数在计算和存储时会有一些微小的误差，因此不能直接判断 d== 0，而是判断 d 是否小于一个很小的数（如 10^{-6}），如果小于此数，就认为 d 等于 0。

（3）此例中主要的结构是条件语句的嵌套，请注意条件语句在嵌套使用时 if 与 else 的相配对问题。

【例 3.12】 安排轮休：某公司有 7 位保安 A、B、C、D、E、F、G。为了工作需要，每人每周只能轮休一天，考虑每个人的特殊情况，让他们选择自己希望哪一天轮休。他们的选择如下：A：星期二、四；B：星期一、六；C：星期三、日；D：星期五；E：星期一、四、六；F：星期二、五；G：星期三、六、日。请编程实现能使所有保安满意的轮休表。

流程如图 3-22 所示。

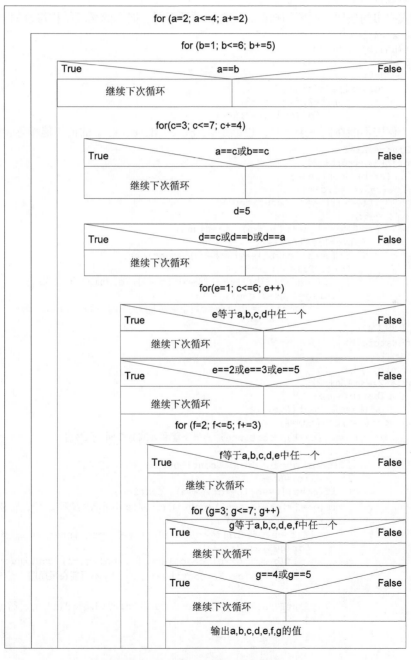

图 3-22　例 3.12 的 N-S 流程图

分析:

(1) 本题的基本框架

定义 7 个整型变量 a、b、c、d、e、f、g 分别代表 7 位保安在哪一天轮休,本题的基本框架就是对所有可能的值进行穷举,找出满足条件的所有解来,简单地说就是一个 7 层嵌套的循环结构:

```
for(a=1;a<=7;a++)
    for(b=1;b<=7;b++)
        …
        for(g=1;g<=7;g++)
```

(2) 穷举过程的细化

根据每人提出的条件,循环的初值、终值和增量不同,嵌套的循环结构修改如下:

```
for(a=2;a<=4;a+=2)
    for(b=1;b<=6;b+=5)
      for(c=3;c<=7;c+=4)
          d=5;
          for(e=1;e<=6;e++)
              for(f=2;f<=5;f+=3)
                  for(g=3;g<=7;g++)
```

由于 7 个保安不能在同一天休息,也就是 a、b、c、d、e、f、g 的值不能相等,则有:

```
for(a=2;a<=4;a+=2)
{   for(b=1;b<=6;b+=5)
    { if(a==b)  continue;
      for(c=3;c<=7;c+=4)
      {   if(c==a||c==b)  continue;
          d=5;
          {  if(d==c||d==b||d==a)  continue;
            for(e=1;e<=6;e++)
            { if(e==a||e==b||e==c||e==d)  continue;
              for(f=2;f<=5;f+=3)
              { if(f==a||f==b||f==c||f==d||f==e)  continue;
                for(g=3;g<=7;g++)
                { if(g==a||g==b||g==c||g==d||g==e||g==f)  continue;
```

完整程序如下:

```
#include<stdio.h>
void main()
{   int a,b,c,d,e,f,g;
    for(a=2;a<=4;a+=2)
    { for(b=1;b<=6;b+=5)
        { if(a==b)  continue;
          for(c=3;c<=7;c+=4)
          { if(a==c||c==b)  continue; /*c 不能和 a 或 b 在同一天休息 */
            d=5;
            {  if(d==c||d==b||d==a)  continue;
              for(e=1;e<=6;e++)
              { if(e==a||e==b||e==c||e==d)  continue;
                if(e==2||e==3||e==5) continue; /*e 不可能在星期二、三、五休息*/
                for(f=2;f<=5;f+=3)
                { if(f==a||f==b||f==c||f==d||f==e)  continue;
                  for(g=3;g<=7;g++)
                  { if(g==a||g==b||g==c||g==d||g==e||g==f)  continue;
                    if(g==4||g==5) continue;     /*g 不可能在星期四、五休息 */

                    printf("a=%d,b=%d,c=%d,d=%d,e=%d,f=%d,g=%d\n",a,b,c,d,e,f,g);
                  }
                }
              }
            }
          }
        }
    }
}
```

```
        }
    }
}
```
运行结果如下：

```
a=4,b=1,c=3,d=5,e=6,f=2,g=7
a=4,b=1,c=7,d=5,e=6,f=2,g=3
a=4,b=6,c=3,d=5,e=1,f=2,g=7
a=4,b=6,c=7,d=5,e=1,f=2,g=3
```

【智力赛车】　如果进一步仔细分析，可以让程序变得更简单，请发挥你的聪明才智吧！

小　　结

本章介绍了结构化程序设计的基本思想，并详细介绍了表示算法的方法：传统流程图和 N-S 流程图的画法，主要的内容是程序的 3 种基本结构，以及控制转移语句的使用。

1．程序的 3 种基本结构是顺序结构、选择结构和循环结构。在 C 语言中进行程序设计时是用控制语句来实现选择结构和循环结构的。控制语句有 3 种：

选择控制语句：if…else；　switch

循环控制语句：for；　while；　do…while

控制转移语句：continue；　break

2．switch 语句与 if…else 语句的主要区别是：switch 语句表达式的结果有多种取值（如 0，1，2，3，'A'，'B'等），而 if…else 语句中，if 后表达式的结果是两种逻辑值（0 假或 1 真）中的一种。

3．3 种循环的比较如下。

（1）for，while，do…while 3 种循环可以用来处理同一问题，一般情况下它们可互相代替，但设置的表达式条件可能有所不同。

（2）while，do…while 循环是在 while 后面指定循环条件，所以在循环体中必须包含改变循环控制条件的语句，而 for 语句中的表达式 3 已具有改变循环条件的功能，循环体中可以不包含改变循环控制条件的语句，当省略表达式 3 时，循环体中也必须包含改变循环控制条件的语句。

（3）用 while 循环和 do…while 循环时，循环控制变量的初始化操作应在 while 和 do…while 语句之前完成，而 for 语句可以在表达式 1 中实现循环变量初始化，只有在省略表达式 1 时才在 for 循环前进行初始化操作。

（4）while 循环和 for 循环是先判断后执行，而 do…while 循环是先执行后判断。所以 while 循环和 for 循环的循环体可能一次都不被执行，而 do…while 循环的循环体至少被执行一次。

（5）for 循环常用于循环次数为已知的情况。

4．continue 和 break 主要区别：continue 结束本次循环，break 结束整个循环。

习　　题

一、选择题

1．下列关于 do…while 语句和 while 语句的叙述中的正确是（　　　）。

A. do…while 先进行条件判断，满足条件才执行循环体

B. while 是先执行循环中的语句，再判断表达式

C. while 至少要执行一次循环语句

D. do…while 循环至少要执行一次循环语句

2. 下列关于 break 语句和 continue 语句的叙述中正确的是（　　）。

A. break 用来退出本次循环，提前进入下次循环的判断

B. continue 用来退出循环体

C. break 语句和 continue 语句都可以用在 while、do…while、for 循环体中

D. break 语句只能和 if 语句连在一起使用

3. 以下 4 个选项中，不能看做一条语句的是（　　）。

A. while(a= =0)　　B. int a=0,b=0;　　C. if(a>0);　　D. if(a=0) n=2;

4. 以下程序段中与语句 "k=a>b?(b>c?1:0):0;" 功能等价的是（　　）。

A. `if(a>b)&&(b>c))`
   `k=1;`

B. `if((a>b)||(b>c))  k=1;`
   `else k=0;`
   `else k=0;`

C. `if(a<=b) k=0;`

D. `if(a>b) k=1;`
   `else if(b>c) k=1;`
   `else if(b<=c) k=0;`

5. 有定义语句：int a=1,b=2,c=3,x;，则以下选项中各程序段执行后，x 的值不为 3 的是（　　）。

A. `if(c<a) x=1;`

B. `if(a<3) x=3;`
   `    else if(b<a) x=2;`
   `      else if(a<2) x=2;`
   `        else x=3;`

C. `if(a<3) x=3;`

D. `if(a<b) x=3;`
   `    if(a<2) x=2;`
   `     if(b<c) x=c;`
   `    if(a<1) x=1;`
   `     if(c<a) x=a;`

6. 下列条件语句中，功能与其他语句不同的是（　　）。

A. `if(a) printf("%d\n",x);`
   `else printf("%d\n",y);`

B. `if(a==0) printf("%d\n",y);`
   `else printf("%d\n",x);`

C. `if (a!=0) printf("%d\n",x);`
   `else printf("%d\n",y);`

D. `if(a==0) printf("%d\n",x);`
   `else printf("%d\n",y);`

7. 下面这个程序段的输出是（　　）

`int a=1,b=2,c=3;`

```
if(a>c)   a=b;b=c;c=a;
printf("a=%d b=%d c=%d",a,b,c);
```

    A. a=1 b=2 c=1   B. a=1 b=3 c=1   C. a=2 b=3 c=1   D. a=2 b=3 c=2

8. 下面这段程序的运行结果是（   ）。

```
#include<stdio.h>
void main()
{ int a=2;
  switch(a)
    {case 1:printf("&");break;
     case 2:printf("#");
     default:printf("%");
    }
}
```

    A. &#%   B. #%   C. #   D. %

9. 以下程序运行后的输出结果是（   ）。

```
void main()
{  int i;
   for(i=0;i<3;i++)
   switch(i)
   {  case 0:printf("%d",i);
      case 2:printf("%d",i);
      default:printf("%d",i);
   }
}
```

    A. 022111   B. 021021   C. 000122   D. 012

10. 设变量已正确定义，则以下能正确计算 f=n!的程序段是（   ）。

    A. f=0; for(i=1;i<=n;i++) f*=i;

    B. f=1; for(i=1;i<n;i++) f*=i;

    C. f=1; for(i=n;i>1;i++) f*=i;

    D. f=1; for(i=n;i>=2;i--) f*=i;

11. 若变量已正确定义，有以下程序段

```
i=0;
do
 printf("%d,",i);
while(i++);
printf("%d\n",i);
```

其输出结果是（   ）。

    A. 0,0   B. 0,1   C. 1,1   D. 程序进入无限循环

12. 以下程序的输出结果是（   ）。

```
#include<stdio.h>
void main()
{int i;
  for(i=0;i<5;i++)
  { if(i<2)
       continue;
    if(i>2)
       break;
    printf("%d",i);
  }
}
```

A. 1   B. 2   C. 3   D. 5

13. 以下程序的输出结果是（　　　）。

```
#include <stdio.h>
void main()
 { int i;
   for(i=1;i<5;i++)
   { if(i%2) printf("%d",i);
     else continue;
     printf("#");
   }
 printf("%d#",i);
}
```

   A. 1#2#3#   B. 1#3#6#   C. 1#3#5#   D. #1#3#5

14. 下列程序的输出结果是（　　　）

```
#include<stdio.h>
void main()
{ int i,j,n=0;
  for(i=0;i<2;i++)
  { n++;
    for(j=0;j<=3;j++)
    { if(j%2) continue;
       n++;
    }
  }
 printf("n=%d\n",n);
}
```

   A. n=6   B. n=8   C. n=10   D. n=12

15. 有以下程序

```
void main()
{   int a=1,b;
    for(b=1;b<=10;b++)
    {   if(a>=8) break;
    if(a%2==1){a+=5;continue;}
        a-=3;
    }
    printf("%d\n",b);
}
```

程序运行后的输出结果是（　　　）。

   A. 3   B. 4   C. 5   D. 6

16. 下列程序的输出是（　　　）。

```
#include<stdio.h>
void main()
{ int n=2;
while(n--)
    printf("n=%d, ",n);
}
```

   A. while 构成死循环 B. n=2，n=1   C. n=1,n=0   D. n=1

17. 以下 while 循环执行（　　　）次。

```
#include<stdio.h>
void main()
```

```
{ int n;
  n=2;
  while(n==2)
    printf("%d",n);
  n--;
    printf("%d",n);
  }
```

  A. 0 次   B. 1 次   C. 无限次   D. 2 次

18. 下列程序的输出是（　　）。

```
#include<stdio.h>
void main()
{ int i;
  for(i=0;i<3;i++)
    printf("%d",i+1);
  for(i=0;i<3;i++)
    printf("%d",i++);
  printf("%d",i);
}
```

  A. 02024   B. 123024   C. 123023   D. 02134

二、填空题

1. 以下程序运行后的输出结果是_____。

```
void main()
{ int a=1,b=3,c=5;
  if (c=a+b) printf("yes\n");
  else
  printf("no\n");
}
```

2. 有以下程序

```
void main()
{ char k;
  int i;
  for(i=1;i<3;i++)
  { scanf("%c",&k);
    switch(k)
     {case'a':printf("apple! ");
      case 'b':printf("banana! ");
      }
    }
}
```

运行时，从键盘输入：ab<回车>，程序执行后的输出结果是_____。

3. 有以下程序

```
void main()
{   int  x=1,a=0,b=0;
    switch(x){
        case 0:  b++;
        case 1:  a++;
        case 2:  a++;b++;
    }
    printf("a=%d,b=%d\n",a,b);
}
```

  该程序的输出结果是_____。

4. 有以下程序

```
void main()
{   int s=0,a=1,n;
    scanf("%d",&n);
    do
    {s+=1;  a=a-2;}
    while(a!=n);
    printf("%d\n",s);
}
```

若要使程序的输出值为 2，则应该从键盘给 n 输入的值是_____。

5. 以下程序运行后的输出结果是_____。

```
void main()
{ int a=3,b=4,c=5,t=99;
  if(b<a && a<c) t=a;a=c;c=t;
  if(a<c && b<c) t=b;b=a;a=t;
  printf("%d,%d,%d\n",a,b,c);
}
```

6. 读懂下面的程序:

```
#include<stdio.h>
void main()
{long a,b,r;
scanf("%1d",&a);
b=0;
do{r=a%10;
  a=a/10;
  b=b*10+r;
  }while(a);
 printf("%1d",b);
}
```

程序运行时如果输入 12345，则输出结果为_____。

7. 以下程序的功能是_____。

```
void main()
{   int i,s=0;
  for(i=1;i<10;i+=2)
     s+=i+1;
  printf("%d\n",s);
}
```

8. 执行下列程序段后，x 和 i 的值分别是_____和_____。

```
int x,i;
for (i=1,x=1;i<=50;i++)
  { if(x>=10) break;
    if(x%2==1){x+=5;continue;}
    x-=3;
  }
```

9. 以下程序运行后的输出结果是_____。

```
void main()
 {int x=15;
  while(x>10&&x<50)
    {x++;
     if(x/3){x++;break;}
     else continue;
    }
  printf("%d\n",x);
 }
```

三、操作题

1. 程序改错。以下程序的功能是：按顺序读入 10 名学生的 4 门课程的成绩，计算每位学生的平均分并输出。程序如下：

```
#include"stdio.h"
void main()
{   int n,k;
    float score,sum,ave;
    sum=0.0;
    for(n=1;n<=10;n++)
        {   for(k=1;k<=4;k++)
            {   scanf("%f",&score);
                sum+=score;
            }
            ave=sum/4;
            printf("NO%d:%f",n,ave);
        }
}
```

2. 程序改错。以下程序的功能是计算：s=1+12+123+1234+12345。

```
void main()
{   int  t=0,s=0,i;
    for(i=1;i<=5;i++) { t=t*10;   s=s+t;}
    printf("s=%d\n",s);
}
```

3. 请编程实现打印如下所示的三角形。（要求画出流程图）

```
0
11
222
3333
44444
555555
666666
7777777
88888888
999999999
```

4. 编写程序解决下列问题：用 1 分、2 分和 5 分硬币组合成 1 元钱，请问分别需要几个 1 分硬币、几个 2 分硬币以及几个 5 分硬币，列出所有的组合情况。（要求画出流程图）

5. 程序填空（把省略号处补充完整）。从键盘输入 20 个字符，分别统计出其中大写字母、小写字母、数字字符、空格字符和其他字符的个数。分别用 5 个变量 Ulette、Lletter、digit、space、other 来保存。

```
#include<stdio.h>
void main()
{   char ch;
    int k;
    int Uletter=0,Lletter=0,digit=0,space=0,other=0;
    for(k=1;k<=20;k++)
    {   ch=getchar();   /* 函数 getchar()用输入一个字符并赋予 ch*/
        if(ch>='A'&&ch<='Z') Uletter++;
        else if
            ..........
        }
    printf("Uletter=%d, Lletter=%d, ", Uletter,Lletter);
    printf("digit=%d, space =%d, other =%d \n ",digit,space,other);
```

6. 编写程序输出 100 以内能被 3 整除且个位数为 6 的所有整数。（要求画出流程图）

第4章
数组

教学目标

◆ 掌握一维数组、二维数组和字符型数组的定义、初始化及基本操作；

◆ 理解数组中元素在内存中的保存形式，字符串处理函数的功能及用法；

◆ 熟悉各类数组的数组元素的引用、赋值、输入和输出，并要求能应用数组解决数值和非数值数据处理中的典型问题；

◆ 了解字符串结束标志、数组下标的含义。

4.1　数组的概念

按数字次序排列的同类数据元素的集合称为数组，如 a[0],a[1],…a[n]。数组的维数有一维、二维等，数组的数据类型有数值数组、字符数组、指针数组、结构数组等各种类别。本章主要介绍数值数组和字符数组，其余的数组类型在以后各章陆续介绍。

4.2　一　维　数　组

4.2.1　一维数组的定义方式

在 C 语言中使用数组前必须先进行定义。

一维数组的定义方式为（包含数组的数据类型、数组名及数组的维数 3 部分）

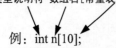

类型说明符　数组名[常量表达式];

例：int n[10];

其中：类型说明符是任一种基本数据类型或构造数据类型；

数组名是用户定义的，其命名规则与变量命名规则相同，遵循标识符命名规则；

常量表达式表示数据元素的个数，也称为数组的长度。

例如：

int a[8];　/*定义了一个整型数组，数组名为 a，含 a[0],a[1]，…，a[7]共 8 个元素*/

char c[10];　　/*定义了一个字符数组，数组名为 c，含 c[0]，…，c[9]共 10 个元素*/

4.2.2　一维数组的初始化

数组的初始化：定义数组的同时给数组元素赋予初值，一般形式为

类型说明符　数组名[常量表达式]={值，值……值};

实现方法：

（1）在定义数组时对所有数组元素赋予初值。例如：

int m[10]={0,1,2,3,4,5,6,7,8,9};　//相当于 m[0]=0;m[1]=1…m[9]=9;

（2）可以只给一部分元素赋值。例如：

int m[10]={0,1,2,3,4,5};

花括号内只提供 6 个初值，相当于 m[0]=0;m[1]=1…m[5]=6；后 4 个元素值为 0，相当于 m[6]=0; …m[9]=0。

温馨提醒

（1）数组名不能与其他变量名相同。

（2）只能给元素逐个赋值，不能给数组整体赋值。

例如，给 10 个元素全部赋初值 1，可用循环来实现：

for(i=0;i<10;i++) m[i]=1; 也可写为：int m[10]={1,1,1,1,1,1,1,1,1,1};

而不能写为：int m[10]=1;

在实际的编程过程中元素赋值一般都用循环实现的。

（3）若对全部数组元素赋初值时，由于数据的个数已经确定，因此可以不指定数组长度（注：实际编程时不提倡！）。例如：　　int m[5]={1,2,3,4,5};

可写为　　　　　　　　　　　　　　　　int m[]={1,2,3,4,5};

这里如果数组长度与提供初值的个数不相同时，则数组长度不能省略。

4.2.3　一维数组的引用

定义完一维数组后，就可以引用这个一维数组中的任何元素了。数组元素也是一种变量，其标识方法为数组名后跟一个下标。下标表示了元素在数组中的顺序号。

数组元素引用的一般形式为

数组名[下标]

其中，下标只能为整型常量或整型表达式。如为小数时，C 编译将自动取整。例如：

a[0]=a[1]+a[3*3]-a[m+n];

上式中数组元素的引用都是合法的。

数组元素通常也称为下标变量。必须先定义数组，才能使用下标变量。在 C 语言中只能逐个地使用下标变量，而不能一次引用整个数组。

例如，输出有 10 个元素的数组必须使用循环语句逐个输出各下标变量：

for(i=0; i<10; i++)
　　printf("%d",m[i]);

而不能用一个语句输出整个数组。

提醒：下面的写法是错误的：

printf("%d",m);

4.3 二 维 数 组

4.3.1 二维数组的定义

二维数组定义的一般形式为

类型说明符 数组名[常量表达式 1][常量表达式 2]

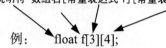

例： float f[3][4];

其中，常量表达式 1 表示第一维下标的长度，常量表达式 2 表示第二维下标的长度，表示共有 3 ×
4=12 个元素。

例如：

```
int a[3][3];        /*定义了一个三行三列的整型数组，数组名为 a*/
float b[5][6];      /*定义了一个五行六列的浮点型数组，数组名为 b*/
```

其中，a[3][3]数组元素为

```
a[0][0], a[0][1], a[0][2]
a[1][0], a[1][1], a[1][2]
a[2][0], a[2][1], a[2][2]
```

4.3.2 二维数组的初始化

可以用下面 5 种方法对二维数组初始化。

（1）按行分段给二维数组赋初值。例如：

```
int m[3][4]={{1,2,3,4},{5,6,7,8},{9,10,11,12}};
```

这种赋初值的方法比较直观，把第 1 个花括号内的数据给第 1 行的元素，第 2 个花括号内的
数据给第 2 行的元素……即按行赋初值。

（2）可以将所有的数据写在一个花括号内，按数组排列的顺序对各元素赋初值。例如：

```
int m[3][4]={1,2,3,4,5,6,7,8,9,10,11,12};
```

效果与第 1 种方法相同，但没有第 1 种方法直观。

（3）可以对部分元素赋值。例如：

```
int m[3][4]={{1},{5},{9}};
```

它的作用是只对各行第 1 列（即序号为 0 的列）的元素进行赋值，其余元素自动为 0，赋值
后数组中各元素为

$$\begin{bmatrix} 1 & 0 & 0 & 0 \\ 5 & 0 & 0 & 0 \\ 9 & 0 & 0 & 0 \end{bmatrix}$$

当然也可以对各行中的某些元素赋初值，例如：

```
m[3][4]={{1},{5,6},{0,0,11}};
```

大家可以试着写出赋值后的效果。

（4）如果对全部元素赋初值，则第一维的长度可以省略。例如：

```
m[3][4]={1,2,3,4,5,6,7,8,9,10,11,12};
```

注：上式与下面的定义等价（实际编程中不建议使用）：

```
m[][4]={1,2,3,4,5,6,7,8,9,10,11,12};  /*实际编程中不建议使用*/
```

系统会根据数据总个数和第二维的长度算出第一维的长度。所以，用这种方法赋初值时必须给出所有元素的初值，如果初值的个数不正确，则系统将做出错处理。

（5）用循环语句赋初值。

4.3.3　二维数组的引用

二维数组中元素的表示形式为

数组名[下标][下标]

其中，下标应为整型常量或整型表达式。

例如：

m[3][4]

表示 m 数组中行序号为 3、列序号为 4 的元素（行序号和列序号均从 0 算起）。

4.4　字符串与字符数组

用来存放字符数据的数组称为字符数组。字符数组中的一个元素存放一个字符。由于 C 语言中没有字符串类型，因此通常用字符型的数组来存储、处理字符串。

4.4.1　字符数组的定义

字符数组的定义方法与前面介绍的数值数组类似。其格式如下：

char 数组名［数组元素个数］；

例如：

char c[10];

定义了一个名为 c 的字符数组，包含 10 个元素。

和数值数组一样，字符数组也可以是二维数组，例如：

```
char m[5][6];
```

4.4.2　字符数组初始化

字符数组的初始化一般都在字符数组定义时进行。例如：

```
char c[10]={'I','','a','m','','h','a','p','p','y'};
```

把 10 个字符分别赋予 c[0]～c[9]这 10 个元素。

如果在定义字符数组时不进行初始化，则数组中各元素的值是不可预料的。如果花括号中提供的初值个数（即字符个数）大于数组长度，则按语法错误处理。如果初值个数小于数组长度，则只将这些字符赋予数组中前面那些元素，其余的元素自动定为空字符（即'\0'）。

例如： char c[10]={'B', 'e', 'i', '', 'J', 'i', 'n', 'g'};

数组状态如图 4-1 所示。

c[0]	c[1]	c[2]	c[3]	c[4]	c[5]	c[6]	c[7]	c[8]	c[9]
B	e	i	⏝	J	i	n	g	\0	\0

图 4-1　数组状态

如果提供的初值个数与预定的字符数组长度相同，在定义时可以省略数组长度，系统会自动根据初值个数确定数组长度。例如：

```
char c[]={'I', '', 'a', 'm', ' ', 'h', 'a', 'p', 'p', 'y'};
```

数组 c 的长度会自动定为 10。用这种方式可以不必人工去查字符的个数，尤其在赋初值的字符比较多时比较方便。

字符数组的引用与数值数组类似，引用后得到一个字符。

4.4.3 字符串和字符串结束标志

C 语言中，通常用一个字符数组来存放一个字符串（注：在 C 语言中没有专门的字符串变量）。字符串总是以'\0'作为串的结束符。因此，当把一个字符串存入一个数组时，也把结束符'\0'存入数组，并以此作为该字符串是否结束的标志。有了'\0'标志后，就不必再用字符数组的长度来判断字符串的长度了。

例如：　　　char c[]={'c',"', 'p', 'r', 'o', 'g', 'r', 'a', 'm'};

上面的数组 c 在内存中的实际存放情况如图 4-2 所示。

图 4-2　数组在内存中的存放情况

'\0'是由 C 编译系统自动加上的。由于采用了'\0'标志，所以在用字符串赋初值时一般无须指定数组的长度，而由系统自行处理。

C 语言允许用字符串的方式对数组作初始化赋值。

例如：　　　　　　char c[]={'c', , 'p', 'r', 'o', 'g', 'r', 'a', 'm'};

可写为　　　　　　char c[]={"c program"};

或去掉{}写为　　　char c[]="c program";

【注意】用字符串方式赋值比用字符逐个赋值要多占一个字节，用于存放字符串结束标志'\0'。

4.4.4 字符数组的输入输出

字符数组的输入输出可以有两种方法。

（1）逐个字符输入输出。用格式符"%c"输入或输出一个字符。

（2）将整个字符串一次输入或输出。用"%s"格式符，意思是将对字符串输入输出。

例如：

```
 char c[]={"China"};
printf("%s",c);
```

在内存中数组 c 的状态如图 4-3 所示。输出时，遇结束符'\0'就停止输出。

输出结果为

```
China
```

图 4-3　数组 C 的状态

【注意】

（1）输出的字符串不包括结束符'\0'。

（2）用"%s"格式符输出字符串时，printf 函数中的输出项是字符数组名，而不是数组元素名。

（3）如果数组长度大于字符串的实际长度，也只输出到遇'\0'结束。

（4）如果一个字符串数组中包含一个以上的'\0'，则遇第一个'\0'输出就结束。

（5）可以用 scanf 函数输入一个字符串。例如：

```
scanf("%s",c);
```

scanf 函数中的输入项 c 是已定义的字符数组名，输入的字符串应短于已定义的字符数组的长度。

（6）当用 scanf 函数输入字符串时，字符串中不能含有空格，否则将以空格作为字符串的结束符。

4.4.5　字符串处理函数

为了简化程序设计，C 语言提供了丰富的字符串处理函数，需要时可以直接调用这些函数，减轻了编程的负担。对于字符串函数，在使用前应包含头文件"string.h"。

下面介绍几个最常用的字符串函数。

1. **字符串输出函数 puts**

　　格式：puts（字符数组名）

　　功能：把字符数组中的字符串输出到显示器，即在屏幕上显示该字符串。

2. **字符串输入函数 gets**

　　格式：gets（字符数组名）

　　功能：从标准输入设备键盘上输入一个字符串。

3. **字符串连接函数 strcat**

　　格式：strcat（字符数组名 1，字符数组名 2）

　　功能：把字符数组 2 中的字符串连接到字符数组 1 中字符串的后面，并删去字符串 1 后的串标志"\0"。本函数返回值是字符数组 1 的首地址。

4. **字符串复制函数 strcpy**

　　格式：strcpy （字符数组名 1，字符数组名 2）

　　功能：把字符数组 2 中的字符串复制到字符数组 1 中，串结束标志"\0"也一同复制。字符数名 2，也可以是一个字符串常量，这时相当于把一个字符串赋予一个字符数组。

5. **字符串比较函数 strcmp**

　　格式：strcmp（字符数组名 1，字符数组名 2）

　　功能：按照 ASCII 码顺序比较两个数组中的字符串，并由函数返回值返回比较结果。

　　　　字符串 1=字符串 2，返回值=0；

　　　　字符串 1>字符串 2，返回值>0；

　　　　字符串 1<字符串 2，返回值<0。

本函数也可用于比较两个字符串常量，或比较数组和字符串常量。

6. **测字符串长度函数 strlen**

　　格式：strlen（字符数组名）

　　功能：测字符串的实际长度（不含字符串结束标志'\0'）并作为函数返回值。

4.5　编　程　实　例

【例 4.1】　编程序，将任意 N 个同学的高等数学成绩输入计算机后，按逆序打印出来。

思路：由于一维数组元素只有一个下标，因此用一个 for 循环就可以控制一维数组元素的下标变化，从而实现一维数组的输入输出。

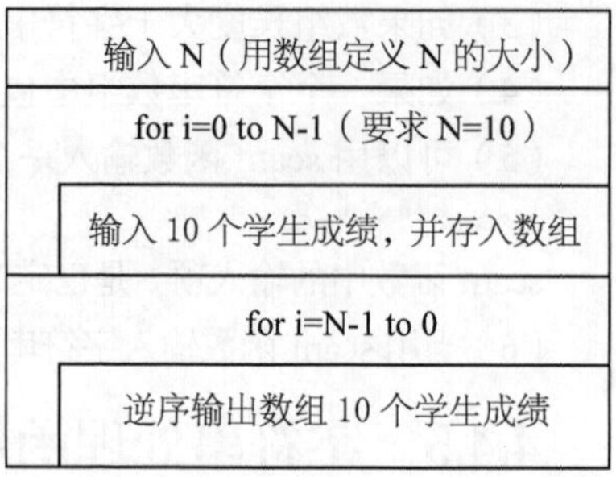

程序如下：

```c
#include<stdio.h>
void main()
{ int i,N;
    float score[1000]; //定义 N 小于 1000
    printf("请输入同学数: N=");
    scanf("%d",&N);
    printf("请分别输入%d 个同学的高等数学成绩，并用空隔开:\n",N);
    for(i=0;i<N;i++)   //循环输入 i=0 to N-1 个学生成绩
        scanf("%f",&score[i]);
    for(i=N-1;i>=0;i--)    //循环逆向输出 i=0 to N-1 个学生成绩
        printf("%6.1f",score[i]);
        printf("\n");
}
```

图 4-4 中的 N-S 流程图内容：

输入 N（用数组定义 N 的大小）
for i=0 to N-1（要求 N=10）
输入 10 个学生成绩，并存入数组
for i=N-1 to 0
逆序输出数组 10 个学生成绩

图 4-4　例 4-1 图

运行情况如下：

```
请输入同学数：N=5
请分别输入5个同学的高等数学成绩，并用空隔开:
66 77 99 88 87
    87.0    88.0    99.0    77.0    66.0
```

【例 4.2】　杨辉三角形。

我国古代数学家杨辉以二项展开式各项的系数为数字的三角形，每一行的首尾两数均为 1；第 k 行共 k 个数，除首尾两数外，其余各数均为上一行的肩上两数的和，如图 4-5 所示。

设计程序，打印杨辉三角形的前 n 行（n 从键盘输入）。

分析：杨辉三角形的构成规律，第 i 行有 i 个数，其中第 1 个和第 i 个数都为 1，其余各项为它的肩上数之和（即上一行相应项及其前一项之和）。设置二维数组 a[n][n]，根据构成规律实施递推：

```
        1
      1   1
    1   2   1
  1   3   3   1
```

图 4-5　杨辉三角形

初始值：（每行的第一个和最后一个值均为 1）

a[i][1]=a[i][i]=1 (i=1,2,…,n)

递推值：（上一行的肩上两数的和）

a[i][j]=a[i-1][j-1]+a[i-1][j]　// (i=3, …,j=2, …,i-1)

为了输出左右对称的等腰三角形，设置二重循环：用循环变量 i 控制打印，对应第 i 行打印 40 − 3i 个空格，再设置 j 循环控制打印第 i 行的 j 个数组元素 a[i][j]。图 4-6 所示为对应的 N-S 流程图。

程序如下：

```c
#include<stdio.h>
void main( )
{ int n,i,j,k,a[40][40];         /*输入的 n=<40,这由定义的数组常量表达式的值决定*/
 printf("请输入行数 n[=<40]:");
  scanf("%d",&n);                //输入行数 n
  for(i=1;i<=n;i++)
```

```
  {a[i][1]=1;a[i][i]=1;}    /*确定初始值*/
   for(i=3;i<=n;i++)
   for(j=2;j<=i-1;j++)
a[i][j]=a[i-1][j-1]+a[i-1][j];  /*递推得到每一数组元素*/
  for(i=1;i<=n;i++)
  { printf("\n");
for(k=2;k<=2*(n-i);k=k+1)  printf(" ");  //输出空格,以便输出等腰三角形
for(j=1;j<=i;j++)   //输出第 i 行的 i 个数组元素
 printf("%4d",a[i][j]);   //每个数字占 4 列是与输出空格相对应
}
}
```

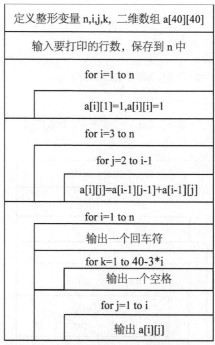

定义整形变量 n,i,j,k, 二维数组 a[40][40]		
输入要打印的行数, 保存到 n 中		
for i=1 to n		
	a[i][1]=1,a[i][i]=1	
for i=3 to n		
	for j=2 to i-1	
		a[i][j]=a[i-1][j-1]+a[i-1][j]
for i=1 to n		
	输出一个回车符	
	for k=1 to 40-3*i	
		输出一个空格
	for j=1 to i	
		输出 a[i][j]

图 4-6　例 4.2 的 N-S 流程图

运行结果如下：

```
请输入行数n[=<40]:16

                        1
                      1   1
                    1   2   1
                  1   3   3   1
                1   4   6   4   1
              1   5  10  10   5   1
            1   6  15  20  15   6   1
          1   7  21  35  35  21   7   1
        1   8  28  56  70  56  28   8   1
      1   9  36  84 126 126  84  36   9   1
    1  10  45 120 210 252 210 120  45  10   1
  1  11  55 165 330 462 462 330 165  55  11   1
1  12  66 220 495 792 924 792 495 220  66  12   1
1  13  78 286 7151287171617161287 715 286  78  13   1
1  14  91 3641001200230033432300320021001 364  91  14   1
```

【例 4.3】　求 100 之内的素数。

素数也称为质数，就是在所有比 1 大的整数中，除了 1 和它本身以外，不再有别的约数，这

种整数叫做素数（质数），换句话说素数只能被 1 和它本身整除。

　　思路：首先定义一个数组 a［100］用来保存 100 以内的数，判断一个数是不是素数快速的方法，只需要看它能不能被比它本身 + 1 的平方根小的所有质数整除。因此将 a[i] 除以 2～$\sqrt{a[i]+1}$ 之间的每个整数（其中包括素数与非素数），如果出现余数为 0，则 a[i] 就不是素数，反之则是。图 4-7 所示为对应的 N-S 流程图。程序如下：

```
#include <stdio.h>
#include <stdio.h>
#include "math.h"
void main()
{ int i,j,a[100];
  for(i=2;i<101;i++) a[i]=i;
for(i=2;i<101;i++)
    for(j=2;j<sqrt(a[i]+1);j++)
  if(i%j==0)   /*如果余数为 0*/
      a[i]=0;  /*则将 a[i] 赋值为 0 作为非素数的标记*/
  for(i=2;i<101;i++)
    if(a[i])
      printf("%5d",a[i]);/*输出所有 a[i] 值不为 0 的数组值*/
}
```

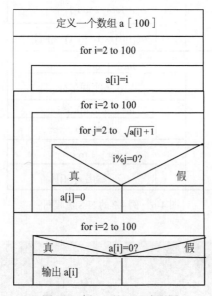

图 4-7　例 4.5 的 N-S 流程图

运行结果如下：

小　结

1. 数组的定义、使用、初始化

（1）数组定义的内容包括类型、数组名、维数及每维数组元素的个数。数组名是数组的首地址，即数组中第一个元素的地址。

（2）C 语言中数组元素下标的下限是固定的，总是为 0，即每一维数组元素的下标都从 0 开始。在 C 语言中，二维数组在内存中的存放方式为按行存放（或称行主序列）。

（3）在 C 语言中，一个二维数组可以看成是一个一维数组，其中每个一维数组又是一个包含若干个元素的一维数组。

（4）数组可以是一维的、二维的或多维的。在本章中只介绍了一维及二维数组的定义及使用，多维数组可以由二维数组的扩展而得到，例如：

```
int a[2][3][4];
```

定义了一个数组名为 a 的三维数组。

（5）C 语言允许在定义数组的同时，对数组进行赋值，即初始化。例如：

```
int a[10]={0,1,2,3,4,5,6,7,8,9};
```

当花括号内提供的初值个数少于数组元素的长度时，系统自动用 0 值补充；当初值个数多于元素个数时，将导致编译时出错。

C 语言允许通过所赋初值的个数来定义数组的长度。例如，下面两种定义形式等价：

```
int a[ ]={1,2,3,4,5,6};
int a[6]={1,2,3,4,5,6};
```

在进行二维数组定义时，可以省略对第一维长度的说明，这时第一维的长度由所赋初值的个数确定，但不能省略对第二维长度的说明。例如，下面 3 种定义形式等价：

```
int a[2][3]={1,2,3,4,5,6};
int a[ ][3]={1,2,3,4,5,6};
int a[ ][3]={{1,2,3},{4,5,6}};
```

2. 字符数组与字符串

字符数组是每个元素存放一个字符型数据的数组。它的定义形式和元素的使用方法与一般数组相同，例如：

```
char c[20],m[2][3];
```

在 C 语言中，字符串可以存放在字符型一维数组中，故可以把字符型一维数组作为字符串变量。

字符串是用双引号括起来的一串字符，实际上也被隐含处理成一个无名的字符型一维数组。C 语言中约定用'\0'作为字符串的结束标志，它占内存空间，但不计入字符串的长度。

在定义字符数组的同时有 3 种赋值方式：①将字符逐个赋予数组中各元素；②直接用字符串给数组赋初值；③用字符的 ASCII 码值对字符数组进行初始化。无论用哪种方式，若提供的字符个数大于数组长度，系统报错；若提供的字符个数小于数组长度，则在最后一个字符后添'\0'作为字符串结束标志。

通过赋值可以隐含确定数组长度：

```
char c[ ]={ "china"};
```

这时 c 数组的长度为 6。

若定义的字符数组准备作为字符串使用时，在此方式中应人为加上一个'\0'，例如：

```
char a[ ]={ 'c', 'h', 'i', 'n', 'a', '\0'};
```

否则系统自动去找最近的一个'\0'为串的结束标志，容易引起错误。若仅作为字符数组使用，则不要求其最后一个字符为'\0'。

字符数组不能通过赋值语句被赋予一个字符串，例如：

```
char c[6];
c="China";
```

是错误的。数组名 c 中的地址不可以改变，不能被重新赋值。

习　题

一、选择题

1. 在 C 语言中，引用数组元素时，其数组下标的数据类型允许是（　　）。

   A. 整型常量　　　　　　　　　　B. 整型表达式

   C. 整型常量或整型表达式　　　　D. 任何类型的表达式

2. 若有说明：int a[10];，则对 a 数组元素的正确引用是（　　）。

   A. a[10]　　　　B. a[3,5]　　　　C. a(5)　　　　D. a[10-10]

3. 以下能对一维数组 a 进行正确初始化的语句是（　　）。

   A. int a[10]=(0,0,0,0,0);　　　　B. int a[10]={};

   C. int a[]={0};　　　　　　　　D. int a[10]={10*1};

4. 若有说明：int a[3][4];，则对 a 数组元素的非法引用是（　　）。

   A. a[0][2*1]　　B. a[1][3]　　C. a[4-2][0]　　D. a[0][4]

5. 下面程序（　　）（每行程序前面的数字表示行号）

```
1 void main()
2 {
3   int a[3]={3*0};
4   int i;
5   for(i=0;i<3;i++) scanf("%d",&a[i]);
6   for(i=1;i<3;i++) a[0]=a[0]+a[i];
7   printf("%d\n",a[0]);
8 }
```

   A. 第 3 行有错误　B. 第 7 行有错误　C. 第 5 行有错误　D. 没有错误

6. 若二维数组 a 有 m 列，则计算任一元素 a[i][j] 在数组中位置的公式为（　　）（假设 a[0][0] 位于数组的第一个位置上）。

   A. i*m+j　　　　B. j*m+i　　　　C. i*m+j-1　　　　D. i*m+j+1

7. 若有说明：int a[][3]={1,2,3,4,5,6,7};，则 a 数组第一维的大小是（　　）。

   A. 2　　　　　　B. 3　　　　　　C. 4　　　　　　D. 无确定值

8. 定义如下变量和数组：

```
int k;
int a[3][3]={1,2,3,4,5,6,7,8,9};
```

   则下面语句的输出结果是（　　）。

```
for(k=0;k<3;k++)
printf("%d ",a[k][2-k]);
```

   A. 3 5 7　　　　B. 3 6 9　　　　C. 1 5 9　　　　D. 1 4 7

9. 下面程序的运行结果是（　　）。

```
void main()
{   int a[6],i;
    for(i=1;i<6;i++)
    {   a[i]=9*(i-2+4*(i>3))%5;
        printf("%2d",a[i]);
    }
}
```

　　A．-40404　　　　　B．-40403　　　　　C．-40443　　　　　D．-40440

10．下面是对 s 的初始化，其中不正确的是（　　）。

　　A．char s[5]={ "abc"};　　　　　　　　B．char s[5]={'a','b','c'};

　　C．char s[5]=" ";　　　　　　　　　　D．char s[5]= "abcdef";

11．对两个数组 a 和 b 进行如下初始化：

```
char a[]="ABCDEF";
char b[]={'A','B','C','D','E','F'};
```

则以下叙述正确的是（　　）。

　　A．a 与 b 数组完全相同　　　　　　　B．a 与 b 长度相同

　　C．a 和 b 中都存放字符串　　　　　　D．a 比 b 数组长度长

12．有下面的程序段

```
char a[3],b[]="China";
a=b;
printf("%s",a);
```

则（　　）。

　　A．运行后将输出 China　　　　　　　B．运行后将输出 Ch

　　C．运行后将输出 Chi　　　　　　　　D．编译出错

13．判断字符串 a 和 b 是否相等，应当使用（　　）。

　　A．if(a==b)　　　　B．if(a=b)　　　　C．if(strcpy(a,b))　　　D．if(strcmp(a,b))

14．下述对 C 语言字符数组的描述中错误的是（　　）。

　　A．字符数组可以存放字符串

　　B．字符数组的字符串可以整体输入输出

　　C．可以在赋值语句中通过赋值运算符"="对字符数组整体赋值

　　D．不可以用关系运算符对字符数组中的字符串进行比较

15．下面程序的运行结果是（　　）。

```
#include<stdio.h>
void main()
{   char str[]="SSSWLIA",c;
    int k;
    for(k=2;(c=str[k])!='\0';k++)
    {switch(c)
      {  case 'I': ++k; break;
         case 'L': continue;
         default: putchar(c); continue;
         }
         putchar('*');
    }
}
```

　　A．SSW*　　　　　　B．SW*　　　　　　C．SW*A　　　　　　D．SW

二、填空题

1．若有以下整型的 a 数组，数组元素和它们的值如下所示：

数组元素：a[0] a[1] a[2] a[3] a[4] a[5] a[6] a[7] a[8] a[9]

元素的值：9　4　12　8　　2　10　7　5　1　3

写出下面式子的值：a[a[4]]+a[8] 的值为_____。

2. 若有定义：double x[3][5];，则 x 数组中行下标的下限为_____，列下标的上限为_____。

3. 若有定义：int a[3][4]={{1,2},{0}, {4,6,8,10}};，则初始化后，a[1][2]得到的初值是_____，a[2][1]得到的初值是_____。

4. 设有定义语句：int a[][3]={{0},{1},{2}};，则数组元素 a[1][2]的值是_____。

5. 下面程序以每行 4 个数据的形式输出 a 数组，请填空。
```c
#define N 20
void main()
{   int a[N],i;
    for(i=0;i<N;i++) scanf("%d",_____);
    for(i=0;i<N;i++)
    {if(_____) _____
      printf("%3d",a[i]);
    }
    printf("\n");
}
```

6. 下面程序可求出矩阵 a 的两条对角线上的元素之和，请填空。
```c
void main()
{int a[3][3]={1,3,6,7,9,11,14,15,17}, sum1=0,sum2=0,i,j;
    for(i=0;i<3;i++)
        for(j=0;j<3;j++)
        if(i==j) sum1=sum1+a[i][j];
    for(i=0;i<3;i++)
        for(_____;_____;j--)
            if((i+j)==2) sum2=sum2+a[i][j];
    printf("sum1=%d,sum2=%d\n",sum1,sum2);
}
```

7. 执行以下程序的输出结果是_____。
```c
#include <stdio.h>
void main()
{ int  i, n[4]={1};
  for(i=1;i<=3;i++)
    { n[i]=n[i-1]*2+1; printf("%d ",n[i]); }
}
```

8. 当从键盘输入 18 并回车后，下面程序的运行结果是_____。
```c
void main()
{   int x,y,i,a[8],j,u,v;
    scanf("%d",&x);
    y=x; i=0;
    do{    u=y/2;    a[i]=y%2;
    i++; y=u;
       }while(y>=1);
    for(j=i-1; j>=0; j--)
        printf("%d",a[j]);
}
```

9. 下面程序段将输出 computer，请填空。
```c
char c[]="It's a computer";
for(i=0;_____;i++)
{  _____;
   printf("%c",c[j]);
}
```

10. 下面程序的功能是在任意的字符串 a 中将与字符 c 相等的所有元素的下标值分别存放在

整型数组 b 中。请填空。

```
#include<stdio.h>
void main()
{   char a[80];
    int i,b[80],k=0;
    gets(a);
    for(i=0;a[i]!='\0';i++)
        if(_____) {b[k]=i;_____;}
    for(i=0;i<k;i++) printf("%3d",b[i]);
}
```

三、程序设计题

1. 从键盘输入若干整数（数据个数应少于 50），其值在 0～5 的范围内，用-1 作为输入结束的标志。统计每个整数的个数。试编程。

2. 定义一个含有 30 个整型元素的数组，按顺序分别赋予从 2 开始的偶数；然后按顺序每 5 个数求出一个平均值，放在另一个数组中并输出。试编程。

3. 通过循环按行顺序为一个 5×5 的二维数组 a 赋 1～25 的自然数，然后输出该数组的左下半三角。试编程。

4. 从键盘输入一个字符串 a，并在 a 串中的最大元素后边插入字符串 b(b[]="abc")。试编程。

第5章
函数

教学目标

◆ 掌握 C 函数的定义和调用方法；

◆ 理解函数间的数据传递方法；

◆ 熟悉变量和函数的存储类型对函数调用的影响；

◆ 掌握递归函数的设计。

5.1　函数的分类

5.1.1　C 程序的模块结构

C 语言程序由函数构成，函数是 C 源程序的基本模块，一个 C 源程序至少包含一个函数（main 函数），也可以包含一个 main 函数和若干个其他函数。系统提供了丰富的库函数，同时还允许用户根据需要，自己定义函数。可以说 C 程序的全部工作都是由各式各样的函数完成的，所以也把 C 语言称为函数式语言。

C 语言使用函数来支持模块化程序设计，程序设计中的模块化设计是指把一个复杂问题按功能或层次分成若干个模块，即将一个大任务分成若干个子任务，对应每一个子任务编制一个子程序。子程序由函数来实现，采用了函数模块式的结构，使得程序的层次结构清晰，便于程序的编写、阅读、调试。

图 5-1 所示为一般的 C 语言程序的结构。

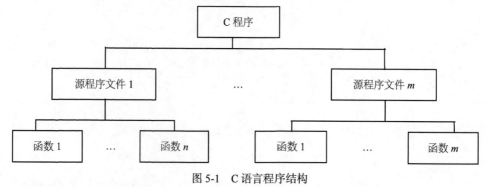

图 5-1　C 语言程序结构

说明：

● C 语言用函数实现程序模块化；

- 一个程序由一个或多个源程序文件组成；
- 一个源程序文件由一个或多个函数组成；
- C 程序的执行从 main 函数开始，并回到 main 函数结束；
- 函数之间可以相互调用，或调用自身；
- 函数之间相互独立，不存在从属关系；
- 所有函数都可以调用库函数。

C 函数是一种独立性很强的程序模块，main 函数描述程序的总体框架，其他函数则完成某种特定的子功能。C 程序的执行总是从 main 函数开始，完成对其他函数的调用后再返回到 main 函数，最后由 main 函数结束整个程序。一个 C 源程序必须有，也只能有一个主函数 main。

5.1.2　函数的分类

在 C 语言中可从不同的角度对函数分类。

1. 从用户使用的角度分类

从用户使用的角度看，函数可以分为两类。

（1）标准函数（系统提供的库函数，用户可直接使用）。

由系统提供，用户无须定义，也不必在程序中做类型说明，只需在程序前包含有该函数原型的头文件即可在程序中直接调用。这些函数包括了常用的数学函数、字符和字符串函数以及输入输出函数等，前面各章用到的 printf、scanf、getchar、putchar 等均属此类函数。

（2）用户自定义函数（用户根据问题需要自己定义，以解决用户的专门问题）。

用户根据需要，把自己的算法编成一个个相对独立的函数模块，然后用调用的方法来使用函数，并可以在程序中多次调用它。

2. 从函数的形式分类

从函数的形式看，函数可以分为两类。

（1）有参函数。在主调和被调函数之间通过参数进行数据传递，被调函数的运行结果依赖于主调函数传过来的数据。

（2）无参函数。主调函数不需要将数据传给无参函数，此类函数通常用来完成一组指定的功能。

3. 从是否有返回值的角度分类

从是否有返回值的角度看，又可把函数分为两类。

（1）有返回值函数。被调函数执行完后向调用函数返回一个称为函数返回值的执行结果，用户定义的这种要返回函数值的函数，必须在函数定义和函数说明中明确返回值的类型。

（2）无返回值函数。被调函数执行完成后不向调用函数返回函数值，以用于完成某项特定的处理任务。用户在定义此类函数时可指定它的返回值为"空类型"，空类型的说明符为"void"。

5.2　函数的定义和调用

5.2.1　函数的定义

编写 C 程序的主要工作就是编写用户自定义函数，C 语言规定，函数与变量一样，必须先定义（或说明）后使用。一个函数定义由两部分组成：

（1）函数首部，即函数的说明部分，包括函数名、函数返回值类型、函数参数等；

（2）函数体，即函数说明部分下面的大括号{…}内的部分，其中包括说明和执行两部分内容。

函数定义的一般形式如下：

类型标识符 函数名(形参表列)/*函数首部*/

{ /*函数体*/

说明部分

执行部分

}

```
int sum(int x,int y)
{
 int s=x+y ;
return s
}
```

说明：

函数定义的第一行被称为函数首部。其中类型标识符是指返回值的类型，若无返回值则数据类型为 void；如果函数有返回值，则在函数体中应有一条返回语句 "return (表达式);"，无返回值，则返回语句应为 "return;"，也可以省略。函数的类型标识符可以省略，省略时系统默认函数的类型为 int 型。

函数名是由用户定义的标识符，函数名不能和变量名、数组名同名，函数名后有一对括号，即使无形参表列，括号也不可少。

函数名后括号中的形参表列可以省略，没有形式参数的函数称为无参函数；有形式参数的函数称为有参函数，即有参函数比无参函数多了一个内容，即形式参数表列。

"形参表列"的一般形式为

类型 参数 1，类型 参数 2，…，类型 参数 n

参数之间必须用逗号分开，每个参数均需说明类型，即使若干个参数的类型相同也不能写成

类型 参数 1，参数 2，…，参数 n

函数体中的说明部分主要是对函数内要使用的变量进行定义和声明；执行部分是实现函数功能的语句序列。花括号中也可以为空，但花括号本身不能省略，这种函数被称为空函数。空函数的定义形式如下：

类型标识符 函数名( ) { }

C 语言规定，所有的函数定义，包括主函数 main 在内，都是平行的，也就是说，在一个函数的函数体内，不能再定义另一个函数，即不能嵌套定义，但是函数之间允许相互调用。

5.2.2　函数的调用

定义一个函数后，就可以在程序中调用这个函数，如果一个函数调用另一个函数，程序就转到另一个函数去执行，即为函数调用。函数被调用之后，执行被调用函数函数体，获得函数的值，并返回给主调函数。函数之间的逻辑关系是通过函数调用来实现的。例如，在图 5-2 中，main() 函数调用 f1()和 f2()，f1()调用 f11()，f2()调用 f21()和 f22()。

1. 函数调用的形式

函数调用的一般形式为

函数名（实参表列）

说明：

（1）如果调用无参函数，则无实参表，但 "()" 不能省略。

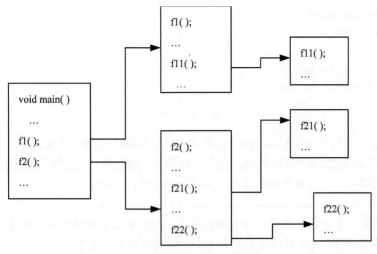

图 5-2　函数调用关系示意图

（2）调用时，实参与形参的个数应相同，类型应一致。

（3）实参与形参按顺序对应，并由实参传递数据给形参，即调用后，形参得到实参的值。

（4）对无参函数调用时则无实际参数表。实际参数表中的参数可以是常数、变量或其他构造类型数据及表达式，各实参之间用逗号分隔。

（5）若实参为表达式，则先计算表达式的值，再将值传递给形参。

温馨提醒　　　　形参（形式参数）为定义时的参数，实参（实际参数）为调用时的真正参数。

2. 函数调用方式

根据函数在程序中出现的位置，可以分为以下 3 种函数调用方式。

（1）函数语句：被调用函数在主调函数中以一条独立的语句形式出现。例如，printf("%d",a);function_1(15, 5);都是以函数语句的方式调用函数。这种方式不要求函数有明确的返回值。

（2）函数表达式：函数作为表达式中的一部分出现在表达式中，以函数返回值参与表达式的运算。例如，s=sum(a, b);这种方式要求函数是有返回值的。

（3）作为其他函数实参：函数作为另一个函数调用的实参出现。例如，printf("%d",max(a,b));这种情况是把该函数的返回值作为实参，因此要求该函数必须有返回值。这里是把 max 调用的返回值又作为 printf 函数的实参来使用。

3. 库函数的正确调用

C语言提供了极为丰富的库函数，调用库函数时，要求在程序的开始用包含命令#include <头文件名.h>，以下是通过调用库函数求整数绝对值的一个例子。

函数名：abs

功能：求整数的绝对值。

用法：int abs(int i);

程序例：

① #include <stdio.h>

② `#include <math.h>`
③ `int main(void)`
④ `{`
⑤ `int number = -1234;`
⑥ `printf("number: %d absolute value: %d\n", number, abs(number));`
⑦ `return 0;`
⑧ `}`

说明：第①行为包含命令# include，为库函数的标准输入输出函数头文件，主要用于完成输入输出功能；第②行包含命令# include，为库函数数学函数调用，均包括在头文件"math.h"中，用于数学函数计算；程序的函数调用发生在第⑥行 printf() 与 abs() 中。

温馨提示　　使用库函数应注意：（1）函数功能；（2）函数参数的数目和顺序，及各参数意义和类型；（3）函数返回值意义和类型；需要使用包含文件。

4. 自定义函数的正确调用

在 C 程序设计中，要正确调用自定义函数必须做到函数调用一般形式的要求外，还应该注意函数定义位置对函数调用的影响。

（1）函数定义的位置，在调用它的函数之前，不必进行函数声明，编译程序将产生正确的调用格式。

（2）函数定义在调用它的函数之后或者函数在其他源程序模块中，这时，为了使编译程序产生正确的调用格式，应该在函数使用前对函数进行声明，即函数调用在前，定义在后，则必须对函数进行说明。

定义函数 add()
输入实参 a，b
调用函数 add(a,b)
输出和 c

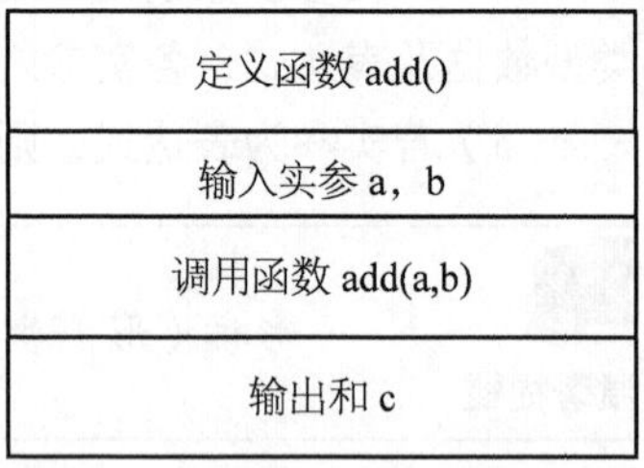

图 5-3　例 5.1 的 N-S 图

【**例 5.1**】　求两数之和（流程图见图 5-3）。

```
#include<stdio.h>
void main()
  { float add(float x, float y);   /*函数调用在前，定义在后，则必须对函数进行说明*/
    float a,b,c;
    scanf("%f,%f",&a,&b);
    c=add(a,b);/*调用函数 add(a,b)，并将实参 a，b 分别转给 x，y，最后接收函数 add(a,b)的值赋值给 c*/
    printf("sum is %f\n",c);
  }
  float add(float x, float y)      //函数 add(x,y)，形参 x，y 分别接收来自实参 a，b 的值
  {    float z;
       z=x+y;
       return(z);                  //将 z 的值返回
  }
```

程序的执行结果：

```
13,45
sum is 58.000000
Press any key to continue
```

温馨提示　　函数说明和函数定义在返回类型、函数名和参数表上必须要完全一致；函数说明的位置一般在调用函数的函数体开头的数据说明语句中，并以分号结束，建议读者进行函数说明，这样不会出错，一般只要满足先定义（或说明）、后使用即可。

5.3　函数间的参数传递与函数的返回值

5.3.1　函数参数传递

C 语言中发生函数调用时，参数的作用是将主调函数中的数据传递给被调函数。函数的参数分为形式参数和实际参数（有实际值）两种，简称为"形参"和"实参"。

形参出现在函数定义中，在整个函数体内都可以使用，离开该函数则不能使用。定义函数时，函数名后"()"中的参数即为形参。

实参出现在主调函数中，进入被调函数后，实参变量不能使用。调用函数时函数名后"()"中的参数即为实参。

形参和实参的功能是作数据传送。发生函数调用时，主调函数把实参的值传送给被调函数的形参，而主调函数从被调函数获得相应的数据。

C 语言中，调用函数时的参数传递有以下两种方式。

（1）值传递方式（传值）：将实参单向传递给形参的一种方式，以上交换两个数的程序实例就为值传递方式。

（2）地址传递方式（传址）：将实参地址单向传递给形参的一种方式。

函数的实际参数和形式参数之间的数据传递方向是单向的，只能由实际参数传递给形式参数，而不能由形式参数传递给实际参数，是实际参数向形式参数单向赋值的关系。在内存中，形式参数与实际参数占用不同的内存单元。当调用函数时，给形式参数分配内存单元，将实际参数的值赋值给形式参数；调用后，形式参数单元释放，实际参数仍保留调用前的值，形式参数值的变化不影响实际参数。

温馨提醒

对于传值、传址方式，即使函数中修改了形参的值，也不会影响实参的值。但是，对于传址方式，我们应注意：不会影响实参的值，不等于不影响实参指向的数据。

5.3.2　函数的返回值

1. 函数的类型

在定义一个函数时，首先要定义函数的类型。C 语言中，变量、常量以及表达式有类型，函数也有类型，函数的类型决定了函数返回值的类型。本书 5.2.1 小节介绍了函数定义的一般形式，其中类型标识符指明了函数返回值的类型，默认 int 型，无返回值为 void 型。例如：

```
int max(int a, int b){…}
```

max 函数类型为整型，即 max 函数的返回值类型也是整型。

2. 函数的返回值

函数返回值由 return 语句实现。return 语句格式为

return (表达式);

或者 **return 表达式;**

或者 **return;**

功能：终止函数的运行，返回主调函数，若有返回值，将返回值带回主调函数。

【例 5.2】 实用万年历。

分析：读者可以基于 2006 年 1 月 1 日为星期日向前、后推算，设输入年为 year，输入月为 month，N-S 图如图 5-4 所示。

程序如下：

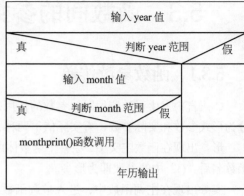

图 5-4 例 5.2 的 N-S 图

```c
#include <stdio.h>
void main()
{   int leap_year(int y);
    int count_leap(long year);
    int monthdays(int month,long year);
    void monthprint(long year,int month);
    int month=0;
    long year=0;
    char choose;
    do
     {printf ("Please input one integer number as 'year'(0~999999):\n");
          scanf ("%ld",&year);
          if (year<0||year>999999) printf ("WANNING:ERROR,please input again!");}
    while (year<0||year>999999);
     do
        {printf ("please input the month(1~12)\n");
         scanf ("%d",&month);
        if (month<=0||month>12) printf ("WANNING:ERROR,please input again!");}
     while (month<=0||month>12);
     printf ("\n\n\n");
    printf("\t\t\t\t%ld 年\t%d 月\n\n",year,month);
    printf("\t\t Sun\t Mon\t Tue\t Wen\t Thu\t Fri\t Sat\n");
    monthprint(year,month);
    printf("\n\n");
    choose=getchar();
     printf("Continue?(y/n):\n\n");
     scanf("%c",&choose);
     if (choose=='y'||choose=='Y') main(); }
int leap_year(int y)  /*判断输入的 year 是否为闰年*/
{ int i;
   if (y%4==0&&y%100!=0||y%400==0) i=1;
   else i=0;
   return i;}
int count_leap(long year)
{ int i=0,j,min,max;
   if(year>2006) {min=2006;max=year;}
   else {min=year+1;max=2006;}
   for(j=min;j<max;j++)
      if(leap_year(j)) i++;
      return i;}
int monthdays(int month,long year)
{ int sum=0,i,j;
   if(year>=2006)
      { static int t[12]={31,0,31,30,31,30,31,31,30,31,30,31};/*1~12 月的每月天数*/
        j=month-1;
        if(leap_year(year)) t[1]=29;
```

```
              else t[1]=28;
            for(i=0;i<j;i++)
                sum=sum+t[i]; }
        else
           {   static int t1[12]={31,30,31,30,31,31,30,31,30,31,0,31}; /*1~12月的每月天数*/
               j=12-month;
               if(leap_year(year)) t1[10]=29;
               else t1[10]=28;
               for(i=0;i<=j;i++)
        sum=sum+t1[i]; }
        return sum;}
void monthprint(long year,int month)  /*打印日历*/
{ static int t[12]={31,0,31,30,31,30,31,31,30,31,30,31};
 int i,y,weekday=0;
 long days=0;
 if(leap_year(year)) t[1]=29;
        else t[1]=28;
 y=t[month-1];
 if(year>2006)
   {days=(year-2006)*365+count_leap(year)+monthdays(month,year);
    weekday=days%7;  }
    else if(year<2006)
   {days=(2005-year)*365+count_leap(year)+monthdays(month,year);
    weekday=7-days%7;  }
    else
   {days=monthdays(month,year);weekday=days%7;}
 for (i=1;i<=weekday+2;i++)  /*由于上一行打印星期的时候空2个制表位,所以weekday要加2*/
    printf ("\t");
 for (i=1;i<=y;i++)
    {if ((i+weekday-1)%7==0) printf ("\n\n\t\t%3d\t",i);
        else printf ("%3d\t",i);};}
```

程序的执行结果如下:

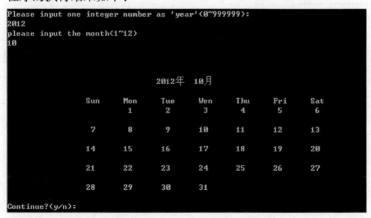

说明:

（1）若函数没有返回值,return 语句可以省略。

（2）return 语句中的表达式类型一般应和函数的类型一致,如果不一致,系统自动将表达式类型转换为函数类型,以被调函数类型标识为准进行数值类型转换。

（3）在一个函数中,return 语句可以出现多次,但每次执行只能有一条 return 语句被执行。例如,下面的 fun_0 函数,有 3 个 return 语句,只要其中之一被执行,则函数的执行就会结束。

```
double fun_0(float x, float y, int z)
{
float total;
if(x>0.0 && y>0.0)
{
total=x/y;
return (total);
}
if(z= =0) return(0.0);
return ;}
```

5.4　数组作函数参数

数组可以作为函数的参数使用，进行数据传送。数组用作函数参数有两种形式，一种是把数组名作为函数的形参和实参使用，另一种是把数组元素（下标变量）作为实参使用。

5.4.1　数组名作函数参数

可以用数组名作函数的实参，传递的是数组的首地址。

【例 5.3】 写一函数，用"起泡法"对输入的 10 个字符按由小到大的顺序排列。

分析：主函数 main() 的 N-S 图如图 5-5 所示，函数 sort() 的作用是排序，其 N-S 图如图 5-6 所示。

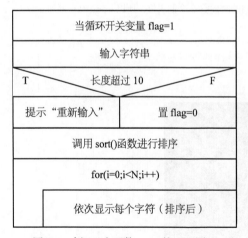

图 5-5　例 5.3 主函数 main 的 N-S 图

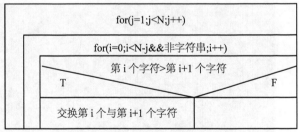

图 5-6　例 5.3 函数 sort 的 N-S 图

程序如下：

```
#include <stdio.h>
#include<string.h>
#define N 10
char str[N];
void main()
{ void sort(char str[]);
  int i,flag;
  for(flag=1;flag==1;)
  {printf("Input string:\n");
   scanf("%s",str);
```

```
    if(strlen(str)>N)
        printf("String too long, input again!");
    else
        flag=0;
    }
    sort(str);
    printf("string sorted:\n");
    for(i=0;i<N;i++)
        printf("%c",str[i]);
        printf("\n");
}
void sort(char str[])
{ int i,j;
 char t;
 for(j=1;j<N;j++)
   for(i=0;(i<N-j)&&(str[i]!='\0');i++)
   if(str[i]>str[i+1])
   {t=str[i];
    str[i]=str[i+1];
    str[i+1]=t;
    }
}
```

程序执行结果如下：

```
Input string:
reputation
string sorted:
aeinoprttu
Press any key to continue_
```

说明：

（1）调用时作为实参的数组类型必须与对应形参类型相同。

（2）形参数组大小（多维数组第一维）可不指定。

（3）数组名作函数的参数传递时，不再是值传递，而是地址传递，实参传递给形参的不是一个简单的数值，而是一段内存单元的首地址，在被调用函数中对这段地址所指向的单元的内容改变时，将反映到主调函数中。

5.4.2 数组元素作函数参数

由于数组元素相当于一个变量，它作为函数实参使用与普通变量是完全相同的，因此数组元素可以作函数的实参，传递给形参的数组元素的值，实现单向的值传送。例 5.4 说明了这种情况。

【例 5.4】 求 5 个数中的最小值。

分析：利用打擂台方法求最小值。m 相当于擂主，N-S 图如图 5-7 所示。

程序如下：

```
#include<stdio.h>
int min(int x, int y)
{
return (x<y?x:y);
}
void main()
{ int a[5],i,m ;
```

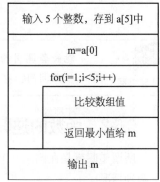

图 5-7 例 5.4 的 N-S 图

```
for (i=0; i<5; i++) scanf("%d",&a[i]);
m=a[0];
for (i=1; i<5; i++)
m=min(m,a[i]);
printf("%d\n", m);
}
```

程序执行结果如下：

```
78 24 56 12 63
12
Press any key to continue_
```

5.5 函数的嵌套与递归

5.5.1 函数的嵌套调用

所谓函数的嵌套调用是指一个函数在被调用时其本身又调用了其他函数。允许在一个函数的定义中出现对另一个函数的调用。图 5-8 所示为函数的嵌套调用过程。

C 语言规定：函数定义不可嵌套，即在定义一个函数时，其函数体不能包含另一个函数的定义。函数之间是平行的，不存在上一级函数和下一级函数的问题，除了 main 函数不能被其他函数调用外，其他函数都可以相互调用。

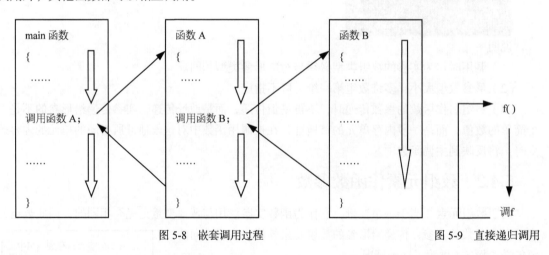

图 5-8 嵌套调用过程   图 5-9 直接递归调用

温馨提醒

能嵌套调用的函数没有特殊要求，只要是按照函数定义格式正确定义的函数，都可以相互调用，也可以嵌套调用。

5.5.2 函数的递归调用

所谓递归就是在调用一个函数的过程中又出现直接或间接地调用该函数本身。递归调用有以下两种情况。

（1）直接递归调用：调用函数的过程中又调用该函数本身（见图 5-9）。

（2）间接递归调用：调用 f1 函数的过程中调用 f2 函数，而 f2 中又需要调用 f1（见图 5-10）。

在递归调用中，主调函数又是被调函数，如果一个问题要采用递归的方法来解决，必须符合以下 3 个条件：

① 可以把要解决的问题转换为一个新的问题，而这个新的问题的解法与原来的解法相同，只是所处理的对象有规律地递增或递减；

② 可以运用这个转化过程使问题得到解决；

③ 必须要有一个明确的结束递归的条件。

设计一个函数（递归函数），这个函数不断使用下一级值调用自身，直到结果已知处——选择控制结构，其一般形式是：

在主函数中用终值 n 调用递归函数，而在递归函数中：

递归函数名 f(参数 x)

```
{ if (x==初值)          /*递归结束条件*/
      结果=…;          /*结束递归时的返回值,一般为常量*/
else
结果=含 f(x-1)的表达式;   /*递归计算公式表达式*/
      返回结果(return);
  }
```

实例请看第 11 章的 11.4 节。

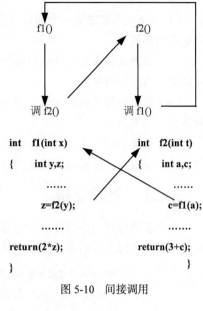

图 5-10　间接调用

5.6　局部变量与全局变量

5.6.1　变量的作用域

我们在前面的学习中，使用了很多的变量，任何一个变量都有它的管辖范围（作用域），就是说，在定义了一个变量以后，并不是在程序的任何地方都可以使用这个变量。只有在变量的作用域内才能使用这个变量。

在 C 语言中如果按作用域分，变量分为局部变量和全局变量。

5.6.2　局部变量

在一个函数内部定义的变量被称作局部变量，也称为内部变量。这种变量的作用域是在本函数范围内，在它的作用域之外，局部变量是不可见的。

```
float f1(int a)
{ int b,c;
    …….      a、b、c 在函数 f1()中有效
}
char f2(int x,int y)
{   int i,j;
    ……      x、y、i、j 在函数 f2()中有效
}
void main()
{   int m,b;
    …….      m、b 在主函数 main()有效,其中变量 b 与函数 f1()中变量 b 是不同的变量,占不同内存单元
```

```
}
```

说明：

（1）main 函数也是一个函数，它内部定义的变量也只能在 main 函数内部使用，而不能在其他函数内部使用。

（2）局部变量具有实现信息隐蔽的特性，即使不同的函数定义了同名的内部变量，也不会相互影响，占不同内存单元。

（3）形参也属于局部变量，作用范围在定义它的函数内，所以在定义形参和函数体内的变量时注意不能重名。

（4）在复合语句内部也可以定义变量，这些变量的作用域只在本复合语句中。只在需要的时候再定义变量，这样做可以提高内存的利用率。

5.6.3　全局变量

全局变量也称为外部变量，它是在函数外部定义的变量。全局变量的作用域是从定义变量的位置开始到本源文件结束，这样全局变量可以让很多函数都使用它。

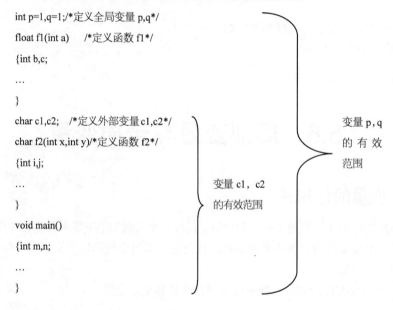

```
int p=1,q=1;/*定义全局变量 p,q*/
float f1(int a)    /*定义函数 f1*/
{int b,c;
…
}
char c1,c2;   /*定义外部变量 c1,c2*/
char f2(int x,int y)/*定义函数 f2*/
{int i,j;
…
}
void main()
{int m,n;
…
}
```

变量 c1，c2 的有效范围

变量 p，q 的有效范围

说明：

（1）在一个函数内部，既可以使用本函数定义的局部变量，也可以使用在此函数前定义的全局变量。在上面的例子中，main 函数和 f2 函数中可以使用全局变量 p,q,c1,c2，而在 f1 函数内只能使用全局变量 p,q，不能使用 c1,c2。

（2）全局变量的作用使得函数间多了一种传递信息的方式。如果在一个程序中各个函数都要对同一个信息进行处理，就可以将这个信息定义成全局变量。

（3）如果想在定义全局变量的前面直接使用全局变量有两种方法：一种方法是将全局变量的定义往前写到需要使用全局变量的函数前；还有一种方法是不用改变全局变量的定义位置，在要使用全局变量的函数内使用 extern 关键字对要使用的全局变量说明一下，告诉系统，要使用的这个变量是全局变量即可。

（4）如果同一个源文件中，外部变量与局部变量同名，则在局部变量的作用范围内，外部变量被"屏蔽"，即它不起作用。

5.7　变量的存储类别及函数存储分类

5.7.1　变量的存储分类

在内存中供用户使用的存储空间可以分为程序代码区、静态存储区和动态存储区 3 个部分，其中程序代码区用于存放程序，静态存储区和动态存储区用于存放程序中使用的数据。

5.6 节中介绍了变量从作用域角度分为局部变量和全局变量，此外，从变量值存在的作用时间（即生存期）角度来分，又可分为静态存储变量和动态存储变量。

（1）静态存储变量：是指在程序运行期间分配固定存储空间的变量。

静态存储变量在编译时，将其分配在内存的静态存储区中，程序运行结束释放该单元，这种存储变量的生存期为整个程序的执行期间。静态存储变量若定义时未赋初值，在编译时，系统自动赋初值为 0；若定义时赋初值，则仅在编译时赋初值一次，程序运行后不再给变量赋初值。

（2）动态存储变量：是在程序运行期间根据需要进行动态分配存储空间的变量。

分配在内存的动态存储区中的变量，系统在函数调用时在内存动态存储区中为其分配存储空间。函数执行结束，它们所占的存储空间即刻释放，也不能再引用这些变量。因此，这类变量的生存期是函数执行期。

5.7.2　变量的存储类别

变量的存储类别分为 4 种：auto（自动的）、register（寄存器的）、static（静态的）和 extern（外部的），在 C 语言中，每个变量有两个属性：数据类型和数据的存储类别。

变量定义的一般形式如下：

存储类别定义符　数据类型定义符　变量名表；

其中：存储类别定义符为 auto、static、register 或 extern；

基本数据类型定义符为 int、float、char、double 等。

1. 自动变量（auto）

自动变量的定义形式：

[auto]　数据类型　变量名；

函数中的局部变量，如果不专门声明为 static 存储类别，都是动态地分配存储空间的，数据存储在动态存储区中。一个局部变量如果没有用存储类别定义符说明时，则自动被说明为 auto，如函数中的形参、函数中定义的变量，在被调用时，系统会给它们分配存储空间，在函数调用结束时就自动释放这些存储空间。这类局部变量称为自动变量。

例如：

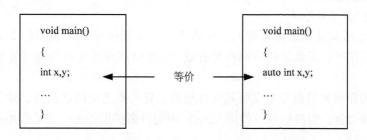

关键字 auto 可以省略，auto 不写则隐含定为"自动存储类别"，属于动态存储方式。

2. 静态变量（static）

静态变量的定义形式：

static 数据类型 变量名;

除形参外，局部变量和全局变量都可以定义为静态变量，分别称为局部静态变量和全局静态变量。例如：

```
int c;
static int a;
main( )
{ float x,y;
  … }
f( )
{ static int b=1;
  ……
}
```

a 为全局静态变量，b 为局部静态变量。

静态变量被分配在内存的静态存储区中。分配内存后，赋初值，并且只被赋初值一次，未赋值的内部 static 变量，系统自动给它赋值为 0。static 变量在内存的静态存储区占用固定的内存单元；即使它所在的函数被调用结束后，也不释放存储单元，它所在单元的值也会继续保留，因此，下次再调用该函数时，static 变量仍使用原来的存储单元，仍使用原来存储单元中的值（不会重复的赋初值）。

```
void main()
{   void  increment(void);
    increment();
    increment();
    increment();
}
void  increment(void)
{   int x=0;
    x++;
    printf("%d\n",x);
}
```

```
void main()
{   void  increment(void);
    increment();
    increment();
    increment();
}
void  increment(void)
{   static int x=0;
    x++;
    printf("%d\n",x);
}
```

运行结果：1 　　　　　　　　　　运行结果：1
　　　　　1 　　　　　　　　　　　　　　　2
　　　　　1 　　　　　　　　　　　　　　　3

3. 外部变量（extern）

外部变量的定义形式：

extern 数据类型 变量名;

C 语言的外部变量就是定义在所有函数之外，没有用 static 说明的变量。它可以被所有的函数访问，在所有函数体的内部都是有效的，所以函数之间可以通过外部变量直接传递数据。

外部变量的作用域只限于定义处到文件结束，定义点之前的函数或其他文件中的函数不可以引用该外部变量。但我们可以使用 extern 声明符来扩展外部变量的作用域，合法地使用该外部变量。

4. 寄存器变量（register）

寄存器变量的定义形式：

`register` 数据类型 变量名；

寄存器是计算机 CPU 的重要组成部分，在 C 语言中允许将一些频繁使用的变量存放在计算机的寄存器中，以节省运算时间，提高效率。

运用寄存器变量应注意以下几点。

（1）只有局部自动变量和形参可以作为寄存器变量，其他变量不允许作为寄存器变量。

（2）一个计算机系统中的寄存器数目是有限的，不能定义任意多个寄存器变量。

（3）局部静态变量不能定义为 register 变量。

5.7.3 函数的存储分类

函数也有类型和存储类之分，完整定义形式为

存储类 类型标识符 函数名（形参表）｛…｝

其中，存储类为 extern、static 两种。

1. 内部函数

内部函数又称为静态函数，只能由同一个文件内的函数调用。内部函数前加上静态存储类型（static），可使程序中各文件里出现相同名字的内部函数，互不干扰。定义形式如下：

`static` 类型标识符 函数名(形参表)
｛ 说明部分；
   执行部分；｝

2. 外部函数

外部函数是可以被程序中的其他文件所调用的函数。在使用的文件中，用 extern 说明函数，在定义函数本身时，不必加上 extern，任何定义的函数只要没有加 static 存储类型符，都隐含为 extern 类型。定义形式如下：

`extern` 类型标识符 函数名(形参表)
        ｛ 说明部分；
            执行部分；｝

小　结

函数是完成特定功能的程序段，是 C 程序的基本单位。它可以把相对独立的某个功能抽象出来，使之成为程序中的一个独立实体，被一个程序或其他程序多次重复使用，不仅能提高程序开发效率，而且使得程序变得更简短、清晰。较为理想的 C 程序就是一系列的函数与 main 函数组合在一起。

本章主要介绍了函数的分类、函数的定义和调用、函数的类型和返回值、形式参数与实在参数、函数的嵌套调用、递归调用，以及局部变量和全局变量、变量的存储类别等内容。读者在本章中应加深对函数的定义与调用、变量定义和函数定义对其存储属性和作用域影响内容的学习。

习　题

一、选择题

1. 以下叙述中正确的是（　　　）。

　　A. 全局变量的作用域一定比局部变量的作用域范围大

　　B. 静态（static）类别变量的生存期贯穿于整个程序的运行期间

　　C. 函数的形参都属于全局变量

　　D. 未在定义语句中赋初值的 auto 变量和 static 变量的初值都是随机值

2. 在 C 语言中，函数的隐含存储类别是（　　　）。

　　A. auto　　　　　　B. static　　　　　　C. extern　　　　　　D. 无存储类别

3. 有以下程序

```
#define P 9
void F(int x){ return (P*x*x);}
void main()
{ printf("%d\n",F(3+5);)}
```

程序运行后的输出结果是（　　　）。

　　A. 192　　　　　　B. 29　　　　　　　C. 25　　　　　　　D. 编译出错

4. 以下关于函数的叙述正确的是（　　　）。

　　A. 每个函数都可以被其他函数调用（包括 main 函数）

　　B. 每个函数都可以被单独编译

　　C. 每个函数都可以单独运行

　　D. 在一个函数内部可以定义另一个函数

5. 若程序中定义了以下函数：

```
double myadd(double a,double b)
{return (a+b); }
```

将其放在调用语句之后，则在调用之前应该对该函数进行说明，以下选项中错误的说明是（　　　）。

　　A. double myadd(double a, b)　　　　　　B. double myadd(double ,double)

　　C. double myadd(double b,double a)　　　　D. double myadd(double x,double y)

6. 有以下程序：

```
void sum(int a[ ])
{a[0]=a[-1]+a[1];}
void main()
{int a[10]={1,2,3,4,5,6,7,8,9,10};
 sum(&a[2]);
 printf("%d\n",a[2]);}
```

程序运行后输出结果是（　　　）。

　　A. 6　　　　　　　B. 7　　　　　　　C. 5　　　　　　　D. 8

7. 以下对 C 语言函数的有关描述中，正确的是（　　　）。

　　A. 在 C 中，调用函数时，只能把实参的值传个形参，形参的值不能传送给实参

　　B. C 函数可以嵌套定义又可以递归调用

C．函数必须有返回值，否则不能使用函数

D．C 程序中有调用关系的所有函数必须放在同一个源程序文件中

8．函数调用语句"f((e1,e2),(e3,e4,e5));"中参数个数是（　　　）。

A．5　　　　　　　　B．4　　　　　　　　C．2　　　　　　　　D．1

9．有以下程序

```
char fun(char x, char y)
{ if(x<y)  return x;
   return y;
}
main( )
{ int a='9',b='8',c='7';
   printf(%c\n,fun(fun(a,b),fun(b,c)));
}
```

程序的执行结果是（　　　）。

A．函数调用出错　　B．8　　　　　　　　C．9　　　　　　　　D．7

二、填空题

1．以下程序的输出结果是_____。

```
void fun()
{ static int a=0;
   a+=2;printf("%d",a);
}
void main()
{ int cc;
  for(cc=1;cc<4;cc++)
   fun();
   printf("\n");
}
```

2．请在以下程序第一行的下画线处填写适当内容，使程序正确运行。

```
_____(double,double);
void main()
{double x,y;
scanf("%lf%lf",&x,&y);
printf("%lf\n",max(x,y));}
double max(double a, double b)
{ return(a>b?a:b);
}
```

3．有以下程序：

```
void sort(int a[],int n)
{ int i,j,t;
 for(i=0;i<n-1;i++)
    for(j=i+1;j<n;j++)
      if(a[i]<a[j]) {t=a[i];a[i]=a[j];a[j]=t;}
}
void main()
{ int aa[10]= {1,2,3,4,5,6,7,8,9,10},i;
   sort(aa+2,5);
   for(i=0;i<10;i++) printf("%d",aa[i]);
   printf("\n");
}
```

程序运行后的输出结果是_____。

4. 以下程序的功能是调用 fun 计算：m=1-2+3-4+⋯+9-10，并输出结果，请填空。

```
int fun(int n)
{ int m=0,f=1,i;
    for(i=1;i<=n;i++)
       { m+=i*f;
         f= ①
       }
       return m;
}
void main()
{printf("m=%d\n", ② );}
```

5. 若有以下程序

```
int f(int x, int y)
{ return(y-x)*x;}
void main()
{int a=3,b=4,c=5,d;
d=f(f(3,4),f(3,5));
 printf("%d\n",d);
 }
```

执行后的输出结果是_____。

6. 以下程序的输出结果是_____。

```
long fun(int n)
{ long s;
   if(n==1||n==2) s=2;
   else s=n-fun(n-1);
   return s;
}
void main()
{ printf("%ld\n",fun(3));}
```

三、程序设计题

1. 学生的记录由学号和成绩组成，N 名学生的数据已在主函数中放入结构体数组 s 中，请编写函数 fun()，它的功能是：把分数最低的学生数据放在 h 所指的数组中。注意：分数低的学生可能不只一个，函数返回分数最低学生的人数。

部分源程序给出如下，请在函数 fun 的花括号中填入所编写的若干语句。

试题程序：

```
#include <stdio.h>
#define N 16
typedef struct
{ char num[10];
  int s ;
}STREC;
int fun (STREC *a, STREC *b)
{

}
main ()
{
  STREC  s[N]={{"GA005",82},{"GA003",75},{"GA002",85},{"GA004",78},
{"GA001",95},{"GA007",62},{"GA008",60},{"GA006",85},
{"GA015",83},{"GA013",94},{"GA012",78},{"GA014",97},
{"GA011",60},{"GA017",65},{"GA018",60},{"GA016",74}};
```

```
    STREC h[N];
    int i, n;
    FILE *out;
    n=fun(s,h);
    printf("The %d lowest score :\n",n);
    for (i=0;  i<n;  i++)
        printf("%s %4d\n",h[i].num,h[i].s);        /*输出最低分学生的学号和成绩*/
    printf("\n");
    out=fopen("out19.dat", "w");
    fprintf(out, "%d\n",n);
    for(i=0;  i<n;  i++);
        fprintf(out, "%4d\n ",h[i].s);
    fclose(out);
}
```

2. 请编写一个函数 fun()，它的功能是：求出一个 $4 \times M$ 整型二维数组中最小元素的值，并将此值返回调用函数，用 main()函数调用这个函数。

3. 哥德巴赫猜想：任何一个大于 5 的偶数都可以表示为两个素数之和。编程并使用一个函数来验证这一论断。

第6章
指针

教学目标

◆ 掌握指针的概念和运算规则，用指针访问变量、一维数组和二维数组；

◆ 理解指向字符串的指针；

◆ 熟悉二级指针、指针数组、指针型函数；

◆ 了解多级指针、内存动态分配。

6.1 指针的基本概念

6.1.1 指针的概念

指针是一种保存变量地址的变量。在计算机中，所有的数据都是存放在存储器中的。一般把存储器中的一个字节称为一个内存单元，不同的数据类型所占用的内存单元数不等，如在 32 位机中整型（int，long）量占 4 个单元，字符量占 1 个单元等。为了正确地访问这些内存单元，必须为每个内存单元编上号。根据一个内存单元的编号即可准确地找到该内存单元。我们把内存单元的编号叫做地址。通常也把保存这个地址的变量称为指针。

内存单元的指针和内存单元的内容是两个不同的概念。如我们的银行账号——地址，存折或银行卡——指针（用于保存地址：银行账号），存款、取款的金额，余额——内存的内容。

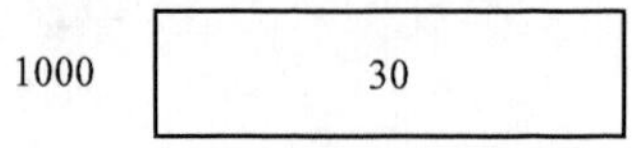

如图 6-1 所示，指针与内容的关系：变量 i 的地址是 1000，内容是 30。

1000	30

图 6-1 指针与内容的关系

6.1.2 指针和地址

根据 K&D 的《The C programming Language》，（A pointer is a variable that contains the address of a variable.）指针是一种保存变量地址的变量，它本身就是变量，而地址是常量，所以没有指针常量。

指针：存放地址的变量，即一个指针的值就是某个内存单元的地址。

定义指针的目的是为了通过指针去访问内存单元。既然指针的值是一个地址，那么这个地址不仅可以是变量的地址，也可以是其他数据结构的地址，地址由编译器分配，是常量，不能被赋值。

在 C 语言中规定：

（1）不同的数据类型所占用的内存单元数不等，但它们都是连续存放的；

（2）"首地址"是连续存放空间的第一个内存单元的编号，即地址；

（3）变量被定义后，变量的地址可通过取地址运算获得；

（4）数组被定义后，数组名就是该数组的首地址，该地址是常量；

（5）函数被定义后，函数名就是该函数的首地址，该地址是常量。

6.1.3　指针的定义

变量要先定义，后使用。"指针"也是如此。

指针的定义格式：

指针所指对象的数据类型　*指针名 1，*指针名 2,…；

定义格式中的"*"表示变量是一个指针。

【问题 1】请选择，如下定义的变量 p1、p2、p3、p4，分别是什么样的变量。

```
int *p1;
staic int *p2;
float *p3;
char *p4;
```

（　　）是指向浮点变量的指针。

（　　）是指向整型变量的指针。

（　　）是指向字符变量的指针。

（　　）是指向静态整型变量的指针。

【注意】　一个指针只能指向同类型的变量，如 p3 只能指向浮点变量，不能时而指向一个浮点变量，时而又指向一个字符变量。

6.1.4　指针运算符

1. 取地址运算符&

变量的地址是由编译系统来分配的，用户不知道变量的具体地址，为了表示变量的地址，C 语言提供了地址运算符"&"，表示变量地址的一般形式为

&变量名；

例如：&a 表示变量 a 的地址，&b 表示变量 b 的地址。

"&"是单目运算符，其结合性为自右至左。

2. 取内容运算符*

"*"是单目运算符，其结合性为自右至左，通过"*"可以存取指针所指的存储单元的内容。在"*"运算符之后，跟的必须是指针。

温馨提示

表达式中出现的单目运算符"*"，为取内容功能，用以表示指针所指的内容。

指针定义时的"*"是类型说明符，表示其后的变量是指针类型。

另外，"*"也用作乘法运算符号，但乘法运算符"*"是双目运算符，从参与运算的量很容易判断出"*"是否是乘法运算符。

【例 6.1】　分析下面程序的运行结果。

```
#include<stdio.h>
```

```
void main( )
{
    int  a, b, *p;        /* 定义整型变量 a、b 和整型指针 p*/
    a=124;
    b=218;
    p=&b;                 /* 将变量 x 的地址赋给指针 p*/
    printf("b-a=%d \n", (*p)-a);
}
```

程序的运行结果如下：

```
b-a=94
Press any key to continue
```

本例中有 3 个变量：a,b 是整型变量，p 是指向整型的指针。程序执行时，a 和 b 分别被赋予 124 和 218，因 p 指向 b，则*p 的值就是 b 的内容，即 218，所以 b-a=(*p)-a=218-124=94。

3. 给指针赋初值的方法

指针在使用之前不仅需要定义说明，而且必须赋予具体的值。未经赋值的指针是不能使用的，否则将造成系统的混乱，甚至发生死机。

定义好指针以后，就可以给它赋值了，但是指针的赋值只能赋予地址，不能赋予其他任何数据，否则将引起错误。

要把整型变量 a 的地址赋予 p 可以有以下两种方式：

（1）指针初始化的方法——定义的同时赋初值。

```
    int a;           /* 定义整型变量 a*/
    int *p=&a;       /*定义指针 p，并将变量 a 的地址赋予指针 p*/
```

（2）赋值语句的方法——先定义指针，再对变量赋初值。

```
    int a;           /*定义整型变量 a*/
    int *p           /*定义指针 p*/
    p=&a;            /*将变量 a 的地址赋给指针 p*/
```

说明：

（1）不允许把一个常量赋予指针，故下面的赋值是错误的：

```
int *p;
p=1000;
```

（2）被赋值的指针前不能再加 "*" 说明符，如写为*p=&a 是不正确的。

4. 指针运算符的注意事项

使用指针运算符*和&时，需要注意以下几点。

（1）取地址运算符&表示变量的地址；而取内容运算符*表示指针所指对象的内容。

（2）运算符&只能用于变量和数组元素。因此，&(8)和&(m)(m 为数组名)都是错误的。

（3）*和&都是单目运算符，两者的优先级相同，结合性均是从右到左。*&d 的结果就是 d。

（4）形如 "&x" 的表达不能出现在赋值号的左边，因变量存储单元的地址在编译时已分配，在程序运行期间不变，应视为常量。

6.2 指针的运算

指针可以进行某些运算，但其运算的种类是有限的。它只能进行赋值运算和部分算术运算及关系运算。

6.2.1 赋值运算

指针的赋值运算有以下几种形式。

（1）指针初始化赋值，前面已作介绍。

（2）把一个变量的地址赋予指向相同数据类型的指针。

【例 6.2】 阅读并调试下列程序段，弄懂注释。

```c
#include <stdio.h>
void main()
{
    int a = 10, b = 20, s, t, *pa, *pb;      /*说明 pa,pb 为整型指针*/
    pa = &a;                                  /*给指针 pa 赋值，pa 指向 a */
    pb = &b;                                  /*给指针 pb 赋值，pb 指向 b */
    s = *pa + *pb;                            /*求 a+b 之和，(*pa 就是 a，*pb 就是 b) */
    t = *pa **pb;
    printf("a = %d\nb = %d\na + b = %d\na *b = %d\n", a, b, a + b, a * b); /* 输出结果 */
    printf("s = %d\nt = %d\n", s, t);         /*输出结果 */
}
```

【问题 2】

在例 6.2 中，语句 t=*pa**pb;是利用什么运算？解决什么问题？

比较例 6.2 中的输出结果，看看所涉及的"和"与"积"是否相同？

（3）把一个指针的值赋予指向相同类型变量的另一个指针。

例如：int a, *pa=&a, *pb;

    pb=pa;   /* 把 a 的地址赋予指针 pb */

由于 pa，pb 均为指向整型变量的指针，因此可以相互赋值。

（4）把数组的首地址赋予指向数组元素数据类型的指针。

例如：int a[5],*pa;

    pa=a;   /*数组名表示数组的首地址，故可赋予指向数组的指针 pa*/

也可写为

    pa=&a[0];   /*数组第一个元素的地址也是整个数组的首地址，也可赋予 pa*/

当然也可采取初始化赋值的方法：int a[5], *pa=a;

（5）把字符串的首地址赋予指向字符类型的指针。

例如：char *pc; pc="C Language";

或用初始化赋值的方法写为

    char *pc="C Language";

这里应说明的是，并不是把整个字符串装入指针，而是把存放该字符串的字符数组的首地址装入指针。

（6）把函数的入口地址赋予指向函数的指针。

例如：int (*pf)();pf=f;   /* f 为函数名 */

6.2.2 指针与整数的加减算术运算

指针与整数的加减算术运算常用于数组与指针结合使用的情形。

如果 p 是指向数组元素的指针，那么 p+1 意味着什么呢？

（1）p+1 是 p 所指数组元素的下一个元素的地址（通俗地讲，p+1 就是使 p 指向下一个元素）；

（2）p+1 不是 p 的地址简单的加上数字 1；

（3）p+1 是 p 的地址加上一个数组元素所占的字节长度。

在理解了上述意义之后，对于指向数组的指针，可以加上或减去一个整数 n。设 pa 是指向数组 a 的指针，则 pa+n,pa-n,pa++,++pa,pa--,--pa 运算都是合法的。指针加或减一个整数 n 的意义是把指针指向的当前位置（指向某数组元素）向前或向后移动 n 个位置。

应该注意，数组指针向前或向后移动一个位置和地址加 1 或减 1 在概念上是不同的。因为数组可以有不同的类型，各种类型的数组元素所占的字节长度是不同的。所以，指针在定义的同时需要声明所指向的数据类型。

例如：

```
int a[10], *pa;
pa=a;           /*pa 指向数组 a[]，也是指向首元素 a[0]*/
pa=pa+2;        /*pa 指向元素 a[2]，即 pa 的值为&a[2]*/
```

若 n 是 0～9 之间的自然数，则 pa+n 就指向元素 a[n]，即 pa+n 的值是&a[n]。

基于上述原因，我们就容易理解：为了便于理解和计算，数组元素的下标从 0 开始。

6.2.3 两个指针之间的运算

只有指向同一数组的两个指针之间才能进行运算，否则运算毫无意义。

1. 两指针相减

两指针相减所得之差是两个指针所指数组元素之间相差的元素个数。实际上是两个指针值（地址）相减之差再除以该数组元素的长度（字节数）。例如，pf1 和 pf2 是指向同一浮点数组的两个指针，设 pf1 的值为 2010H，pf2 的值为 2000H，而浮点数组每个元素占 4 个字节，所以 pf1-pf2 的结果为(2010H-2000H)/4=4，表示 pf1 和 pf2 之间相差 4 个元素。两个指针不能进行加法运算。例如，pf1+pf2 是什么意思呢？毫无实际意义。

2. 两指针进行关系运算

指向同一数组的两指针进行关系运算可表示它们所指数组元素之间的关系。例如：

pf1==pf2 表示 pf1 和 pf2 指向同一数组元素；

pf1>pf2 表示 pf1 指向高地址位置；

pf1<pf2 表示 pf2 指向低地址位置。

指针还可以与 0 比较。设 p 为指针，则 p==0 表明 p 是空指针，它不指向任何变量；p!=0 表示 p 不是空指针。空指针是由对指针赋予 0 值而得到的。

例如：`#define NULL 0`

　　　　`int *p=NULL;`

对指针赋 0 值和不赋值是不同的。指针未赋值时，可以是任意值，是不能使用的，否则将造成意外错误。而指针赋 0 值后，则可以使用，只是它不指向具体的变量而已。

【例 6.3】 阅读并调式下列程序，弄懂注释。

```
#include <stdio.h>
void main()
{
    int a, b, c, *pmax, *pmin;          /*pmax,pmin 为整型指针*/
    printf("input three numbers: \n");  /*输入提示*/
    scanf("%d %d %d", &a, &b, &c);      /*输入 3 个数字*/
```

```
    if(a > b) {                          /*如果第一个数字大于第二个数字……*/
        pmax = &a;
        pmin = &b;
    } else {
        pmax = &b;
        pmin = &a;
    }
    if(c > *pmax) pmax = &c;             /*判断并赋值*/
    if(c < *pmin) pmin = &c;
    printf("max = %d\nmin = %d\n", *pmax, *pmin); /*输出结果*/
}
```

【问题 3】 例 6.3 中的程序是利用什么运算？解决什么问题？

6.3　指向数组元素的指针

一个变量有地址，一个数组包含若干元素，每个数组都在内存中占用存储单元，它们都有相应的地址。指针既然可以指向变量，当然也可以指向数组和数组元素。

6.3.1　数组的指针

定义一个指向数组元素的指针的方法，与以前介绍的指向变量的指针相同。

例如：

```
int a[10];      /*定义 a 为包含 10 个整型数据的数组*/
int *p;         /*定义 p 为指向整型变量的指针*/
```

应当注意，如果数组为 int 型，则指向该数组的指针亦应为 int 型。

下面是对该指针的赋值：

```
p=&a[0];
```

把 a[0]元素的地址赋予指针 p。

也就是说，p 指向 a 数组的第 0 号元素，如图 6-2 所示。

C 语言规定数组名代表数组的首地址，也就是第 0 号元素的地址，因此，下面两个语句等价：

```
p=&a[0];
p=a;
```

注意数组 a 不代表整个数组，"p=a;"的作用是"把 a 数组的首地址赋予指针 p"，而不是"把数组 a 各元素的值赋予 p"。

引用数组元素可以用下标法（如 a[3]），也可以用指针法（如*（a+3）或*(p+3)），即通过指向数组元素的指针找到所需的元素。使用指针能使目标程序质量高（占内存少，运行速度快）。

如图 6-3 所示，如果指针 p 的初始值为&a[0]，则：

① p+i 和 a+i 就是 a[i]的地址，即它们指向 a 数组的第 i 个元素（占 4 个字节）。

这里需要说明的是：a 代表数组首地址，是常量，a+i 也是地址，它的计算方法同 p+i，即它的实际地址为 a+i×d，d 为数组元素的长度。例如，p+9 和 a+9 的值是&a[9]，它指向 a[9]。p 是指针，p 获初值&a[0]后，就与 a 表示的地址相同了。在程序中，a 是不变，但 p 是可以变的。

② *(p+i)或*(a+i)是 p+i 或 a+i 所指向的数组元素，即 a[i]。

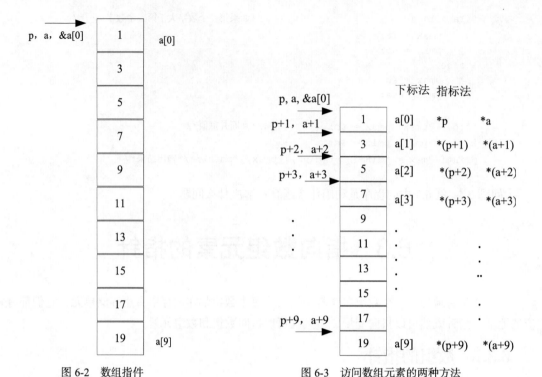

图 6-2　数组指件　　　　　　　　图 6-3　访问数组元素的两种方法

例如，*(p+5)或*(a+5)就是 a[5]，即*(p+5)和*(a+5)都等于 a[5]。实际上，在编译时，对数组元素 a[i]就是处理成 *(a+i)，即按数组首地址加上相对位移量得到要找的元素的地址，然后找出该单元中的内容。

③ 指向数组的指针也可以带下标，如 p[i]与*(p+i)等价。

【例 6.4】 输出数组中的全部元素。

假设有一个 a 数组，整型，有 10 个元素。要输出各元素的值有以下 3 种方法。

（1）下标法。

```c
#include<stdio.h>
void  main()
{
  int a[10];
  int i;
  for(i=0;i<10;i++)
      scanf("%d",&a[i]);
  printf("\n");
  for(i=0;i<10;i++)
     printf(" %d",a[i]);
  printf("\n");
}
```

（2）通过数组名计算数组元素地址，找出元素的值。

```c
#include <stdio.h>
void main()
{
    int a[10];
    int i;
    for(i=0;i<10;i++)
        scanf("%d",&a[i]);
```

```
        printf("\n");
        for(i=0;i<10;i++)
            printf(" %d", *(a+i));
}
```

（3）用指针指向数组元素。

```
#include <stdio.h>
void main()
{
    int a[10];
    int *p, i;
    for(i=0; i<10; i++)
        scanf("%d",&a[i]);
    printf("\n");
    for(p=a; p<(a+10); p++)
        printf(" %d",*p);
}
```

以上 3 个程序运行情况均如下：

```
1 3 5 7 9 11 13 15 17 19
 1 3 5 7 9 11 13 15 17 19
Press any key to continue
```

6.3.2　数组名作函数参数

用数组名作函数参数与用数组元素作实参有以下几点不同。

（1）用数组元素作实参时，只要数组类型和函数的形参变量的类型一致，那么数组元素的类型也和函数形参变量的类型是一致的。因此，并不要求函数的形参也是数组元素。换句话说，对数组元素的处理是按普通变量对待的。用数组名作函数参数时，则要求形参和相对应的实参都必须是类型相同的数组，都必须有明确的数组说明。当形参和实参二者不一致时，即会发生错误。

（2）普通变量或数组元素作函数参数时，形参变量和实参变量是由编译系统分配两个不同的内存单元。在函数调用时发生的值传送是把实参变量的值赋予形参变量。在用数组名作函数参数时，不是进行值的传送，即不是把实参数组的每一个元素的值都赋予形参数组的各个元素。所进行的传送只是地址的传送，也就是说把实参数组的首地址赋予形参数组名。形参数组名取得该首地址之后，也就等于有了实在的数组。实际上是形参数组和实参数组为同一数组，共同拥有一段内存空间。数组名作函数参数时实参数组与形参数组的对照如图 6-4 所示。

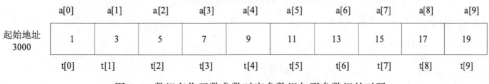

	a[0]	a[1]	a[2]	a[3]	a[4]	a[5]	a[6]	a[7]	a[8]	a[9]
起始地址 3000	1	3	5	7	9	11	13	15	17	19
	t[0]	t[1]	t[2]	t[3]	t[4]	t[5]	t[6]	t[7]	t[8]	t[9]

图 6-4　数组名作函数参数时实参数组与形参数组的对照

（3）前面已经讨论过，在变量作函数参数时，所进行的值传送是单向的，即只能从实参传向形参，不能从形参传回实参。形参的初值和实参相同，而形参的值发生改变后，实参并不变化，两者的终值是不同的。而当用数组名作函数参数时，情况则不同。由于实际上形参和实参为同一数组，因此当形参数组发生变化时，实参数组也随之变化。当然这种情况不能理解为发生了"双向"的值传递。但从实际情况来看，调用函数之后实参数组的值将由于形参数组值的变化而变化。

应该注意以下两点。

① 形参数组和实参数组的类型必须一致，否则将引起错误。

② 形参数组和实参数组的长度可以不相同，因为在调用时，只传送首地址而不检查形参数组的长度。当形参数组的长度与实参数组不一致时，虽不至于出现语法错误（编译能通过），但程序执行结果将可能与预期不符，这是应予以注意的。

【例 6.5】 若干学生进行了若干门课的考试，统计出所有分数的最高分和最低分，并统计出各学生的平均分，打印学生成绩。

分析：学生成绩表可用二维数组表示，每个学生的成绩用一行表示，分别用函数来完成求最高分、最低分、每人的平均分及打印成绩等功能。现编写四个函数：minnum，maxnum，average 和 print。

N-S 流程图如图 6-5 所示。

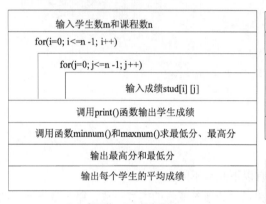

（1）主函数main()的流程图

（2）函数minnum()的流程图

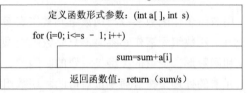

（4）函数average()的流程图

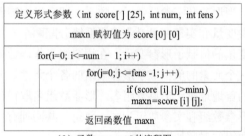

（3）函数maxnum()的流程图

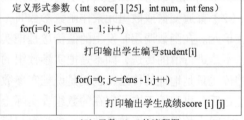

（5）函数print()的流程图

图 6-5　例 6-5 的 N-S 流程图

源程序如下：

```c
#include <stdio.h>
#define S 250
#define E 25
int minnum(int score[][E], int num, int fens);
int maxnum(int score[][E], int num, int fens);
float average(int a[], int s);
void print(int sd[][E], int num, int sco);
void main()
{
    int i, j, stud[S][E], m, n, min, max;
    puts("Input student number and score number for a student\n");
    scanf("%d%d", &m, &n);
    printf("Input %d * %d scores:\n", m, n);
```

```
        for (i = 0; i <= m - 1; i++)
            for(j = 0; j <= n - 1; j++)
                scanf("%d", &stud[i][j]);
        print(stud, m, n);
        min = minnum(stud, m, n);
        max = maxnum(stud, m, n);
        printf("Max=%d\nMin=%d\n", max, min);
        for(i = 0; i <= m - 1; i++)
            printf("The average for student%dis%.2f\n", i, average(stud[i], n));
}
int minnum(int score[][E], int num, int fens)          /*求最低分*/
    {   int i, j, minn = score[0][0];
        for(i = 0; i <= num - 1; i++)
            for(j = 0; j <= fens - 1; j++) {
                if (score[i][j] < minn) minn = score[i][j];
            }
        return(minn);
    }
    int maxnum(int score[][E], int num, int fens)    /*求最高分*/
    {   int i, j, maxn = score[0][0];
        for(i = 0; i <= num - 1; i++)
            for(j = 0; j <= fens - 1; j++)
             { if (score[i][j] > maxn) maxn = score[i][j];
               }
        return(maxn);
    }
    float average(int a[], int s)                     /*求平均分*/
    {   int i, sum = 0;
        for(i = 0; i <= s - 1; i++) sum = sum + a[i];
        return  (float)(sum / s);
    }
    void print(int score[][E], int num, int fens)    /*打印学生的成绩*/
    {   int i, j;
        for(i = 0; i <= num - 1; i++)
        {   printf("\n student[%d]:", i);
            for(j = 0; j <= fens - 1; j++)
                printf("%-5d", score[i][j]);
        }
        printf("\n");
    }
```

6.4　指向多维数组的指针

本节以二维数组为例介绍多维数组的指针。

6.4.1　二维数组地址的表示方法

设有整型二维数组 m[3][4]，如图 6-6 所示。

C 语言允许把一个二维数组分为多个一维数组来处理。因此二维数组 m 可分为 3 个一维数组，即 m[0]、m[1]、m[2]。每个一维数组又含 4 个元素。例如，m[0]数组含有 m[0][0]、m[0][1]、m[0][2]、m[0][3] 4 个元素。

同时，可把数组和数组元素的地址表示如下：

m 是二维数组名，也是二维数组第 0 行的首地址；

m[0]是第一个一维数组的数组名和首地址；

在指针家族当中，*(m+0)或*m 是与 m[0]等效的，表示一维数组 m[0]第 0 号元素的首地址；

&m[0][0]是二维数组 m 的 0 行 0 列元素地址。

从以上的分析得知：m、m[0]、*(m+0)、*m 以及&m[0][0] 是相等的。

m[0]	1	2	3	4
m[1]	5	6	7	8
m[2]	9	10	11	12

图 6-6　二位数组 m[3][4]示意图

同样的道理，m+1 是二维数组第 1 行的首地址；

m[1]是第二个维数组的数组名和首地址；

&m[1][0]是二维数组 m 第 1 行第 0 列元素的地址。

因此，m+1、m[1]、*(m+1)、&m[1][0]也是等同的。

由此可得出：m+i、m[i]、*(m+i)、&m[i][0]是等同的。

温馨提醒

二维数组中不能把&m[i]理解为元素 m[i]的地址，因为不存在元素 m[i]。二维数组中的 m[i]是一种地址计算方法，表示数组 m 第 i 行首地址。

另外，m[i]也可以看成是 m[i]+0，其表示一维数组 m[i]的首地址，它等于&m[i][0]。

同样，由 m[i]=*(m+i)推理得到 m[i]+j=*(m+i)+j，由于*(m+i)+j 是二维数组 m 的 i 行 j 列元素的地址，所以该元素的值等于*(*(m+i)+j)。

如图 6-7 所示，若将二维数组 m 按行列方式排列，设 p 为二维数组的指针，则 p,m,p+i,m+i 等可看成是"行指针"；而"行指针"加"*"就成为"列指针"，即*(m+i)+j,*(p+i)+j,因*(m+i)就是 m[i]，所以，"列指针"也可写成 m[i]+j,p[i]+j 等；"列指针"再加"*"，就是间接访问元素了，即*(*(p+i)+j), *(*(m+i)+j), *(m[i]+j)。

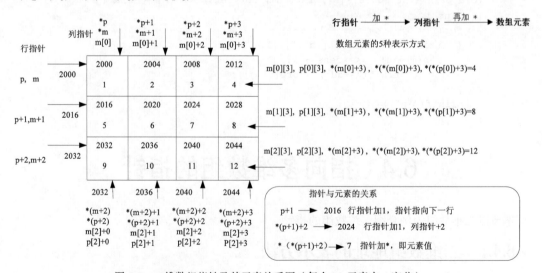

图 6-7　二维数组指针及其元素关系图（每个 int 元素占 4 字节）

6.4.2　二维数组的指针

二维数组指针说明的一般形式为

类型说明符 （*指针名）[长度]；

其中："类型说明符"为所指数组的数据类型；

"*"表示其后的变量是指针类型；

"长度"表示二维数组分解为多个一维数组时，一维数组的长度，也就是二维数组的列数。

需要注意的是，"（*指针名）"两边的括号不可少，若缺少括号则表示指针数组，意义就完全不同了。

例如，有以下语句

```
int m[3][4];
int (*p)[4]=m;
```

则 p 指向二维数组 m 或指向第一个一维数组 m[0]，其值等于 m、m[0]或&m[0][0]的值。从前面的分析可得出 "*(p+i)+j" 是二维数组 i 行 j 列的元素的地址，而 "*(*(p+i)+j)" 则是 i 行 j 列元素的值。

【例 6.6】 二维数组指针的应用。

```
#include <stdio.h>
void main()
{    static int a[3][4]= {1,2,3,4,5,6,7,8,9,10,11,12};    /*定义二维数组 a 并初始化*/
    int(*p)[4];        /*定义 p 为二维数组的指针，p 成为指向一维数组的指针*/
    int i,j;
    p=a;
    for(i=0; i<3; i++) {                    /*输出二维数组中各个元素的值*/
        for(j=0; j<4; j++) printf("%3d ",*(*(p+i)+j));
        printf("\n");
    }
}
```

程序运行结果如下：

```
1    2    3    4
5    6    7    8
9    10   11   12
Press any key to continue
```

【问题 4】 请分析例 6.6 中 p 和 a 的异同点，思考"为什么要用 p"？

6.5 指向字符串的指针

由于字符串是存放在字符数组中的，因此为了对字符串操作，可以定义一个字符数组，也可以定义一个字符指针，通过指针的指向来访问所需用的字符。

6.5.1 字符串的表示形式

1. 用字符数组实现

例如：`static char string[ ]= "china";`

string：是数组名，它代表字符数组的首地址，数组中有 5 个有效字符和 1 个字符串结束标志符，即 string[0],string[1]，…，string[5]。

string[i]就是*(string+i), string+i 是指向下标为 i 的字符的指针。

2. 用字符指针实现

（1）定义一个字符指针，指向字符串中的某一字符。

【**例 6.7**】 用字符指针输出字符串。

```c
#include <stdio.h>
void main( )
{    char str[ ]="china", * p;
     p=str;
     printf("%s\n", str);              /*以串的形式输出*/
     printf("%s\n", p);               /*以串的形式输出*/
     for(p=str; *p!='\0'; p++)
         printf("%c", * p);          /*逐个字符输出,直到p所指向的字符是'\0'为止*/
}
```

【**问题 5**】 请分析上列中 p 和 str 的异同点。

（2）直接把一个串形式上赋予一个字符指针。

例如：char *p="china"; 等价 char *p; p="china";

含义：指针 p 指向字符串的首地址（虽然没有定义数组，但串在内存中是以数组形式存放的，它有一个起始地址，占一片连续的存储单元，并以\0'结束）。

6.5.2 字符串中字符存取的方法

（1）下标法：例如 a[i],b[i]。

（2）指针法：通过指针，用它的值的改变来指向字符串中的不同的字符。

【**例 6.8**】 将字符串 a 复制到字符串 b 中。

```c
#include <stdio.h>
void main( )
{    char a[ ]= "I am a boy.",b[20];
     int i;
     for(i=0; *(a+i)!='\0'; i++)
         *(b+i)=*(a+i);
     *(b+i)='\0';
     printf("string a is: %s\n", a);
     for(i=0; b[i]!='\0'; i++)
         printf("%c\n ", b[i]);
}
```

【**问题 6**】 请修改上列中的程序，用%s 格式输出字符串 b。

6.5.3 字符数组与字符指针

1. 联系

字符数组与字符指针都能实现字符串的存储和运算。

2. 区别

（1）字符数组是一个字符型数组，数组名代表字符数组的起始地址，是一个常数，在程序中是不能改变的；字符指针的值是可以改变的。

（2）数组名不能赋为字符串；指针形式上可以，只是含义表示将串首地址赋予此指针。

3. 存储的实质不同

定义字符数组后，则系统将分配给此数组一片连续的存储单元以存储字符串，即使数组未初始化，数组的空间也已被预留出来；而定义字符型指针后，只是分配了一个指针的存储单元。

6.6　指向函数的指针（函数指针）

函数指针是指向函数的指针变量，因而"函数指针"本身首先应是指针，只不过该指针指向函数。这正如用指针可指向整型变量、字符变量、数组一样，这里是指向函数。如前所述，C 在编译时，每一个函数都有一个入口地址。有了指向函数的指针后，可用该指针调用函数，就如同用指针可引用其他类型变量一样。函数指针主要用来实现对函数的调用。

函数指针的一般形式为

类型说明符（＊指针名）()

其中，"类型说明符"表示函数的返回值的类型，"（＊指针名）"表示"＊"后面的变量是指针，最后的空括号表示指针所指的是一个函数。例如：

```
int  (*f1)();
```

表示 f1 是一个指向函数入口的指针，该函数的返回值是整型。

【例 6.9】 编程实现：求两个整数中的较小者，在程序中使用指针形式实现对函数的调用。

```
#include<stdio.h>
int min(int a,int b)            /*求两个数中较小者的函数min*/
{
    if(a<b) return  a;
    else   return  b;
}
void main()
{
    int   min(int a, int  b);
    int   (*pmin)();
    int  x,y,z;
    pmin=min;                   /* 把被调函数的入口地址（函数名）赋予函数的指针*/
    printf("please input two numbeis:\n");
    scanf("%d%d",&x,&y);
    z=(*pmin)(x,y);             /*用函数指针形式调用函数min*/
    printf("min-number=%d", z);
}
```

程序的运行情况结果如下：

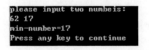

```
please input two numbeis:
62 17
min-number=17
Press any key to continue
```

使用函数指针时还应注意以下两点。

（1）函数调用中"（＊指针名）"两边的括号不可少，其中的"＊"不应该理解为求值运算，而是类型说明符，表明此处的变量为指针。

（2）不能让函数指针参与算术运算，这是与数组指针不同的。数组指针加减一个整数可使指针移动指向前面或后面的数组元素，而函数指针的移动是毫无意义的。

【问题 7】 请分析"函数指针"和"指针函数"的区别。

6.7 指 针 数 组

一个数组，其元素均为指针类型数据，称为指针数组，也就是说，指针数组中的每一个元素都相当于一个指针。

指针数组比较适合于用来指向若干字符串。按一般方法，字符串本身就是一个字符数组，因此要设计一个二维的字符数组才能存放多个字符串。但在定义二维数组时，需要指定列数，也就是说二维数组中每一行中包含的元素个数（即列数）相等。而实际上各字符串长度一般是不相等的。如按最长的字符串来定义列数，则会浪费许多内存单元。

6.7.1 指针数组的定义

指针数组定义的一般形式为

类型说明符 *数组名[数组长度]

例如：char *str[4];

由于[ ]比*优先权高，所以首先是数组形式 str[4]，然后才是与"*"的结合。这样一来指针数组包含 4 个指针 str[0]、str[1]、str[2]、str[3]，各自指向字符类型的变量。

【例 6.10】 输入一个整数，输出与该整型数对应的星期几的英语名称。例如，输入 1，输出 Mon。

```
#include "stdio.h"
void main()
{   int i;
    char *str[8] = {"illegally", "Mon", "Tues", "Wen", "Thurs", "Friday", "Sat", "Sun"};
    printf("\n");
    scanf("%d", &i);                        /*输入一个整型数*/
    if (i <= 7 && i >= 1)
            printf("%d : %s\n", i, str[i]);   /*输出对应的星期几的英语名称*/
    else
            printf(" %s \n", str[0]);
}
```

【问题 8】 请分析"指针数组"和"数组指针"的区别。

6.7.2 指针数组的应用

【例 6.11】 对已排好序的字符指针数组进行指定字符串的查找。字符串按字典顺序排列，查找算法采用二分法，或称为折半查找。

折半查找算法描述：

（1）设按字典顺序输入 n 个字符串到一个指针数组；

（2）设 low 指向指针数组的低端，high 指向指针数组的高端，mid=(low+high)/2；

（3）测试 mid 所指的字符串，是否为要找的字符串；

（4）若按字典顺序，mid 所指的字符串大于要查找的串，表示被查字符串在 low 和 mid 之间；否则，表示被查字符串在 mid 和 high 之间；

（5）修改 low 式 high 的值，重新计算 mid，继续寻找。

```
#include<stdlib.h>
#include<malloc.h>
```

```
#include<string.h>
#include<stdio.h>
void main()
{     char *binary(char *ptr[], char *str, int n);     /*函数声明*/
      char *ptr1[5], *temp;
      int i, j;
      for(i = 0; i < 5; i++) {
            ptr1[i] = malloc(20);                        /*按字典顺序输入字符串*/
            gets(ptr1[i]);
      }
      printf("\n");
      printf("original string:\n");
      for(i = 0; i < 5; i++)
            printf("%s\n", ptr1[i]);
      printf("input search string:\n");
      temp = malloc(20);
      gets(temp);                                        /*输入被查找字符串*/
      i = 5;
      temp = binary(ptr1, temp, i);                      /*调用查找函数*/
      if(temp) printf("succesful-----%s\n", temp);
      else printf("nosuccesful!\n");
      return;
}
char *binary(char *ptr[], char *str, int n)              /*定义返回字符指针的函数*/
{     /*折半查找*/
      int hig, low, mid;
      low = 0;
      hig = n - 1;
      while(low <= hig) {
            mid = (low + hig) / 2;
            if(strcmp(str, ptr[mid]) < 0)     hig = mid - 1;
            else if(strcmp(str, ptr[mid]) > 0) low = mid + 1;
                  else return(str);                      /*查找成功, 返回被查字符串*/
      }
      return NULL;    /*查找失败, 返回空指针*/
}
```

【问题 9】 上机调式例 6.11 程序的运行结果。

6.8　指向指针的指针（二级指针）

6.8.1　一级指针和二级指针的概念

前面介绍的指针是一级指针。一级指针是直接指向数据对象的指针，即其中存放的是数据对象，如变量或数组元素的地址。本节介绍的二级指针是指向指针的指针，二级指针并不直接指向数据对象，而是指向一级指针的指针，也就是说，二级指针中存放的是一级指针的地址。图 6-8 所示为一级指针和二级指针的示意图。

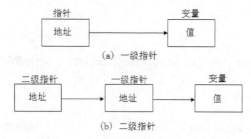

图 6-8　一级指针和二级指针的示意图

6.8.2　二级指针的定义

二级指针的定义格式为

【存储类型】　　数据类型　**指针名；

其中，指针名前面有两个*，表示是一个二级指针。有以下定义：

```
int  a, *p, **pa;
p=&a;
pa=&p;
```

则指针 p 存放变量 a 的地址，即指向了变量 a，指针 pa 存放指针 p 的地址，即指向了 p。因此，p 是一级指针，pa 是二级指针。

当一级指针 p 指向变量 a，二级指针 pa 指向一级指针 p 时，则既可以用一级指针 p 访问变量 a，也可以用二级指针 pa 访问变量 a，即 a、*p、**pa 都表示访问变量 a 的值，三者是等价的。

小　　结

1.　关于指针数据类型

指针数据类型的小结如表 6-1 所示。

表 6-1　　　　　　　　　　　　　指针数据类型的总结

定　　义	含　　义
int a[n];	定义整型数组 a，它有 n 个元素
int *p:	p 为指向整型数据的指针
int *p[n];	定义指针数组 p，它由 n 个指向整型数据的指针元素组成
int (*p)[n]	p 为指向含 n 个元素的一维数组的指针
int f0	f 为返回整型函数值的函数
int　*p();	p 为返回一个指针的函数，该指针指向整型数据
int　(*p)();	p 为指向函数的指针，该函数返回一个整型值
int　**p;	p 是一个指向一个指向整型数据的指针

2.　几点说明

（1）指针编程的优点。

指针是 C 语言中一个重要的组成部分，以下是指针编程的优点。

① 提高程序的编译效率和执行速度。

② 通过指针可使主调函数和被调函数之间共享变量或数据结构。

③ 可以实现动态存储分配。

④ 便于表示各种数据结构，编写高质量程序。

（2）指针的运算。

① 取地址运算符&用于求变量的地址。

② 取内容运算符*用于表示指针所指的变量。

③ 赋值运算：可以把变量地址赋予指针，可以进行同类指针相互赋值，可以把数组和字符串的首地址赋予指针，可以把函数入口地址赋予指针。

（3）加法运算。

对指向数组、字符串的指针可以进行加减运算，如 p+n，p-n，p++等。对指向同一数组的两个指针可以相减。

（4）关系运算。

指向同一数组的两个指针之间可以进行关系运算。指针可与 0 进行比较，p==0 为真表示 p 为空指针。

习　题

一、选择题

1. 对于类型相同的指针，不能进行（　　）运算。

 A. +   B. -   C. =   D. ==

2. 下面的程序段用来定义指针并赋值，请选出语法正确的程序段（　　）。

 A. int　*p; scanf("%d", p)

 B. int　*s,k; *s=100;

 C. int　*s,k;
  char　*p,c;
  s=&k;
  p=&c;
  *p=' 'a'';

 D. int　*s,k;
  char　*p,c;
  s=&k;
  p=&c;
  s=p;
  *s=1;

3. 以下程序的输出结果是（　　）。

```
# include <stdio.h>
void main()
{   int   a[] = {1,2,3,4,5,6}, *p;
    p=a;
    *(p+3)+=2 ;
    printf("%d , %d \n",*p,*(p+3));
}
```

 A. 1,6   B. 2,4   C. 1,4   D. 2,6

4. 以下程序段

```
int *p,a,b=1;
p=&a;  *p=10;  a=*p+b;
```

执行后，a 的值是（　　　）。

    A. 12　　　　　　　B. 11　　　　　　　C. 10　　　　　　　D. 编译出错

5. 若有定义：int i,j=2, *p=&i;，则能完成 i=j 赋值功能的语句是（　　　）。

    A. i=*p;　　　　　B. *p=*&j;　　　　C. i=&j;　　　　　D. **p;

6. 以下程序的输出结果是（　　　）。

```
#include <stdio.h>
void main()
{ int a[12]= {1,2,3,4,5,6,7,8,9,10,11,12};
   int *p[4],i;
        for (i=0; i<4; i++)
            p[i]=&a[i*3];
            printf("%d\n",p[3][2]);
}
```

    A. 1.2　　　　　　B. 6　　　　　　　　C. 8　　　　　　　　D. 12

7. 已知有以下的说明，那么执行语句 a=p+2;后，a[0]的值等于（　　　）。

```
float a[3]={1.2, 45.6, -23.0};
float *p=a;
```

    A. 1.2　　　　　　B. 45.6　　　　　　C. −23.0　　　　　D. 语句有错

8. 执行以下程序段后，*p 的值是（　　　）。

```
int a[5]={10,20,30,40,50};
int *p=a+2;
```

    A. 30　　　　　　　B. 20　　　　　　　C. 19　　　　　　　D. 29

9. 设有如下定义：

```
int   a[]={6,7,8,9,10};
int   *p;
```

则下列程序段的输出结果为（　　　）。

```
p=a;
*(p+2)+=2;
printf(" &\\d,\\d\n", *p,*(p+2)};
```

    A. 8,10　　　　　　B. 6,8　　　　　　　C. 7,9　　　　　　　D. 编译有错

10. 下列程序输出数组中的最大值，由 s 指针指向该元素，则在 if 语句中的表达式应该是（　　　）。

```
#include<stdio.h>
void main( )
{ int  a[10]={6,7,2,9,1,10,5,8,4,3},*p,*s;
    for(p=a, s=a; p-a<10;p++)
        if (_____) s=p;
    printf("The max:%d\n",*s);
}
```

    A. p>s　　　　　　B. *p>*s　　　　　C. a[p]>a[s]　　　　D. p-a>p-s

11. 以下程序的输出结果是（　　　）。

```
fun(int   *a,int   *b)
{ int   w;
  *a=*a+*a;
```

```
        w=*a;
        *a=*b;
        *b=w;
    }
    void main()
    {   int  x=9,y=5,*px=&x,*py=&y;
        fun(px,py);
        printf("%d,%d\n",x,y);
    }
```
　　A. 编译不通过　　　B. 18,5　　　　　　C. 5,9　　　　　　D. 5,18

12. 以下程序的输出结果是（　　）。
```
    void sub(int  x,int  y,int  *z)
    {   *z=y-x;  }
    void main()
    {   int   a,b,c;
        sub(20,15,&a);
        sub(a,9,&b);
        sub(a,b,&c);
        printf("%d,%d,%d\n",a,b,c);
    }
```
　　A. 5,4,9　　　　　　B. 5,−4,9　　　　　C. −5,14,9　　　　D. −5,14,19

13. 以下程序的输出结果是（　　）。
```
     void main()
    {   int   **k,*a,b=100;
        a=&b;  k=&a;
        printf("%d\n",**k);
    }
```
　　A. 运行出错　　　　B. 100　　　　　　C. a 的地址　　　　D. b 的地址

14. 以下程序的输出结果是（　　）。
```
    void fun(int  *x)
    {   printf("%d\n",++*x);  }
    void main()
    {   int   a=25;
        fun(&a);
    }
```
　　A. 23　　　　　　　B. 24　　　　　　　C. 25　　　　　　　D. 26

15. 以下程序的输出结果是（　　）。
```
    fun(float *p1,float *p2,float *s)
    {   s=(float *)calloc(1,sizeof(float));
        *s=*p1+*(p2++);
    }
    void main()
    {    float a[2]={1.1,2.2},b[2]={10.0,20.0},*w;
         fun(a,b,w);
         printf("%5.2f\n",*w);
    }
```
　　A. 11.10　　　　　　B. 12.10　　　　　C. 21.10　　　　　D. 输出不定值

二、填空题

1. 下列程序的运行结果是：＿＿＿＿＿＿＿。
```
    #include <stdio.h>
    void test(int *x, int *y);
```

```
void main()
{   int    a=10,b=20;
    printf("a=%d,b=%d\n",a,b);
    test(&a,&b);
    printf("a=%d,b=%d\n",a,b);
}
void test( int *x,int *y)
{   int  t ;
    t=*x;  *x=*y;  *y=t;
}
```

2. 阅读下列程序，当输入 60 时程序的输出为：_____。

```
#include <stdio.h>
#include <malloc.h>
void main()
{
    int **pp;
    pp=(int **)malloc(sizeof(int *));
    if(pp!=NULL) {
        *pp=(int *)malloc(sizeof(int));
        if (**pp!=NULL) {
            scanf("%d",*pp);
            printf("**pp=%d\n",**pp);
        }
    }
    free(*pp);
    free(pp);
}
```

三、程序设计题

1. 编写程序，完成的功能是：输入一个整数，输出与该整型数对应的月份的英语名称。例如，输入 1，输出 Jan。

2. 编写一个对一维整数数组的内容进行排序的函数。

3. 编写一个实现对字符串 s 倒排的函数 reverse(s)。

4. 编写函数，对存储在一个字符数组中的英文句子，统计其中的单词个数，单词之间用空格分隔。

第**7**章
复合结构类型

教学目标

◆ 掌握复合结构类型：结构体类型、共用体类型、枚举类型的定义及其变量的定义和使用；

◆ 掌握类型定义、动态内存分配；

◆ 理解结构体数组、结构体指针；

◆ 理解链表的概念，掌握链表的创建及其基本操作；

◆ 了解位域的定义和使用。

7.1 结 构 体

在实际应用中，常常需要把不同类型而关系又非常密切的数据组织在一起，形成一个总体，以便统一处理。例如，描述一个学生通常需要用学号、姓名、年龄、性别、成绩等数据项，这些数据项的数据类型不同（姓名应为字符型，学号可为整型或字符型，年龄应为整型，性别应为字符型，成绩可为整型或实型）。

结构体：将若干个相同类型或不同类型的数据组合在一起的一种构造数据类型。

7.1.1 结构体类型的说明及其变量的定义

结构体是由基本数据类型构成的、并用一个标识符来命名的各种变量的组合。结构体中可以使用不同的数据类型，因此，像其他类型的变量一样，在使用结构体变量时要先对其定义。

定义结构体变量的一般格式为

struct 结构名
```
  { <类型名> <变量名 1>;       //成员表列
    <类型名> <变量名 2>;
    <类型名> <变量名 3>;
     ……
    <类型名> <变量名 n>;
  }变量名表列;
```
例如，学生信息可以用如下的结构体来表示：
```
struct student
{int num;                  //学号
char name[8];             //姓名
char sex[2];              //性别
```

```
    float score;              //成绩
}stu1, stu2;                  //定义了 2 个 student 型结构体变量
```

变量 stu1, stu2 均有如下的结构：

num	name	sex	score

构成结构体的每一个类型变量称为结构体成员，它像数组的元素一样，但数组中元素是以下标来访问的，而结构体是按变量名字来访问成员的。

成员也可以组成一个结构，即构成了嵌套的结构。例如，下面给出了另一个结构体。

num	name	sex	birthday			score
			month	day	year	

结构定义为：

```
struct date
{    int month;
     int day;
     int year;
};
struct
{    int num;
     char name[20];
     char sex;
     struct date birthday;
     float score;
} stu1, stu2;
```

首先定义一个结构体型 date，由 month（月）、day（日）、year（年）3 个成员组成。在定义并说明变量 stu1, stu2 时，其中的成员 birthday 被说明为 data 结构类型。成员名可与程序中其他变量同名，互不干扰。

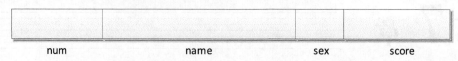

结构体及其变量也有其他的定义格式：
```
struct 结构名
    {成员表列
    };
struct 结构名 变量名表列；
    struct
    {成员表列
    };  struct 变量名表列；
```
见多识广

7.1.2　结构体类型变量的使用

结构体是一个新的数据类型，因此结构体变量也可像其他数据类型的变量一样赋值、运算，不同的是结构体变量以成员作为基本变量。

结构体成员的表示方式为

结构变量名. 成员名

例如：

```
stu1.num                // 即第一个人的学号
stu2.sex                // 即第二个人的性别
```

如果成员本身又是一个结构，则必须逐级找到最低级的成员才能使用。

例如：

```
stu1.birthday.month     // 即第一个人出生的月份成员可以在程序中单独使用，与普通变量完全相同。
```

温馨提醒

嵌套式结构体成员的表达方式是，每个结构体成员名从最外层直到最内层逐个被列出：

结构体变量名.嵌套结构体变量名.结构体成员名

其中，嵌套结构体可以有很多，结构体成员名为最内层结构体中不是结构体的成员名。

7.1.3　结构体数组

结构体是一种构造的数据类型，同样可以有结构体数组和结构体指针。

结构体数组就是数组元素的类型为结构体的数组。假如要定义一个班级 40 个同学的姓名、性别、年龄和住址，可以定义成一个结构体数组。如下所示：

```
struct{
char name[8];
char sex[2];
int age;
char addr[40];
}student[40];
```

可通过如以下的形式对数组元素的成员进行访问：

```
student[0].name
student[30].age
```

实际上结构体数组相当于一个二维构造，第一维是结构体数组元素，每个元素是一个结构体变量；第二维是结构体成员。

结构体数组的成员也可以是数组类型，例如：

```
struct a
{    int m[3][5];
    float f;
    char s[20];
}y[4];
```

可通过如以下的形式对数组元素的数组成员的数组元素进行访问：

```
y[2].m[1][4]
```

7.1.4　结构体类型的指针

结构体指针是指向结构体的指针。它由一个加在结构体变量名前的 "*" 操作符来定义，以下定义了结构体指针 student：

```
struct string
{     char name[8];
    char sex[2];
    int age;
    char addr[40];
}*student;
```

使用结构体指针对结构体成员的访问，与结构体变量对结构体成员的访问在表达方式上有所

不同。结构体指针对结构体成员的访问表示为

结构体指针名->结构体成员

其中，"->" 是两个符号 "-" 和 ">" 的组合，好像一个箭头指向结构体成员。实际上，student->name 就是(*student).name 的缩写形式。例如，要给上面定义的结构体中 name 和 age 赋值，可以用下面的语句：

```
strcpy(student->name, "Lu G.C");
student->age=18;
```

温馨提醒

结构体指针是指向结构体的一个指针，即结构体中第一个成员的首地址，因此在使用之前应该对结构体指针初始化，即分配整个结构体长度的字节空间，这可用下面函数完成。仍以上例来说明如下：

```
student=(struct string*)malloc(sizeof (struct string));
```

sizeof (struct string)自动求取 string 结构体的字节长度，malloc() 函数申请了一个大小为结构体长度的内存区域，函数返回了一个 void 型指针，再用（struct string*）将此指针强制转换为 struct string 型指针，将其值赋予 student。

7.1.5　位结构体

位结构体简称位结构，也称位域，是一种特殊的结构，在需按位访问一个字节或它的多个位时，位结构比按位运算符更加方便。位结构定义的一般形式为

struct <结构体名>
{ 数据类型<位域名 1>:<二进制位的个数>;
　　数据类型<位域名 2>:<二进制位的个数>;
　　……
　　数据类型<位域名 n>:<二进制位的个数>;
}位结构变量;

其中，数据类型一般是 unsigned (int 或 signed)。整型常数必须是非负的整数，范围是 0~15，表示二进制位的个数，即表示有多少位。

变量名是选择项，可以不命名，这样规定是为了排列需要。

例如：下面定义了一个位结构。

```
struct{
    unsigned incon: 8;      /*incon 占用低字节的 0~7 共 8 位*/
    unsigned txcolor: 4;    /*txcolor 占用高字节的 0~3 位共 4 位*/
    unsigned bgcolor: 3;    /*bgcolor 占用高字节的 4~6 位共 3 位*/
    unsigned blink: 1;      /*blink 占用高字节的第 7 位*/
}ch;
```

位结构成员的访问与结构体成员的访问相同。

例如，访问上例位结构中的 bgcolor 成员可写成

```
ch.bgcolor
```

7.1.6　结构体举例

【例 7.1】 演示结构体作为函数参数和函数返回值类型。程序中，函数 GetPerson()返回的是结构体 person 类型的值，而函数 print()的参数是 person 类型。对应的流程如图 7-1 所示。

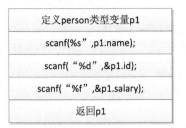

(a)GetPerson函数流程图　　　(b)main函数流程图

图 7-1　例 7.1 对应的流程图

程序如下：

```
#include<stdio.h>
struct person
  {//下面定义结构体 person
     char name[8];
     unsigned int id;
     double salary;
};
struct person GetPerson();
void print(struct person p1);
void main() {
     struct person worker;      //定义结构体变量
     worker=GetPerson();        //调用函数输入 worker 的各项信息
     print(worker);             //调用函数输出 worker 的各项信息
}
struct person GetPerson() {     //函数的返回值是 person 类型
     struct person p1;
     printf("请输入姓名:");
     scanf("%s",p1.name);       //成员 name 是字符数组，输入时不用取址符号&
     printf("请输入工号:");
     scanf("%d",&p1.id);
     printf("请输入工资:");
     scanf("%f",&p1.salary);
     return p1;
}
void print(struct person p1)    //函数的参数是 person 类型
{
     printf("%s,%d,%f\n",p1.name,p1.id,p1.salary);
     }
```

请读者自行分析程序的运行结果。

【例 7.2】 演示复数的加法运算。对应的流程如图 7-2 所示。

```
#include<stdio.h>
struct complex {
     //定义结构体 complex
     int real;
     int imag;
};
void swap(struct complex c1, struct complex c2) ;
struct complex add(struct complex c1, struct complex c2);
void main()
```

```
{
    struct complex com1= {5,8}, com2= {6,3}, com3;
    com3=add(com1,com2);  /*调用 add 求 com1 和 com2 的和，并把和赋值给 com3*/
    printf("com1=%d+%di\n",com1.real,com1.imag);
    printf("com2=%d+%di\n",com2.real,com2.imag);
    printf("com3=%d+%di\n",com3.real,com3.imag);
    printf("调用 swap 函数交换 com1 和 com2\n");
    swap(com1,com2);
    printf("com1=%d+%di\n",com1.real,com1.imag);
    printf("com2=%d+%di\n",com2.real,com2.imag);
}
void swap(struct complex c1, struct complex c2)          //该函数企图交换两个复数
{
    struct complex t;
    t=c1;
    c1=c2;
    c2=t;
}
struct complex add(struct complex c1, struct complex c2) { //该函数实现两个复数的加法运算
    struct complex t;
    t.real=c1.real+c2.real;
    t.imag=c1.imag+c2.imag;
    return t;
}
```

complex t;
t=c1;
c1=c2
c2=t;

complex t;
t.real=c1.real+c2.real;
t.imag=c1.imag+c2.imag;
return t;

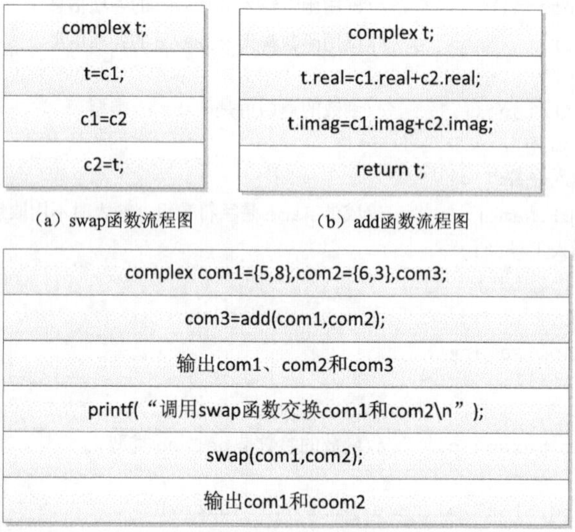

　　（a）swap函数流程图　　　　　　（b）add函数流程图

complex com1={5,8},com2={6,3},com3;
com3=add(com1,com2);
输出com1、com2和com3
printf（"调用swap函数交换com1和com2\n"）;
swap(com1,com2);
输出com1和coom2

（c）main函数流程图

图 7-2　例 7.2 对应的流程图

运行程序，输出结果如下：

```
com1=5+8i
com2=6+3i
com3=11+11i
调用swap函数交换com1和com2
com1=5+8i
com2=6+3i
```

　　程序中，函数 add()实现了两个复数的加法运算，它的两个参数都是复数结构 complex 类型。在 A 行调用了函数 swap，从结果可以看到，com1 和 com2 并没有交换，这是因为函数调用时的

单项值传递的原因。

为了得到正确的运行结果，可以使用引用类型的参数，即把程序中 A 行改为

```
void swap(struct complex &c1, struct complex &c2)
```

有关引用，有兴趣的读者可以参见 C++相关书籍。

【例 7.3】　通过为全班同学建立一个通讯录，演示结构体数组的使用。对应的流程如图 7-3 所示。

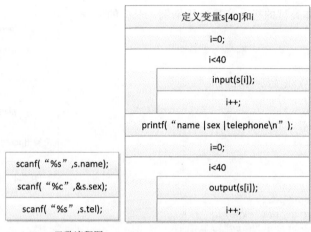

(a)input函数流程图　　　　(b)main函数流程图

图 7-3　例 7.3 对应的流程图

```
#include<stdio.h>
struct student {
        //定义结构体 student
        char name[8];
        char sex ;
        char tel[10];
};
void input(struct student s) ;
void output(struct student s);
void main()
{
        struct student s[40];       /*A，定义学生数组*/
        int i;
        for(i=0; i<40; i++)         /*通过循环输入各学生的信息*/
                input(s[i]);        //B
        printf("name    |sex |telephone \n");
        for(i=0; i<40; i++)         //通过循环输出各学生的信息
                output(s[i]);       //C
}
void input(struct student s)    //该函数拥有输入学生的信息
{
        printf("please input name:");
        scanf("%s",s.name);
        setbuf(stdin, NULL);        //清键盘缓冲区，不然下一个输入会有问题
        printf("please input sex(M or F):");
        scanf("%c",&s.sex);
        printf("please input telephone:");
```

```
        scanf("%s",s.tel);
}
void output(struct student s)  //该函数用于输出学生信息
{
        printf("%s,%c,%s\n",s.name,s.sex,s.tel);
}
```

程序中 A 行定义了一个结构体类型的数组, 共有 40 个元素; B 行使用一个 for 循环输入每一个学生的信息; C 行使用一个 for 循环输出每一个学生的信息。

【例 7.4】 结构体类型的指针变量应用举例。对应的流程如图 7-4 所示。

```
#include<stdio.h>
#include<string.h>
struct person { //定义结构体 person
        char name[8];
        unsigned age;
        unsigned id;
        float salary;
};
void main()
{
        struct person per1;
        struct person *per2=&per1;  //A
        strcpy(per2->name,"Mary");
        per2->id=1002;
        per2->age=18;
        per2->salary=2563.00;
        printf("%s,%d,%d,%f\n",per2->name,per2->age,per2->id,per2->salary);
}
```

图 7-4 例 7.4 对应的流程图

运行程序, 输出结果如下:

```
Mary,18,1002,2563.000000
Press any key to continue
```

程序中, A 行定义了一个结构体类型的指针, 并同时对该指针进行了初始化。

7.2 共 用 体

union 属于构造类型, 也称联合体。

其定义与结构体十分相似。其一般形式为

union 共用体名

{ 数据类型 成员名;
 数据类型 成员名;
 ...
} 共用体变量名;

共用体表示几个变量公用一个内存位置, 在不同的时间保存不同的数据类型和不同长度的变量(动态的)。

例如, 共用体的进一步理解

```
#include<stdio.h>
void main()
{
        union
```

```
{                        /*定义一个共用体*/
    int i;
    float f;
} number;
number.i=10;              /*使用成员 i*/
printf("%d\n", number.i); /* 输出成员 i 的值*/
number.f=10.5;            /*使用成员 f*/
printf("%f\n", number.f); /*输出成员 f*/
}
```

成员 i 和成员 f 在同一时刻只有一个有意义，如使用成员 f 后，成员 i 将失去意义。

由于共用体中成员占用同一个内存空间，因此，为共用体变量分配的存储空间的大小为共用体中占用存储空间最大的成员所占用的字节数。

7.3　枚　举　类　型

枚举在日常生活中很常见，比如，表示一个星期内的日期只有 7 种：SUNDAY, MONDAY, TUESDAY, WEDNESDAY, THURSDAY, FRIDAY, SATURDAY；表示扑克牌的花色只有 4 种：黑桃、红桃、梅花、方片；表示一年四季：春、夏、秋、冬。如果把"星期"、"花色"、"季节"说明为 int 类型，则无法体现出这种量的含义和取值限制。为此，C 提供了枚举数据类型。枚举的说明与结构体和联合体相似，其形式为

　　enum 枚举名 { 标识符[=整型常数]，…，标识符[=整型常数]，} 枚举变量；

如果枚举没有初始化，即省掉"=整型常数"时，则从第一个标识符开始，顺次赋予标识符 0, 1, 2, …，但当枚举中的某个成员赋值后，其后的成员按依次加 1 的规则确定其值。例如，下列枚举说明后，x1, x2, x3, x4 的值分别为 0, 1, 2, 3。

　　enum string{x1, x2, x3, x4}x;

当定义改变为

　　enum string { x1, x2=0, x3=50, x4, }x;

则 x1=0, x2=0, x3=50, x4=51。

【注意】

（1）枚举中每个成员（标识符）的结束符是"，"，不是"；"，最后一个成员可省略"，"。

（2）初始化时可以赋负数，以后的标识符仍依次加 1。

（3）枚举变量只能取枚举说明结构中的某个标识符常量。

例如：

　　enum string { x1=5, x2, x3, x4, };
　　enum string x=x3;

此时，枚举变量 x 实际上是 7。

7.4　类　型　定　义

类型定义（或类型说明）的格式为

　　typedef 类型 定义名；

类型定义只定义了一个数据类型的新名字而不是定义一种新的数据类型。定义名表示这个类型的新名字。

例如，用下面语句定义整型的新名字：

```
typedef int SIGNED_INT;
```

使用说明后，SIGNED_INT 就成为 int 的同义词了，此时可以用 SIGNED_INT 定义整型变量。

例如：SIGNED_INT i, j;（与 int i, j 等效）。

但 long SIGNED_INT i, j; 是非法的。

typedef 同样可用来说明结构体、共用体以及枚举。

说明一个结构的格式为

typedef struct{
   数据类型   成员名；
   数据类型   成员名；
   ……
} 结构体名；

此时可直接用结构体名定义结构体变量了。例如：

```
typedef struct{
    char name[8];
    int class;
    char subclass[6];
    float math, phys, chem, engl, biol;
} student;
student Liuqi;
```

类型定义对于一个程序来说并不是必须的，但其能够增加程序的可读性，且能够简化程序。

7.5 简单链表及其应用

7.5.1 动态内存分配

在数组一章中，曾介绍过数组的长度是预先定义好的，在整个程序中固定不变。C 语言中不允许动态数组类型。例如：

```
int n;
scanf("%d",&n);
int a[n]; //错误
```

用变量表示长度，想对数组的大小作动态说明，这是错误的。但是在实际的编程中，往往会发生这种情况，即所需的内存空间取决于实际输入的数据。对于这种问题，用数组的办法很难解决。为了解决上述问题，C 语言提供了一些内存管理函数，这些内存管理函数可以按需要动态地分配内存空间，也可把不再使用的空间回收待用，为有效地利用内存资源提供了手段。

常用的内存管理函数有以下 3 个。

1. 分配内存空间函数 malloc

调用形式：

（类型说明符*）**malloc(size)**

功能：在内存的动态存储区中分配一块长度为"size"字节的连续区域。函数的返回值为该区域的首地址。

"类型说明符"表示把该区域用于何种数据类型。

（类型说明符*）表示把返回值强制转换为该类型指针。

"size"是一个无符号数。

例如：pc=(char *)malloc(100);

表示分配 100 个字节的内存空间，并强制转换为字符数组类型，函数的返回值为指向该字符数组的指针，把该指针赋予指针变量 pc。

2. 分配内存空间函数 calloc

calloc 也用于分配内存空间。

调用形式：

（类型说明符*）calloc(n,size)

功能：在内存动态存储区中分配 n 块长度为"size"字节的连续区域。函数的返回值为该区域的首地址。

（类型说明符*）用于强制类型转换。

calloc 函数与 malloc 函数的区别仅在于一次可以分配 n 块区域。

例如：ps=(struet stu*)calloc(2,sizeof(struct stu));

其中的 sizeof(struct stu)是求 stu 的结构长度。因此，该语句的意思是：按 stu 的长度分配 2 块连续区域，强制转换为 stu 类型，并把其首地址赋予指针变量 ps。

3. 释放内存空间函数 free

调用形式：

free(void *ptr);

功能：释放 ptr 所指向的一块内存空间。ptr 是一个任意类型的指针变量，它指向被释放区域的首地址。被释放区应是由 malloc 或 calloc 函数所分配的区域。

【例 7.5】 分配一块区域，输入一个学生数据。对应的流程如图 7-5 所示。

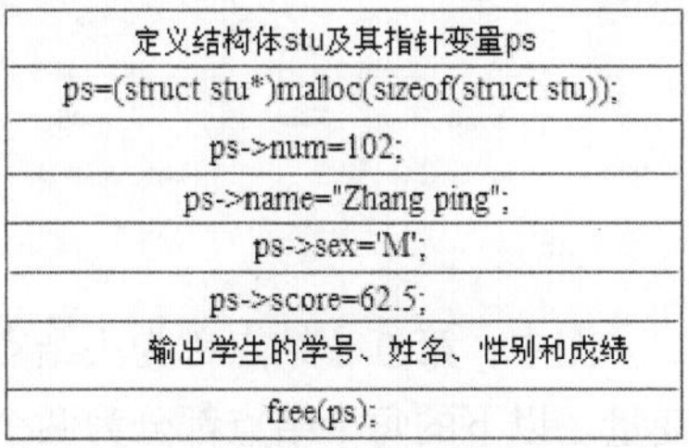

定义结构体stu及其指针变量ps
ps=(struct stu*)malloc(sizeof(struct stu));
ps->num=102;
ps->name="Zhang ping";
ps->sex='M';
ps->score=62.5;
输出学生的学号、姓名、性别和成绩
free(ps);

图 7-5　例 7.5 对应的流程图

```
#include<stdio.h>
#include<malloc.h>
void main()
{    struct stu
    {  int num;
       char *name;
       char sex;
       float score;
    } *ps;
    ps=(struct stu*)malloc(sizeof(struct stu));//分配内存
    ps->num=102;
    ps->name="Zhang ping";
    ps->sex='M';
    ps->score=62.5;
    printf("Number=%d\nName=%s\n",ps->num,ps->name);
    printf("Sex=%c\nScore=%f\n",ps->sex,ps->score);
    free(ps);      //释放 ps 所指向的内存单元
}
```

运行结果如下：

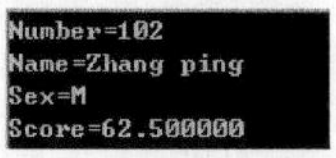

```
Number=102
Name=Zhang ping
Sex=M
Score=62.500000
```

本例中，定义了结构 stu，定义了 stu 类型指针变量 ps。然后分配了一块与 stu 一样大的内存区，并把首地址赋予 ps，使 ps 指向该区域。再以 ps 为指向结构的指针变量对各成员赋值，并用 printf 输出各成员值。最后用 free 函数释放 ps 指向的内存空间。整个程序包含了申请内存空间、使用内存空间、释放内存空间 3 个步骤，实现存储空间的动态分配。

7.5.2 链表的概念

在例 7.5 中采用了动态分配的办法为一个结构分配内存空间。每一次分配一块空间可用来存放一个学生的数据，我们可称之为一个结点。有多少个学生就应该申请分配多少块内存空间，也就是说要建立多少个结点。当然用结构数组也可以完成上述工作，但如果预先不能准确把握学生人数，也就无法确定数组大小。而且当学生留级、退学之后也不能把该元素占用的空间从数组中释放出来。

用动态存储的方法可以很好地解决这些问题。有一个学生就分配一个结点，无须预先确定学生的准确人数。某学生退学，可删去该结点，并释放该结点占用的存储空间，从而节约内存资源。另一方面，用数组的方法必须占用一块连续的内存区域，而使用动态分配时，每个结点之间可以是不连续的（结点内是连续的），结点之间的联系可以用指针实现，即在结点结构中定义一个成员项用来存放下一结点的首地址，这个用于存放地址的成员，常把它称为指针域。

可在第一个结点的指针域内存入第二个结点的首地址，在第二个结点的指针域内又存放第三个结点的首地址，如此串连下去直到最后一个结点。最后一个结点因无后续结点连接，其指针域可赋为 NULL。这样一种连接方式，在数据结构中称为"链表"。

图 7-6 所示为最一简单链表的示意图。

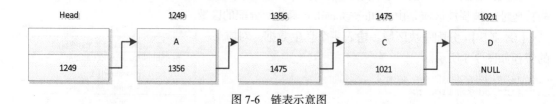

图 7-6　链表示意图

图中，第 0 个结点称为头结点，它存放有第一个结点的首地址，它没有数据，只是一个指针变量。以下的每个结点都分为两个域，一个是数据域，存放各种实际的数据，如学号 num、姓名 name、性别 sex、成绩 score 等；另一个域为指针域，存放下一结点的首地址。链表中的每一个结点都是同一种结构类型。

例如，一个存放学生学号和成绩的结点应为以下结构：

```
struct stu
{ int num;
  int score;
  struct stu *next;
}
```

前两个成员项组成数据域，后一个成员项 next 构成指针域，它是一个指向 stu 类型结构的指针变量。

链表的基本操作主要有以下几种：

（1）建立链表；

（2）结构的查找与输出；

（3）插入一个结点；

（4）删除一个结点。

下面通过例题来说明这些操作。

【例 7.6】 先建立一个单向链表，将键盘输入的一些整数依次存入该链表各个结点的数据域中，当输入整数 0 时，结束建立链表的操作。然后依次输出链表中的数据，直到链表末尾。

源程序如下：

```c
#include <stdlib.h>
#include<stdio.h>
struct node {                                          /*递归定义单链表的结点*/
    int data;
    struct node *next;
};
struct node *creatlist() {                             /*定义创建单链表的函数*/
    struct node *h,*p,*q;
    int a;
    h=(struct node *)malloc(sizeof(struct node));    /*头结点，即链表起始地址*/
    p=q=h;
    printf("请输入链表的数据，并用空格隔开，最后输入 0 为结束，再按回车：\n");
    scanf("%d",&a);
    while (a!=0) {
        p=(struct node *)malloc(sizeof(struct node));/*插入节点的起始地址*/
        p->data=a;
        q->next=p;    /*将插入结点的起始地址存入当前结点的 next 域*/
        q=p;                                           /*将当前结点作为新的尾结点*/
        scanf("%d",&a);
    }
    p->next=NULL;                                      /*链表尾结点*/
    return h;
}
void printlist(struct node *h)
{
    struct node *p;
    p=h->next;                                         /*取头结点的后继结点*/
    while (p!=NULL) {
        printf("->%d ",p->data);
        p=p->next;                                     /*取下一个后继结点*/
    }
    printf("\n");
    return;
}
void main()
{
    struct node *head;
    head=creatlist();                                  /*创建链表并保存链表起始地址*/
    printlist(head);                                   /*输出链表*/
}
```

程序运行结果如下：

```
请输入链表的数据，并用空格隔开，最后输入0为结束，再按回车：
1 3 6 88 90 0
->1 ->3 ->6 ->88 ->90
```

小　结

1. 结构体类型、结构体变量、结构体数组、结构体指针的定义和引用方法。
2. 结构体变量及结构体数组在函数间的传递规则。
3. 用结构体进行链表操作。
4. 共用体及枚举类型的概念、定义和引用。
5. 已有类型的别名定义方法。

习　题

1. 定义一个有关时间的结构体变量（成员包括时、分、秒），并编写程序进行测试。
2. 指出下面程序中的错误，并说明原因。

```
struct{int x,y,z}t1,t2;
struct test{int x,y,z}t3,t4;
scanf("%d,%d",&t1,&t2);
t3=t1;
t4=t2;
printf("%d,%d",t3,t4);
```

3. 定义一个描述三维坐标（x,y,z）的结构体类型，然后编写程序完成点的输入和输出，并求两点之间的距离。

4. 建立 50 名学生信息登记表，每个学生的信息包括学号、姓名、性别及三门课程的成绩。要求如下：

（1）从键盘输入 50 个学生的数据；

（2）显示每个学生三门课程的平均成绩；

（3）显示每门课程的平均成绩；

（4）按平均成绩由高到低将学生排名次，并按名次顺序输出这些学生的学号、姓名和平均成绩。

5. 定义一描述 3 种颜色的枚举类型，然后输出这 3 种颜色的全部排列组合结果。

6. 定义一描述"商品信息"的结构体类型的变量，以及指向结构体的指针变量，通过指针变量完成结构体变量信息的输入和输出。设商品包含商品编号、商品名称、计量单位、单价、数量等信息。

7. 编写一个函数，把两个链表合并为一个链表，使得两个链表中的结点在新的链表中交替出现。若原来某个链表中具有较多的结点，则把多余的结点连接在新链表的末尾。

8. 建立一个无序链表，每一个结点包含学号、姓名、年龄和 C 的成绩。要求编写函数实现如下操作：建立链表、输出链表、删除指定学号的结点、在某个位置插入结点、释放链表。

9. 函数 void compress(ptr head)能将首指针为 head 的有序链表进行压缩（值域相等的结点只保留一个），并将等值结点的个数存放在结点的成员 count 中。结点的类型定义为

```
typedef struct node
{ int data,count;
```

```
        struct node *next;
    } snode,*ptr;
```

试把下面的函数 compress 补充完整，并创建一个有序链表进行测试。

```
    void compress()
    {   ptr p1,p2;
        p1=head;
        while(_____)
        {   _____;
            if(p2->data==p1->data)
            {   p1->count++;
                p1->next=_____;
                free(p2);
            }
            else
                _____;
        }
    }
```

第8章
预编译处理

教学目标

◆ 理解编译预处理命令及用途；

◆ 掌握带参数和不带参数的宏定义及宏替换的效果；

◆ 理解文件包含的作用；

◆ 了解条件编译的作用和使用形式。

8.1 预编译处理命令的概念

1. 编译预处理

当对一个源文件进行编译时，系统将自动引用预处理程序对源程序中的预处理部分作处理，处理完毕自动进入对源程序的编译。

2. 编译预处理命令

编译预处理命令主要有 3 种：宏定义#define、文件包含#include 和条件编译。

命令都以 "#" 符号开头，各占用一个单独的书写行，编译预处理命令不属于 C 语句的范畴，末尾不用分号作为结束。

合理地使用预处理功能编写的程序便于阅读、修改、移植和调试，以及模块化程序设计。

8.2 宏 定 义

宏：用一个标识符（即宏名）来表示一个字符串，也称为 "宏替换" 或 "宏展开"。

"宏" 分为有参数和无参数两种。

8.2.1 无参宏定义

无参宏的宏名后不带参数，其定义的一般形式为

`#define 宏名 字符串`

表示在执行了本命令后，程序中的所有 "宏名" 均用 "字符串" 来替换。其中的 "#" 表示这是一条预处理命令。"define" 为宏定义命令。宏名为自己所定义的标识符，字符串可以是常数、表达式、格式串等，又称不替代文本。宏名一般用大写，且必须和字符串（文本）之间用空格

隔开。例如：

#define SIZE 100/*宏名 SIZE，此命令行之后，源程序中的所有名为 SIZE 的标识符均表示 100。这个替换过程称为宏替换，但不能简单的认为"等于"*/

【例 8.1】 采用对输出格式作宏定义的方法，可以减少书写麻烦。

```
#include <stdio.h>
#define P printf      //用 P 替代 printf
#define D "%d\t"       //用 D 替代"%d\n"
#define F "%f\n"       //用 F 替代"%f\n"
void main()
{ int a=2, c=5;
  double b=1.4, d=32.03;
  P(D F,a,b);
  P(D F,c,d); }
```

程序运行的结果如下：

```
2        1.400000
5        32.030000
```

8.2.2 带参宏定义

在宏定义中的参数称为形式参数，在宏调用中的参数称为实际参数。对带参数的宏，在调用中，不仅要宏展开，而且要用实参去代换形参。

带参宏定义的一般形式为

#define 宏名(形参表) 字符串   // 在字符串中含有各个形参

带参数的宏调用的一般形式为

宏名(实参表)；

【例 8.2】 带参宏应用举例——求最大值。

```
#include <stdio.h>
#define MAX(x,y) (x>y)?x:y          /*定义带参的宏名 MAX(x,y)*/
void main()
{   int a=25,b=20;
    printf("max=%d\n",MAX(a,b));    /*引用带参的宏名*/
}
```

程序的运行结果如下：

```
max=25
```

上例程序的第一行进行带参宏定义，用宏名 MAX 表示条件表达式(x>y)?x：y，形参 x,y 均出现在条件表达式中。程序第五行中 MAX(a,b)为宏调用，实参 a,b 将代换形参 x,y。宏展开后该语句为

```
printf("max=%d\n",(a>b)?a:b));
```

【学习提示】

在"替换文本"中的形参和整个表达式应该用括号括起来，如果宏定义写成：

```
#define MU(x,y) x*y
```

则在对 b=6/MU(a+3,a)进行宏替换后，表达式将成为 b=6/a+3*a，它与 b=6/((a+3)*(a))是两个不同的表达式。如果上例中的宏定义写成

```
#define  MU(x,y)  (x)*(y)
```

则在对 b=6/MU(a+3,a)进行宏替换后，表达式将成为 b=6/(a+3)*(a)，这个表达式也不同于 b=6/((a+3)*(a))。对于宏定义，不仅应在参数两侧加括号，也应在整个字符串外加括号。

8.2.3 宏定义终止

宏定义必须写在函数之外，其作用域为从宏定义命令起到源程序结束。如要终止其作用域可使用#undef命令。

例如：

```
#define PI 3.14
void main()
{ …
 }
#undef PI
f1()
{ …
 }
```

PI 在语句#undef PI 以前都是表示 3.14，在语句#undef PI 以后 PI 变成无定义，不再表示 3.14 了。

8.3 文件包含

在用 C 语言开发程序时，我们可以把一些宏定义或公用的程序按照功能分别存入不同的文件中，当我们需要使用某类宏定义时，就无须在程序中去重新定义，而只要把这些宏定义所在的文件包含在程序的开头就可以了（当然文件中还可以包含其他内容）。

所谓文件包含是指在一个文件中，去包含另一个文件的全部内容。C 语言中用#include 命令行来实现文件包含的功能。

#include 命令行的形式如下：

#include "文件名"

或

#include <文件名>

在预编译时，预编译程序将用指定文件中的内容来替换此命令行。如果文件名用双引号括起来，系统先在源程序所在的目录内查找指定的包含文件，如果找不到，再按照系统指定的标准方式到有关目录中去查找。如果文件名用尖括号括起来，系统将直接按照系统指定的标准方式到有关目录中去查找。

8.4 条件编译

预处理程序提供了条件编译的功能。条件编译是指对源程序中某段程序通过条件来控制是否参加编译。有时希望只对其中的一部分代码进行编译，这时可以使用条件编译来进行。根据条件来选取需要的代码进行编译，且生成不同的应用程序，供不同的用户使用。

此外，在调试程序时，可以通过条件编译逐段地调试程序。

条件编译有以下 3 种形式。

1. 第一种形式

#ifdef 标识符

```
  程序段 1
[#else
  程序段 2]
#endif
```

其含义是：如果标识符已被 #define 命令定义过则编译程序段 1，否则编译程序段 2。[ ]中的部分可以省略，省略时，如果标识符已被 #define 命令定义过则编译程序段 1，否则不编译。

【例 8.3】 条件编译应用。

```
#include <stdio.h>
#define SIZE 100
void main()
{
  #ifdef SIZE
  printf("SIZE is defined.\n");
  #else
  printf("SIZE is not defined.\n");
  #endif
}
```

程序运行结果为：`SIZE is defined.`

由于开始定义了宏 SIZE，以上程序在编译时，通过条件编译后，使得被编译的程序清单如下：

```
#define SIZE 100
  void main()
  {
    printf("SIZE is defined.\n");
  }
```

2. 第二种形式

```
#ifndef 标识符
  程序段 1
[#else
  程序段 2]
#endif
```

与第一种形式不同的是将"ifdef"变为"ifndef"。实现的功能是，如果标识符未被#define 命令定义过则对程序段 1 进行编译，否则对程序段 2 进行编译。这与第一种形式的功能正好相反。

3. 第三种形式

```
#if 常量表达式
  程序段 1
[#else
  程序段 2]
#endif
```

其含义是：如常量表达式的值为真(非 0)，则对程序段 1 进行编译，否则对程序段 2 进行编译。[ ]中的部分也是可以省略的，这样使程序在不同条件下，完成不同的功能。

小　结

1. 预处理功能是 C 语言特有的功能，它是在对源程序正式编译前由预处理程序完成的。程序员在程序中用预处理命令来调用这些功能。

2. 宏定义是用一个标识符来表示一个字符串，这个字符串可以是常量、变量或表达式。在宏调用中将用该字符串代换宏名。

3. 宏定义可以带有参数，宏调用时是以实参代换形参，而不是"值传递"。

4. 为了避免宏替换时发生错误，宏定义中的字符串应加括号，字符串中出现的形式参数两边也应加括号。

5. 文件包含是预处理的一个重要功能，它可用来把多个源文件连接成一个源文件进行编译，结果将生成一个目标文件。

6. 条件编译允许只编译源程序中满足条件的程序段，使生成的目标程序较短，从而减少了内存的开销并提高了程序的效率。

7. 使用预处理功能便于程序的修改、阅读、移植和调试，也便于实现模块化程序设计。

习 题

一、选择题

1. 下列关于宏的叙述中正确的是（　　）。

　　A. 所有编译预处理命令都以"#"符号开头，一个宏定义可占用多个书写行

　　B. 预处理部分通常放在源程序的前面，不可出现在程序的其他位置

　　C. 预处理程序可以检查出宏定义的错误

　　D. 宏定义不是说明或语句，在行末不必加分号

2. 下列叙述中不正确的是（　　）。

　　A. 替换文本不能替换双引号中与宏名相同的字符串

　　B. 替换文本并不替换用户标识符中成分

　　C. 宏定义和 typedef 都是在编译时处理的

　　D. 同一个宏名不能重复定义，除非两个宏命令行完全一致

3. 下列叙述中不正确的是（　　）。

　　A. 在宏定义中的形参是标识符，而宏调用中的实参可以是表达式

　　B. 在有参的宏替换中，对参数类型是有要求的

　　C. 在函数调用中，对参数的类型没有要求

　　D. 带参宏定义中，宏名和形参表的左括号之间不能有空格出现

4. 以下程序

```
#define  f(x)  x*x
void main()
{ int i;
 i=f(4+4)/f(2+2);
 printf("%d\n",i);
}
```

执行后输出结果是（　　）。

　　A. 28　　　　　　　　B. 22　　　　　　　　C. 16　　　　　　　　D. 4

5. 以下程序

```
#define  f(x)  (x*x)
void main()
```

```
{ int i₁,i₂;
    i₁=f(8)/f(4);   i₂=f(4+4)/f(2+2);
    printf("%d,%d\n", i₁, i₂);
}
```

运行后的输出结果是（　　）。

　　A. 64,28　　　　　　B. 4,4　　　　　　C. 4,3　　　　　　D. 64,64

6. 程序中头文件 type1.h 的内容如下：

```
#define   N  5
#define   M1  N*3
```

程序如下：

```
#include  "type1.h"
#define   M2  N*2
void main()
{ int i;
    i=M1+M2;
    printf("%d\n",i);
}
```

程序段编译后运行的输出结果是（　　）。

　　A. 10　　　　　　　B. 20　　　　　　　C. 25　　　　　　　D. 30

7. 以下程序段运行后，输出结果是（　　）。

```
#include<studio.h>
#define   PT  5.5
#define   S(x)   PT*x*x
void main()
{    int  a=1,b=2;
     printf("%4.1f\n",S(a+b));
}
```

　　A. 9.5　　　　　　　B. 39.5　　　　　　C. 22.0　　　　　　D. 45.0

8. 设有以下宏定义：

```
#define   N   3
#define   Y(n)   ((N+1)*n)
```

则执行语句：z=2*(N+Y(5+1));后，z 的值为（　　）。

　　A. 出错　　　　　　B. 42　　　　　　　C. 48　　　　　　　D. 54

9. 在宏定义#define PI 3.14159 中，用宏名 PI 代替一个（　　）。

　　A. 单精度数　　　B. 双精度数　　　C. 常量　　　　　D. 字符串

10. 下列叙述中正确的是（　　）。

　　A. 被包含的文件名用尖括号括起来，系统先在源程序所在的目录内查找指定的包含
　　　文件

　　B. 如果文件名用双引号括起来，系统将直接按照系统指定的标准方式到有关目录中
　　　去查找

　　C. 头文件名可以由用户指定，其后缀不一定用 ".h"

　　D. 在包含文件中不可以包含其他文件

二、填空题

1. 以下程序段运行后的输出结果是_____。

```
#define  S(x)  4*x*x+1
void main()
{
```

```
    int i=6,j=8;
    printf("%d\n",S(i+j));
}
```

2. 以下程序段中，for 循环体执行的次数_____。

```
#define  N  2
#define  M  N+1
#define  K  M+1*M/2
void main()
{   int i;
    for(i=1;i<k;i++)
    {…}
    …
}
```

3. 以下程序段的输出结果是_____。

```
#define  MCRA(m)  2*m
#define  MCRB(n,m)  2*MCRA(n)+m
void main()
{  int i=2,j=3;
   printf("%d\n",MCRB(j,MCRA(i)));
}
```

4. 设有如下宏定义

```
#define  MYSWAP(z,x,y)  (z=x;x=y;y=z;)
```

以下程序段通过宏调用实现变量 a,b 内容交换，请填空。

```
float a=5,b=16,c;
MYSWAP(____,a,b);
```

5. 以下程序段的输出结果是_____。

```
#define  MAX(x,y)  (x)>(y)?(x): ( y)
void main()
{  int  a=5,b=2,c=3,d=3,t;
   t=MAX(a+b,c+d)*10;
   printf("%d\n",t);
}
```

6. 下面程序段的输出是_____。

```
#define  PR(ar)  printf("%d",ar)
void main()
{   int  j, a[]={1,3,5,7,9,11,13,15},*p=a+5;
    for(j=3;j;j--)
    { switch(j)
        {case 1:
         case 2:PR(*p++);break;
         case 3:PR(*(--p));
        }
    }
}
```

7. 终止宏定义的命令是_____。

第**9**章
位运算

教学目标

◆ 掌握位运算和移位运算的实现和运算规则；

◆ 掌握位段结构的定义；

◆ 理解位运算及移位运算的应用；

◆ 了解位结构的使用。

9.1 位运算与位运算符

C 语言中有 3 种位运算：**位逻辑运算、位移位运算和位复合赋值运算。**

位运算的对象只能是整型或字符型数据，运算的结果为整型。

前面介绍的各种运算都是以字节作为基本单位进行的，但在有些程序中常要求在位（bit）一级进行运算或处理。C 语言提供了位运算的功能，这使得 C 语言也能像汇编语言一样用来编写系统程序。

位运算是一种直接对二进制位进行操作的运算。利用位运算可以实现对系统底层的操作，如对硬件编程或系统调用等。表 9-1 所示为 C 语言提供的 6 种基本位运算符及其功能。

表 9-1   位运算符及功能

运 算 符	含 义	优 先 级	分 类
~	按位求反	1（高）	位逻辑运算
<<	左移	2	位移位运算
>>	右移		
&	按位与	3	位逻辑运算
^	按位异或	4	
|	按位或	5（低）	

以上位运算符中，只有求"反"（～）为单目运算符，其余均为双目运算符。

9.1.1 位逻辑运算

位逻辑运算有 4 种：按位与"&"，按位或"|"，按位异或"^"，按位求反"~"。

1. 按位与运算"&"

按位与运算的运算规则是：将参与运算的两个操作数（整型数或字符型数）按对应的二进制

133

位分别进行"与"运算，当对应的二进制位为 1 时，结果位为 1，否则为 0。例如：

整数 8&5, 8&(-5)：[-5:11111010+1=11111011]

	8:00001000			8:00001000
&	5:00000101		&	−5:11111011
（结果）	0:00000000		（结果）	0:00001000

【注意】 运算的数以补码（负数的补码为取反加 1）方式参与运算。

按位与运算有以下两方面的用途。

（1）用来对某些位清零。例如，若将 11010010 的高 3 位清零，只需将其高 3 位与零相与，其他几位与 1 相与即可，即将 11010010 与 00011111 进行按位与运算：

	11010010
&	00011111
（结果）	00010010

（2）用来提取某些位。例如，若提取 11010011 中的最高位，其余位清零，可将需要提取的位与 1 进行按位与运算：

	11010011
&	10000000
（结果）	10000000

2. 按位或运算 "|"

按位或运算符是双目运算符，其运算规则是：将参与运算的两个操作数按对应的二进制位分别进行"或"运算，当对应的两个二进制位有一个为 1 时，结果位就为 1，否则为 0。例如：

整数 8|5：

	8: 00001000
	5: 00000101
（结果） 13:	00001101

按位或运算可以对某些位进行置 1 操作。例如，将 10010011 的低 4 位置 1，可以将其与 00001111 进行按位或运算：

	10010011
	00001111
（结果）	10011111

3. 按位异或运算 "^"

按位异或运算符是双目运算符，其运算规则是：参与运算的两个操作数中对应的二进制位若相同，结果为 0，否则为 1。例如：

整数 12^5：

	12: 00001100
^	5: 00000101
（结果） 9:	00001001

按位异或运算有以下几方面的特殊用途。

（1）交换两变量的值，在前面章节中交换两个变量的值时需要借助一个临时变量作为中间变量，而用按位异或运算则可以不用中间变量。例如，x=3,y=6，可用如下操作实现 x=6,y=3：

y=x^y=011^110=101   x=x^y=011^101=110   y=x^y=110^101=011

（2）一个数与 0 相异或，则可保持原值。原数中的"0"与"0"异或得"0"，而"1"与"0"异或则得"1"，所以结果还是原数。例如：

整数 5^0：　　　　　　　　　　　　5:00000101

　　　　　　　　　^　　0:00000000

（结果）　5:00000101

（3）可以将特定位翻转，将要翻转的位与"1"异或，其他位与"0"异或。例如，将 11101010 的低 4 位进行翻转，可操作如下：

　　　　　　　　　　　　　　11101010

　　　　　^　　00001111

（结果）　　11100101

4. 按位求反运算"~"

求反运算符的运算规则是：将操作数的每一位取反，即"0"变"1"，"1"变"0"。它是单目运算符，具有右结合性。

~5：　　　　　　　　　　　　　　5:00000101

　　　　　　　　　~

（结果）　250:11111010

9.1.2　移位运算

移位运算有两种：左移位运算"<<"和右移位运算">>"。

1. 左移位运算

左移位运算符"<<"是双目运算符，其运算规则为：把"<<"左边的运算数的各二进位全部左移若干位，由"<<"右边的数指定移动的位数，高位丢弃，低位补 0。

【例 9.1】　左移运算的应用。

```
#include <stdio.h>
void main()
{   int a,b,c,m=10,n=-10,d,e; //m=10, 二进制形式为：00001010
    a=m<<1; //a=20, 二进制形式为：00010100
    b=m<<2; //b=30, 二进制形式为：00101000 (m<<2)
    c=m&a; //m=00001010 与 a=00010100
    d=n&a;  //n=-10, 二进制形式为(补码!）：11110101+1=11110110
    e=m+n;
    printf("m=%d,a=%d,b=%d,c=%d,d=%d,e=%d \n",m,a,b,c,d,e);
}
```

程序运行的结果为：`m=10,a=20,b=40,c=0,d=20,e=0`

2. 右移位运算

右移运算符">>"是双目运算符，其运算规则为：把">>"左边的运算数的各二进位全部右移若干位，">>"右边的数指定移动的位数。左端的填补分两种情况：

（1）对于无符号的数进行了右移时，左端空出的位一律补 0；

（2）对于用补码表示的有符号数进行右移时，又分逻辑右移和算数右移。如果是逻辑右移，则不管是正数还是负数，左端一律补 0。如果是算数右移，则正数右移，左端空位全部补 0；负数右移，左端空位全部补 1。

【例 9.2】　右移运算的应用。

```
#include <stdio.h>
void main()
{   int a,b,m=-80; //m=-80, 二进制形式为(补码): 10101111+1=10110000
    a=m>>1;// a=-40, 二进制形式为: 11011000 (m>>1)
    b=m>>2;// b=-20, 二进制形式为: 11101100 (m>>2)
    printf("m=%d,a=%d,b=%d",m,a,b);
}
```

程序运行的结果为：`m=-80,a=-40,b=-20`

从以上结果可以看出：移位运算常用来使一个数乘以或除以 2^n。如果一个数左移一位，相当于原数乘以 2，左移 n 位相当于乘以 2^n；如果一个数右移一位，相当于原数除以 2，右移 n 位相当于除以 2^n。

9.1.3 位复合赋值运算

各双目运算符与赋值运算符结合可以组成位复合赋值运算符，其表示形式及含义如表 9-2 所示。

表 9-2   位复合赋值运算形式及含义

位复合赋值运算符	表达式	等价的表达式	说　　明
<<=	a<<=2	a = a << 2	a 左移 2 位，再赋值给 a
>>=	b>>=n	b = b >> n	b 右移 n 位，再赋值给 b
&=	a&=b	a = a & b	a 与 b 按位与，再赋值给 a
^=	a^=b	a = a ^ b	a 与 b 按位异或，再赋值给 a
|=	a|=b	a = a | b	A 与 b 按位或，再赋值给 a

9.2 位域（位段）

有些信息在存储时，并不需要占用一个完整的字节，而只需占几个或一个二进制位。例如，在存放一个开关量时，只有 0 和 1 两种状态，用一位二进位即可。为了节省存储空间，并使处理简便，C 语言又提供了一种数据结构，称为"位域"或"位段"。

所谓"位域"是把一个字节中的二进制位划分为几个不同的区域，并说明每个区域的位数。每个域有一个域名，允许在程序中按域名进行操作。这样就可以把几个不同的对象用一个字节的二进制位域来表示。

9.2.1 位域的定义和位域变量的说明

位域定义与结构定义相仿，其形式为

struct 位域结构名

　　{ 位域列表 };

其中，位域列表的形式为

类型说明符 位域名: 位域长度;

其中，各位段的数据类型必须是 int、signed 或 unsigned；每个位段名后紧跟一个冒号，冒号后面是该位段的位数。

例如：

```
struct bs
```

```
{  int x:2;
    int y:8;
    int z:6;
}data;
```

位域变量的说明与结构变量说明的方式相同。可采用先定义后说明,同时定义说明或者直接说明这3种方式。上例中,data 为 bs 变量,共占两个字节。其中位域 x 占 2 位,位域 y 占 8 位,位域 z 占 6 位。

9.2.2　位域的使用

位域的使用和结构成员的使用相同,其一般形式为

位域变量名. 位域名

位域允许用各种格式输出。

【例 9.3】 位域使用的各种格式输出举例。

```
#include <stdio.h>
void main()
{    struct bs              //定义位域结构 bs
    {  unsigned a:1;        //3 个位域为 a,b,c
       unsigned b:3;
       unsigned c:4;
    } bit,*pbit;            // bs 类型的变量 bit 和指向 bs 类型的指针变量 pbit
    bit.a=1;
    bit.b=7;
    bit.c=15;               //以上 3 句为分别给 3 个位域赋值(应注意赋值不能超过该位域的允许范围)
    printf("%d,%d,%d\t",bit.a,bit.b,bit.c);
    pbit=&bit;              //把位域变量 bit 的地址送给指针变量 pbit
    printf("%d,%d,%d\n",pbit->a,pbit->b,pbit->c); //用指针方式输出了这 3 个域的值
}
```

以上程序运行结果为: `1,7,15　1,7,15`

═══════ **小　　结** ═══════

1. 位运算是 C 语言的一种特殊运算功能,它是以二进制位为单位进行运算的。位运算符只有逻辑运算和移位运算两类。位运算符可以与赋值符一起组成复合赋值符,如&=,|=,^=,>>=,<<=等。

2. 利用位运算可以完成汇编语言的某些功能,如置位、位清零、移位等,还可进行数据的压缩存储和并行运算。

3. 位域在本质上也是结构类型,不过它的成员按二进制位分配内存。其定义、说明及使用的方式都与结构相同。

4. 位域提供了一种手段,使得可在高级语言中实现数据的压缩,节省了存储空间,同时也提高了程序的效率。

═══════ **习　　题** ═══════

一、选择题

1. 以下程序的功能是进行位运算,程序段运行后的输出结果是(　　　)。

```
void main()
{ unsigned char a,b;
  a=7^3;
  b=~4&3;
  printf("%d ,%d\n",a,b);
}
```

    A. 4, 3   B. 7, 3   C. 7, 0   D. 4, 0

2. 有以下程序，程序段运行后的输出结果是（　　　）。

```
void main()
{ int c=35;
  printf("%d\n",c&c);
}
```

    A. 0   B. 70   C. 35   D. 1

3. 设有定义语句：char c1=92,c2=92;，则以下表达式中值为零的是（　　　）。

    A. c1^c2   B. c1&c2   C. ~c1   D. c1|c2

4. 有以下程序段，执行后输出结果是（　　　）。

```
void main()
{unsigned char a,b;
 a=4|3;
 b=4&3;
 printf("%d,%d\n",a,b);
}
```

    A. 7, 0   B. 0, 7   C. 1, 1   D. 43, 0

5. 有以下程序段，程序段运行后的输出结果是（　　　）。

```
void main()
{int x=3,y=2,z=1;
 printf("%d\n",x/y&~z);
}
```

    A. 3   B. 2   C. 1   D. 0

6. 设 char 型变量 x 中的值为 10100111，则表达式（2+x）^（~3）的值是（　　　）。

    A. 10101001   B. 10101000   C. 11111101   D. 01010101

7. 有以下程序段，程序段执行后的输出结果是（　　　）。

```
void main()
{unsigned char a,b,c;
 a=0x3;
 b=a|0x8;
 c=b<<1;
 printf("%d,%d\n",b,c);
}
```

    A. −11, 12   B. −6, −13   C. 12, 24   D. 11, 22

8. 有以下程序，输出结果是（　　　）。

```
void main()
{char x=040;
 printf("%o\n",x<<1);
}
```

    A. 100   B. 80   C. 64   D. 32

9. 整型变量 x 和 y 的值相等，且为非 0 值，则以下选项中，结果为零的表达式是（　　　）。

    A. x||y   B. x|y   C. x&y   D. x^y

10. 有以下程序段的输出结果是（　　　　）。

```
void main()
{int x=0.5;char z='a';
 printf("%d\n",(x&1)&&(z<'z'));
}
```

  A. 0   B. 1   C. 2   D. 3

11. 设 int b=2;，表达式（b>>2）/（b>>1）的值是（　　　　）。

  A. 0   B. 2   C. 4   D. 8

12. 设有如下定义：int x=1,y=-1;，则语句：printf("%d\n",(x--&++y));的输出结果是（　　　　）。

  A. 1   B. 0   C. −1   D. 2

13. 语句：printf("%d\n",12&012);的输出结果是（　　　　）。

  A. 12   B. 8   C. 6   D. 012

14. 下面程序段的输出是（　　　　）。

```
void main()
{char x=040;
 printf("%d\n",x=x<<1);
}
```

  A. 100   B. 160   C. 120   D. 64

15. 执行下面的程序段后，b 的值为（　　　　）。

```
int x=35;
char z='A';
int b;
b=((x&15)&&(z<'a'));
```

  A. 0   B. 1   C. 2   D. 3

16. 设有以下程序，则 c 的二进制值是（　　　　）。

```
char a=3,b=6,c;
c=a^b<<2;
```

  A. 00011011   B. 00010100   C. 00011100   D. 00011000

二、填空题

设二进制数 a 是 00101101，若想通过异或运算 a^b 使 a 的高 4 位取反，低 4 位不变，则二进制数 b 应是（　　　　）。

教学目标

◆ 掌握使用常用文件操作函数对文件进行操作；

◆ 理解较简单文件操作程序设计；

◆ 熟悉其他文件操作函数的使用；

◆ 了解较复杂文件操作程序设计。

10.1 C 文件概述

所谓"文件"是指一组相关数据的有序集合。每个文件都有一个文件名，它通常是驻留在外部介质（如磁盘等）上的，在使用时才调入内存中来。

从程序设计的角度看，文件可分为源程序文件、目标文件、可执行文件、库文件（头文件）、数据文件等。本章主要讨论数据文件，及怎样将程序的处理数据保存成文件，和怎样将文件的数据从文件中取出供程序使用。

从文件编码的方式来看，数据文件可分为 ASCII 码文件和二进制码文件两种。

（1）ASCII 文件（或文本文件）：这种文件在磁盘中存放时每个字符对应一个字节，用于存放对应的 ASCII 码。

例如，十进制数 6510 的存储形式为：（占用 4 个字节）

ASCII 码：00110110　00110101　00110001　00110000

　　　　　　　↓　　　　↓　　　　↓　　　　↓

十进制码：　6　　　　5　　　　1　　　　0

（2）二进制文件：按二进制的编码方式来存放文件，即以数据在内存中的存储形式原样输出到磁盘上去。

例如，　十进制数 6510 的存储形式为：（只占二个字节）。

00011001　01101110

可见，在 C 语言中，文件被看做一个"流"，或是字节流，或是比特流。二进制文件与 ASCII 文件相比，占用较少存储空间，且输入、输出速度快。二进制文件常常用于存储中间结果（不易阅读），ASCII 文件常常用于存储最终结果，以方便人们阅读。

（3）C 语言中 ASCII 文件和二进制文件的区别如下。

① 在 Windows 系统里如果以"文本"方式打开一个文件，那么在读字符的时候，系统会把

所有的 "\r\n" 序列转成 "\n"，在写入时把 "\n" 转成 "\r\n"。

而以 "二进制" 方式打开文件时，读写则不做这样的转换。

② 在 UNIX/Linux 系统里以 "文本" 方式和 "二进制" 方式打开文件就没有这样的区别，即读写时都不做这样的转换。

10.2　文件类型指针

在 C 语言中用一个指针变量指向一个文件，这个指针称为文件指针。通过文件指针就可对它所指的文件进行各种操作。

定义说明文件指针的一般形式为

FILE *指针变量标识符;

FILE 上是由系统定义的一个结构（含有文件名、文件状态和文件当前位置等信息）。

例如：

```
FILE *fp;
```

表示 fp 是指向 FILE 结构的指针变量，通过 fp 可实施对文件的操作。习惯上也把 fp 称为指向一个文件的指针。

10.3　文件的打开与关闭

文件在进行读写操作之前要先打开，使用完毕要关闭。所谓打开文件，实际上是使文件指针指向该文件，以便进行其他操作。关闭文件则断开指针与文件之间的联系，也就禁止再对该文件进行操作。下面将介绍主要的文件操作库函数。

1. 文件的打开

fopen 函数用来打开一个文件，调用方式为

fopen(文件名,使用文件方式);

例如：

```
FILE *fp;
fp=fopen("c:\\file","r");
```

其意义是打开 C 驱动器磁盘的根目录下的文件 file，对该文件只允许进行 "读" 操作。两个反斜线 "\\" 中的第一个表示转义字符，第二个表示根目录。

文件的使用方式共有 12 种，如表 10-1 所示。

表 10-1　　　　　　　　　　　　　　文件使用方式

文件使用方式	文件使用方式符号	
	对 ASCII 文件	对二进制文件
读打开（只能读已存在文件，不能写）r(read)	r	rb
写生成（可建立一个新文件写入数据。若文件已存在，将覆盖已有数据）w(write)，b(banary)	w	wb
追加（向已有文件末尾写入数据或建立新文件）a(append)	a	ab

文件使用方式	文件使用方式符号	
	对 ASCII 文件	对二进制文件
读/写打开（读或写已存在的文件）	r+	rb+
读/写生成（读或写新文件）	w+	wb+
读/写追加（可读取或添加数据，或建立新文件）	a+	ab+

对于文件使用方式有以下几点说明。

第一，文件的使用只有 3 种情况：读、写生成和写追加。如果是读文件，则需要先确定此文件已存在，打开文件时系统将文件位置指针设定于文件开头；如果是写生成文件，系统将创建新文件，并将文件位置指针设定于文件开头。此时，若有同名文件存在，同名文件将被覆盖，系统将文件位置指针设定于文件开头；如果是写追加文件，并有同名文件存在，系统将文件位置指针设定于此文件末尾。此时，若无同名文件存在，系统将创建文件，将文件位置指针设定于此文件开头。

第二，以上介绍的文件使用方式是 ANSI C 的规定，实际使用时应注意具体编译系统的规定。

第三，fopen()如果执行成功，则返回一个 FILE 类型的指针值；如果执行失败（如文件不存在、设备故障、磁盘满等原因），则返回一个空指针值 NULL。打开文件的方法：

```
if((fp=fopen("c:\\file","rb")==NULL)
    {        printf("\nerror on open c:\\file file!");
        exit(1);                          \\ 退出程序,注: 程序必须包含头文件 stdlib.h
    }
```

这段程序的意义是，如果返回的指针为空，表示不能打开相应文件，并给出提示信息。

2. 文件的关闭

文件一旦使用完毕，应把文件关闭，以避免文件的数据丢失、误用文件数据等错误。

fclose 函数用于关闭文件，调用的一般形式为

fclose(文件指针);

例如：

```
fclose(fp);
```

若正常关闭文件，fclose 函数返回值为 0，如返回非零值则表示有错误发生。

10.4　文件的顺序读/写

C 语言中的文件操作都是通过库函数来实现的，文件被打开后，每进行一次文件读/写操作，文件位置指针都将自动向后移动一个位置，移动的距离可以是字符、字符串、给定的距离或一个记录（结构体），这被称为文件的顺序读/写。使用它们时都要求包含头文件 stdio.h。

1. 文件的字符读/写

（1）fputc 函数。

该函数的功能是把一个字符写入指定的文件中，函数调用的形式为

fputc(字符，文件指针);

例如：fputc('a',fp);

其意义是把字符 a 写入 fp 所指向的文件中。

说明：

第一，每写入一个字符，文件位置指针向后移动一个字节。

第二，该函数若执行成功，则返回写入的字符，否则返回
EOF（即−1）。

【例 10.1】 从键盘输入一行字符，写入一个文件。N-S 图
如图 10-1 所示。

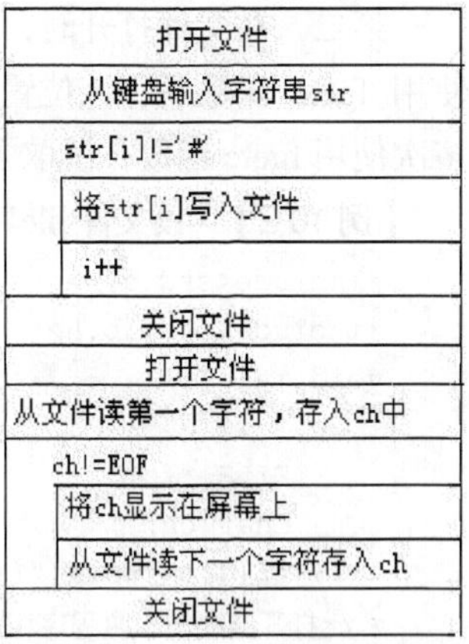

打开文件
从键盘输入字符串str
str[i]!='#'
将str[i]写入文件
i++
关闭文件
打开文件
从文件读第一个字符，存入ch中
ch!=EOF
将ch显示在屏幕上
从文件读下一个字符存入ch
关闭文件

图 10-1 例 10.1 的 N-S 图

```c
#include<stdio.h>
#include<stdlib.h>
void main()
{
    FILE *fp;
    char ch;
    if((fp=fopen("file1 ","w"))==NULL) { /*打开文件名为 file1 的文件，此文件所在地与本源程
序相同（采用相对路径！），并进行写操作*/
            printf("Cannot open file, press any key exit!");
            exit(1);
    }
    printf("input a string:\n");
    ch=getchar();
    while (ch!='\n') { /*将字符串各字符写入文件*/
        fputc(ch,fp);
        ch=getchar();
    }
    fclose(fp); /*关闭文件*/
}
```

运行结果如下：

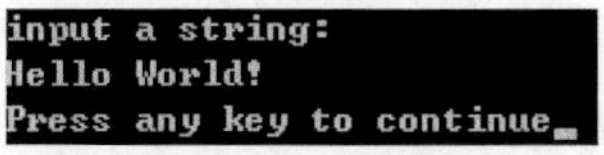

```
input a string:
Hello World!
Press any key to continue_
```

当输入 Hello World! ↙时，这些字符将被逐个输出到文件 file1 中。在 Windows 下，可用文
本方式打开 file1（file1 的位置在当前目录下）查看其内容：

```
file1 - 记事本
文件(F) 编辑(E) 格式(O) 查看(V) 帮助(H)
Hello World!
```

（2）fgetc 函数。

该函数的功能是从指定的文件中读一个字符，函数调用的形式为

字符变量=fgetc(文件指针);

例如：

```c
ch=fgetc(fp);
```

其功能是从指针变量 fp 所指文件中读取一个字符并送入 ch 中。

对于 fgetc 函数的使用有以下几点说明。

第一，读取字符的结果也可以不向字符变量赋值。

例如：

fgetc(fp);,但是读出的字符不能保存。

第二，在文件打开时，文件位置指针指向文件的第一个字节。使用 fgetc 函数后，该位置指针将向后移动一个字节，因此可连续多次使用 fgetc 函数，读取多个字符。

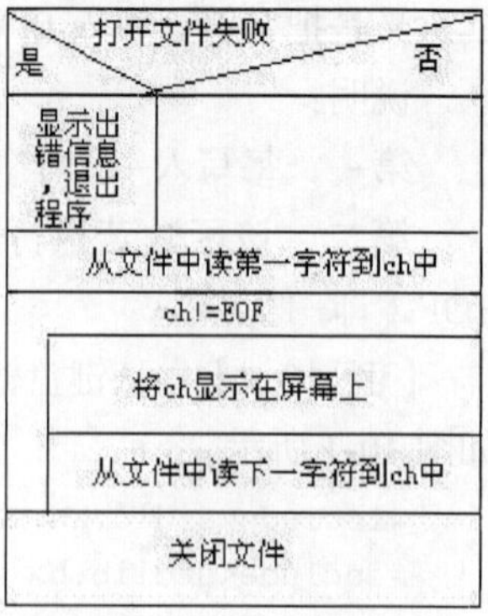

【例 10.2】 读文件 file1，在屏幕上输出。N-S 图如图 10-2 所示。

```
#include<stdio.h>
#include<stdlib.h>
void main()
{
    FILE *fp;
    char ch;
    if((fp=fopen("file1 ","r"))==NULL)
{ /*打开路径与本源程序相同（采用相对路径），文件名为 file1 的文件（此
文件已经存在），并进行读操作*/
    printf("\nCannot open file, press any key exit!");
    exit(1);
}
    ch=fgetc(fp);
    while(ch!=EOF) { /*读文件中的各字符，将其显示在屏幕上，直到文件末尾*/
        putchar(ch);
        ch=fgetc(fp);
    }
    fclose(fp); /*关闭文件*/
printf("\n");
}
```

图 10-2 例 10.2 的 N-S 图

运行结果如下：

```
Hello World!
Press any key to continue_
```

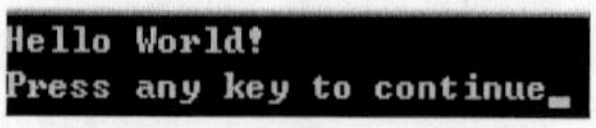

2. 文件的字符串读/写

（1）fputs 函数。

该函数的功能是向指定的文件写入一个字符串，其调用形式为

fputs(字符串,文件指针);

说明：

第一，字符串可以是字符串常量，也可以是字符数组名，或字符指针变量。写入字符串时，字符串结束符'\0'不写入。

第二，函数执行成功，则返回非负值；若失败，则返回 EOF。

例如：

```
fputs("abcd",fp);
```

其意义是把字符串"abcd"写入 fp 所指的文件之中。

（2）fgets 函数。

该函数的功能是从指定的文件中读一个字符串，函数调用的形式为

fgets(字符数组名,n,文件指针);

说明：

第一，"字符数组名"也可以是字符指针变量，它用于存放读入的字符串。

第二，函数从文件指针所指向的文件中读 $n-1$ 个字符。如果文件内容小于 $n-1$ 个字符，则按实际读出。

例如：

```
fgets(str,n,fp);
```

的意义是从 fp 所指的文件中读出 $n-1$ 个字符送入字符数组 str 中。

【例 10.3】　从 file1 文件中读入一个含 5 个字符的字符串，再将字符串写入 file2 中。N-S 图如图 10-3 所示。

```
#include<stdio.h>
#include<stdlib.h>
void main()
{ FILE *fp;
 char str[6];
 if((fp=fopen("file1 ","r"))==NULL) {
     printf("\nCannot open file,press any key exit!");
     exit(1);
     }
fgets(str,6,fp); /*从 file1 中读 5 个字符，存放于 str 中*/
fclose(fp);
printf("%s",str); /*将字符串显示在屏幕上*/
if((fp=fopen("file2 ","w"))==NULL)
    {printf("\nCannot open file,press any key exit!");
     exit(1);
     }
fputs(str,fp); /*将字符串写入 file2*/
fclose(fp);
printf("\n");
}
```

图 10-3　例 10.3 的 N-S 图

运行结果为：

可查看 file1 内容：

可查看 file2 内容：

3. 文件的数据块读/写

可以对文件读/写一组数据。

读数据块函数调用的一般形式为

fread(buffer,size,count,fp);

功能：从 fp 所指的文件中，每次读 size 个字节，连续读 count 次，放入以 buffer 为首地址的缓存中。

写数据块函数调用的一般形式为

fwrite(buffer,size,count,fp);

功能：将 buffer 中的 count 块 size 数据写入 fp 中。

说明：buffer 是一个指针，在 fread 函数中，它表示存入数据的首地址；在 fwrite 函数中，它表示输出数据的首地址。size 表示数据块的字节数，count 表示要读写的数据块的块数，fp 表示文件指针。

例如，fread(array,4,10,fp) 表示从 fp 所指的文件中，每次读 4 个字节（一个实数）送入实数数组 array 中，连续读取 10 次，即读 10 个实数到数组 array 中。

【例 10.4】 将两个学生数据写入一个文件中，再读出这两个学生的数据显示在屏幕上。N-S 图如图 10-4 所示。

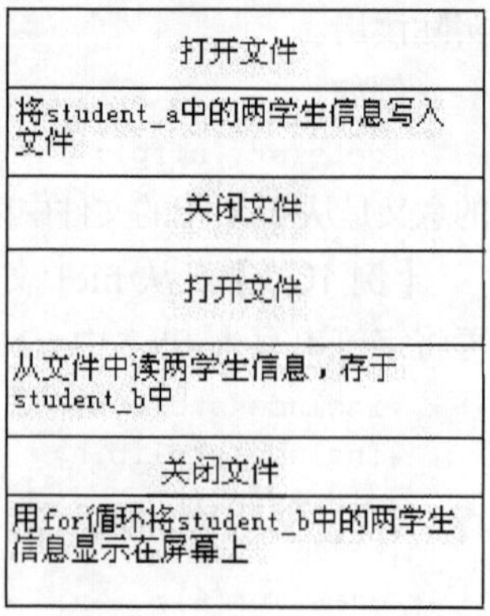

```
#include<stdio.h>
#include<stdlib.h>
struct stu
{    int num;
     char name[30];
     float score;
}    student_a[2]= {{1001,"zhang san",80.0},{1002,"li shi",85.0}},student_b[2];
void main()
{    int i;
     FILE *fp;
     if((fp=fopen("stu_list ","wb"))==NULL) {
         printf("Cannot open file,press any key exit!");
         exit(1);
     }
     fwrite(student_a,sizeof(struct stu),2,fp); /*将两学生数据写入文件*/
     fclose(fp);
     if((fp=fopen("stu_list ","rb"))==NULL) {
         printf("Cannot open file,press any key exit!");
         exit(1);
     }
     fread(student_b,sizeof(struct stu),2,fp); /*将两学生数据从文件中读到 student_b 中*/
     fclose(fp);
     for(i=0; i<2; i++)  /*将 student_b 中的数据显示在屏幕上*/
         printf("%d %s %f\n", student_b[i].num, student_b[i].name, student_b[i].score);
}
```

图 10-4 例 10.4 的 N-S 图

运行结果如下：

```
1001 zhang san 80.000000
1002 li shi 85.000000
Press any key to continue_
```

程序中的 student_b 用于保存从文件中读出的数据，以和 student_a 中的数据相区别。程序中分别对文件进行了写和读的操作，写操作完成后关闭了文件，在读操作时又打开了文件，这样做是为了让读操作从文件的开头开始。文件 stu_list 是二进制文件，不可用记事本打开。

4. 文件的格式化读/写（fscanf 函数/写入或输出 fprintf 函数）

调用格式为

fscanf(文件指针,格式字符串,输入表列); \\文件指针所指的磁盘数据读入内存中

fprintf(文件指针,格式字符串,输出表列); \\内存中的数据写入磁盘文件中

例如：

```
fprintf(fp,"%d,%c",i,ch);
fscanf(fp,"%d,%c",&i,&ch);
```

【例 10.5】 将某学生数据写入文件，再读出该数据显示在屏幕上。N-S 图如图 10-5 所示。

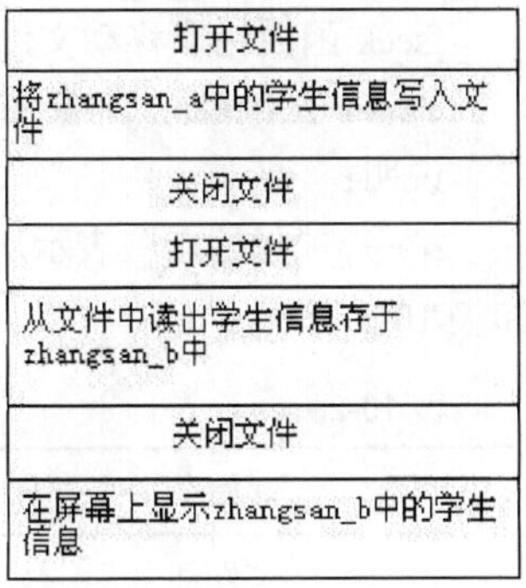

```c
# include<stdio.h>
#include<stdlib.h>
struct stu {
    int num;
    char name[30];
    float score;
    }    zhangsan_a= {1001,"zhang_san",80.0}, zhangsan_b;
void main()
{    FILE *fp;
    if((fp=fopen("zhangsan","w"))==NULL)
       { printf("Cannot open file,press any key exit!");
        exit(1);
        }
    fprintf(fp,"%d %s %f",zhangsan_a.num,zhangsan_a.name,zhangsan_a.score);
                             /*将学生数据写入文件 zhangsan 中 */
    fclose(fp);
    if((fp=fopen("zhangsan","rb"))==NULL)
        {
         printf("Cannot open file,press any key exit!");
         exit(1);
         }
    fscanf(fp,"%d %s %f",&zhangsan_b.num, zhangsan_b.name,&zhangsan_b.score);
                            /*从文件中读出学生数据存放于 zhangsan_a 中*/
    fclose(fp);
    printf("%d  %s  %f\n", zhangsan_b.num,zhangsan_b.name,zhangsan_b.score);
                            /*在屏幕上显示 zhangsan_b 中的学生数据*/
}
```

| 打开文件 |
| 将zhangsan_a中的学生信息写入文件 |
| 关闭文件 |
| 打开文件 |
| 从文件中读出学生信息存于 zhangsan_b中 |
| 关闭文件 |
| 在屏幕上显示zhangsan_b中的学生信息 |

图 10-5 例 10.5 的 N-S 图

运行结果为：

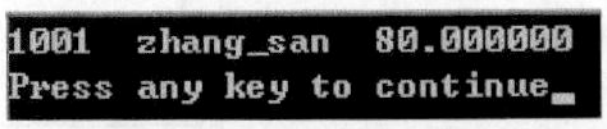

```
1001   zhang_san  80.000000
Press any key to continue_
```

文件 zhangsan 的内容为：

```
zhangsan － 记事本
文件(F) 编辑(E) 格式(O) 查看(
1001 zhang_san 80.000000
```

10.5 文件的随机读/写

前面介绍的对文件的读/写方式都是顺序读/写，即读/写完某数据后，文件位置指针自动往下跳一个位置，接下来只能对此位置的数据进行读/写。也可以根据需要改变文件的位置指针，从而读/写文件中的任意位置的数据，这种方式称为随机读/写。

要实现文件随机读/写，关键是文件定位，即移动文件位置指针到所需要的位置。

1. 文件定位

（1）rewind 函数。

rewind 函数可以把文件位置指针移动到文件开头，其调用形式为

rewind(文件指针);

该函数无返回值。

（2）fseek 函数。

fseek 函数用来移动文件内部位置指针，其调用形式为

fseek(文件指针,位移量,起始点)；

说明：

第一，"起始点"表示从何处开始计算位移量，起始点有 3 种：文件首、当前位置和文件尾，如表 10-2 所示。

表 10-2

起始点	表示符号	数字表示
文件首	SEEK_SET	0
当前位置	SEEK_CUR	1
文件末尾	SEEK_END	2

第二，"位移量"表示从"起始点"开始，移动的字节数。"位移量"为正时，表示按从文件头到文件尾的方向移动；"位移量"为负时，表示按从文件尾到文件头的方向移动。当用常量表示位移量时，要求加后缀"L"。

第三，若函数执行成功，返回 0，否则返回非 0 值。

第四，fseek 函数一般用于二进制文件。在文本文件中由于要进行转换，计算的位置常易出错。例如：

```
fseek(fp,100L,0);   /*把位置指针移到离文件首 100 个字节处*/
fseek(fp,100L,1);   /*把位置指针从当前位置向文件尾方向移动 100 个字节*/
fseek(fp,-100L,2);  /*把位置指针从文件尾向文件头方向移动 100 个字节*/
```

（3）ftell 函数。

ftell 函数若执行成功，其返回值表示当前文件位置指针的位置，若执行出现错误，则返回-1。

【例 10.6】 在学生文件 stu_list 中读出第二个学生的数据。N-S 图如图 10-6 所示。

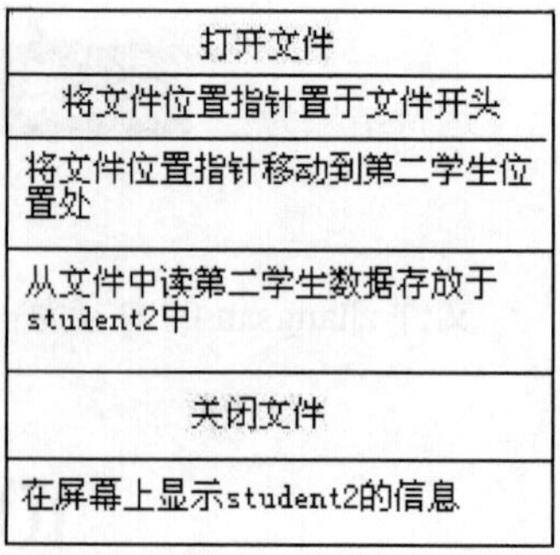

```
#include<stdio.h>
#include<stdlib.h>
struct stu {
    int num;
    char name[30];
    float score;
} student2;
void main()
{
    FILE *fp;
    if((fp=fopen("stu_list ","rb"))==NULL) {
        printf("Cannot open file,press any key exit!");
        exit(1);
    }
    rewind(fp);      /*将文件位置指针置于文件开头*/
    fseek(fp,1*sizeof(struct stu),0);   /*将文件位置指针移动到第二学生位置处*/
    fread(&student2,sizeof(struct stu),1,fp); /*从文件中读第二学生数据存放于 student2 中*/
```

打开文件
将文件位置指针置于文件开头
将文件位置指针移动到第二学生位置处
从文件中读第二学生数据存放于 student2 中
关闭文件
在屏幕上显示 student2 的信息

图 10-6 例 10.6 的 N-S 图

```
    fclose(fp);
    printf("%d  %s  %f", student2.num,student2.name,student2.score);
}
```

运行结果为：`1002  li shi  85.000000`
`Press any key to continue`

【注意】：文件 stu_list 已由例 10.4 的程序建立，本程序用随机读出的方法读出第二个学生的数据。程序中 rewind 函数的调用可省去。

10.6　文件操作检测函数

可以通过一些函数来检查在文件操作中是否发生错误。

1. 读写文件出错检测函数 ferror

ferror 函数调用格式：

ferror(文件指针)；

几点说明：

第一，使用 fread、fwrite、fputc 等函数时，可以通过返回值判断是否出错，但并不准确。例如，使用 ferror 函数可解决此问题。

第二，如 ferror 返回值为 0 表示未出错，否则表示有错。

第三，对同一个文件每进行一次操作，都会产生一个新的 ferror 函数值，因此，应在每次文件操作后检查 ferror 函数值，否则信息会丢失。

2. 文件出错标志和文件结束标志置 0 函数 clearerr

clearerr 函数调用格式：

clearerr(文件指针)；

功能：本函数用于清除出错标志和文件结束标志，使它们为 0 值。

10.7　简易通讯录（一个综合的抽象例子）

文件的知识很重要，很多可供实际使用的 C 程序都包含文件处理。以下是一个较复杂的使用文件处理的例子，例子仅给出较抽象伪代码算法及简要说明，便于读者从总体上体会文件的使用。读者可以具体实现。

```
void main() {
    定义结构体数组 adr[M];          /*数组元素为某人通讯信息*/
    int length;                     /*保存记录长度*/
    clrscr();                       /*清屏*/
    for(;;);                        /*无限循环*/
    {
        switch(menu_select())       /*menu_select 为菜单函数*/
        {
        case 0:
            length=enter(adr);
            break;                   /*在内存建立通讯录，输入多人信息*/
        case 1:
```

```
                       list(adr,length);
                       break;               /*显示内存中通讯录所有人信息*/
               case 2:
                       search(adr,length);
                       break;               /*对内存中通讯录按姓名查找信息*/
               case 3:
                       length=delete(adr,length);
                       break;               /*对内存通讯录按姓名删除信息*/
               case 4:
                       length=add(adr,length);
                       break;               /*往内存中的已建立通讯录中添加某人信息*/
               case 5:
                       save(adr,length);
                       break;               /*保存内存中通讯录至磁盘文件 record.txt*/
               case 6:
                       length=load(adr);
                       break;               /*加载磁盘文件 record.txt 上的通讯录信息至内存*/
               case 7:
                       sort(adr,length);
                       break;               /*对内存中通讯录信息按姓名排序*/
               case 8:
                       copy();
                       break;               /*将存放通讯录信息的磁盘文件 record.txt 写入另一用户指定文件*/
               case 9:
                       exit(0);             /*程序结束*/
               }
           }
       }
   menu_select()                     //菜单选择函数
   {
       printf("press any key enter menu...");
       clrscr();
       显示菜单: 0.enter record(s)
       1.list all records
       2.search record on name
       3.delete a record
       4.add a record
       5.save to the file record.txt
       6.load the file record.txt
       7.sort on name
       8.copy the file record.txt to new file
       9.quit
       接收用户的选择（0-9）作为函数返回值;
   }
   int enter(结构体数组 t)             //个人通讯信息输入函数
   {
       clrscr();
       输入 n 个人通讯信息至结构体数组 t;
       n 作为函数值返回;
   }
   void list(结构体数组 t,int n)        //个人通讯信息输出或列表函数
   {
       clrscr();
       输出结构体数组 t 中的 n 个元素，即所有人通讯信息;
```

```
}
void search(结构体数组 t, int n)        //个人通讯信息搜索函数
{
    接收某人姓名；
    根据给定姓名查找 t 中 n 个元素，若找到，则输出相应信息，否则给出提示信息；
}
int delete(结构体数组 t, int n)        //个人通讯信息删除函数
{
    接收某人姓名；
    根据给定姓名查找 t 中元素，若找到，删除该元素，否则给出提示信息；
    返回新通讯录长度 n-1；
}
int add(结构体数组 t, int n)           //个人通讯信息增加函数
{
    输入新记录信息，将其插入 t 中；
    返回新通讯录长度 n+1；
}
void save(结构体数组 t, int n)         //个人通讯信息保存函数
{
    "写" 方式打开磁盘文件 record.txt；
    通讯录长度 n 写入 record.txt；
    通讯录信息（即结构体数组 t 元素）写入 record.txt；
    关闭 record.txt；
}
int load(结构体数组 t)                 //个人通讯信息读取函数
{
    "读" 方式打开 record.txt；
    读入通讯录长度 n；
    读 n 个通讯录信息至 t；
    返回通讯录长度 n；
}
void sort(结构体数组 t, int n)         //姓名排序函数
{
    对 t 中 n 个元素按姓名排序；
}
void copy()                           //个人通讯信息复制函数
{
    接收目标文件名；
    clrscr();
    "读" 方式打开 record.txt；
    根据目标文件名，以"写"方式打开；
    读出 record.txt 中通讯录长度 n；
    将通讯录长度 n 写入目标文件；
    从 record.txt 中读出 n 个通讯录信息，将其写入目标文件中；
    关闭 record.txt 和目标文件；
}
```

对"简易通讯录"的几点说明：

（1）该系统功能模块的划分为 9 个功能模块（结构较简单），分别通过 9 个函数来实现，分别是 enter、list、search、delete、add、save、load、sort 和 copy。它们各自的功能可看看伪代码中的

main 函数。系统运行时，通过调用不同的函数，来实现不同的功能。

（2）这里没有写出各函数的详细算法，目的是让读者从总体上体会实际系统，特别是其中文件的使用。这些算法涉及以一维数组为基础的顺序表的查找、添加、删除和排序。

（3）该系统中涉及文件操作的函数仅有 save、load、copy，可以看到，文件的功能就是一个"容器"的功能，需要处理数据时，将数据从文件读到内存中，当数据处理完毕时，将其从内存写入文件中。对文件知识的掌握，就是对文件输入、输出的掌握。

小　　结

1. C 系统把文件当做一个"流"，或是字节流（对应 ASCII 文件），或是比特流（对应二进制文件）。
2. C 语言中，用文件指针"指向"文件，通过文件指针对文件进行操作。
3. 文件在读/写之前必须打开，读/写结束必须关闭。
4. 文件可按字节、字符串、数据块为单位读写，文件也可按指定的格式进行读写。
5. 文件内部的位置指针可指示当前的读写位置，移动该指针可以对文件实现随机读写。

习　　题

一、选择题

1. fp 是指向某文件的指针，若已读到文件末尾，则 feof(fp)的返回值是（　　）。

   A. 非 0 值　　　　　　B. NULL　　　　　　C. 0　　　　　　　　D. −1

2. 若要用 fopen 函数打开一个新的二进制文件，该文件既要能读，也要能写，则文件的打开方式应是（　　）。

   A. "ab+"　　　　　　B. "wb+"　　　　　　C. "rb+"　　　　　　D. "ab"

3. 某函数的调用形式为：fread(buf,size,count,fp);，其中 buf 代表（　　）。

   A. 某变量　　　　　　　　　　　　B. 某文件指针

   C. 某地址　　　　　　　　　　　　D. 操作方式

4. 使用以下的（　　）作为 fopen 函数的第一个参数，能正确打开某文件。

   A. c:\a.dat　　　　　　　　　　　B. c:a.dat

   C. c:\\\a.dat　　　　　　　　　　D. c:\\a.dat

5. 函数调用 fseek(fp,-10L,1)；的含义是（　　）。

   A. 将文件位置指针向文件尾方向移动，移动到距离文件头 10 个字节处

   B. 将文件位置指针向文件头方向移动，移动到距离文件尾 10 个字节处

   C. 将文件位置指针向文件尾方向移动，移动到距离当前位置 10 个字节处

   D. 将文件位置指针向文件头方向移动，移动到距离当前位置 10 个字节处

6. 以下叙述错误的是（　　）。

   A. C 语言中的文本文件以 ASCII 码形式存放数据

   B. 通常情况下，用二进制形式存放数据比用 ASCII 形式存放数据要节省空间

C. 通常情况下，处理 ASCII 文件要比处理二进制文件快

D. 二进制文件和 ASCII 文件都是流式文件

7. 有定义 int a[10];，且数组元素都已被赋值，以下都能将 10 个数组元素值依次写入文件，除了（　　）。

　A. fwrite(a,sizeof(int),10,fp)　　　　　B. fwrite(a,sizeof(int),1,fp)

　C. fwrite(a,10*sizeof(int),1,fp)　　　　D. for(i=0;i<10;i++) fwrite(a,sizeof(int),1,fp);

8. clearerr 函数的功能是（　　）。

　A. 使 ferror 和 feof 函数值置 0　　　　B. 使输入/输出函数的结束标志置 0

　C. 使输入/输出函数的返回值置 0　　　　D. 使程序从错误中恢复

二、填空题

1. 在 C 程序中，对文件可进行＿＿＿＿存取，也可进行＿＿＿＿存取。

2. 在 C 程序中，文件可分为＿＿＿＿文件和＿＿＿＿文件。

3. 函数调用语句 fgets(str,n,fp);的作用是从 fp 指向的文件中读入＿＿＿＿个字符放到 str 字符数组中。

4. 若要在 C 程序中定义 fp 为文件指针变量，应使用语句＿＿＿＿。

5. 若 ferror 函数返回非 0 值，则表示＿＿＿＿。

三、程序设计题

1. 从键盘输入一个字符串（字符串以#结束），将此字符串输入到文件 string 中，再从文件中读出字符串显示在屏幕上。（使用 fgetc 和 fputc 函数）

2. 编程序将 10 名学生（学号分别为 1001、1002、1003……1010）的信息通过键盘输入，顺序写入文件，并实现通过键盘输入学号，能够随机读取文件信息，进行相应学生的信息的查询功能。

第11章
常见基本算法

教学目标

◆ 掌握穷举法与归纳法，并能对穷举的范围进行优化；

◆ 理解递归法，能够编程解决一些简单的递归问题；

◆ 理解什么是排序，能够用冒泡法与选择法进行排序；

◆ 了解算法的基本概念，针对具体的问题，能够想到对应的解决办法。

11.1 算法概述

11.1.1 算法的概念

算法是一系列解决问题的清晰指令，也就是说，能够对一定规范的输入，在有限时间内获得相应的输出。算法所采取的步骤是有限的，常常含有重复的步骤和一些比较或者逻辑判断。

做任何事情都需要一定的步骤。例如，要计算 1+2+3+4+5 的值，一般的步骤是先将 1 加 2 得 3，再将 3 加 3 得 6，再将 6 加 4 得 10，最后将 10 加 5 得 15，无论是手算、心算还是用计算器算，都要经过有限的、事先设计好的步骤。

对同一个实际问题，往往有不同的解决方法，各种方法有优劣之分，选择合适的算法，更能有效地解决问题。

11.1.2 算法的基本特点

一个算法应该具有以下 5 个重要的特征。

（1）有穷性：算法必须能在执行有限个步骤之后结束，并获得结果。

（2）确切性：算法的每一步骤必须有确切的意义，无二义性。

（3）可行性（也称有效性）：算法中执行的任何计算步骤都是可以被分解为基本的可执行的操作步骤的结合。

（4）输入项：一个算法有 0 个或多个输入，以刻画运算对象的初始情况，所谓 0 个输入是指算法本身定出了初始条件。

（5）输出项：一个算法有一个或多个输出，以反映对输入数据加工后的结果。没有输出的算法是毫无意义的。

11.1.3　算法的优劣评定标准

算法的设计并不是唯一的，可能一个问题有多种解法，那么什么是最好的算法呢？在设计算法时应该考虑哪些因素呢？一般包括以下几个方面。

（1）正确性：解决一个具体的问题，正确是一个首要条件，那么何为正确呢，说一个算法正确，它至少应该不含任何逻辑错误，只要输入的数据合法，输出应满足要求的结果。

（2）可读性：算法是一个或几个程序员设计的，但是这些算法应该同时也能让其他人理解。

（3）健壮性：指当用户输入的数据非法时，算法也应该能适当地做出反应或进行处理，而不会产生莫名其妙的输出结果。

（4）时间效率和低存储量的需求：对于一个问题如果有多个不同的算法可以解决，则执行时间短的算法时间效率高。存储量需求是指算法执行过程所需要的最大存储空间。高效率和尽量低的存储量是优秀程序员所追求的目标。在实际问题的处理过程中，时间优先，而空间可以酌情考虑，因为内存一般较大。

11.1.4　算法的表示

算法可以有很多种方式进行描述，只要能够把问题解释清楚，都可以成为算法的表示方法，那么从总体上来讲，主要分为以下几种方法。

1. 自然语言

自然语言就是人们日常使用的语言。用自然语言描述的算法直观、通俗易懂，为人们所熟悉，但容易导致算法执行的不确定性。因此，自然语言描述的算法要译成在计算机上执行的程序还要做大量的工作。此外，用自然语言描述包含分支和循环的算法不是很方便。

2. 流程图

流程图一般分为传统的流程图和 N-S 流程图，这两种流程图的方法已经在本书前面章节中进行了描述。

传统流程图的优点是直观形象，使用流线。缺点是当程序很大时，流程图占的面积过大，使用的流线转移易出现交叉、混乱现象。为了改进这种流程图的缺陷，美国学者 L.Nassi 和 B.Shneiderman 提出了一种新的流程图模式，这种流程图，全部算法都在一个矩形框内，或者说是由一些基本的框组成一个大框，这种方法是由这两位科学家名字的缩写而成，称为"N-S"盒图，即 N-S 流程图。

3. 伪代码

伪代码是介于自然语言和计算机语言之间的、用文字和符号描述算法的一种语言形式，是描述算法的常用工具，用伪代码表示算法没有严格的语法规则限制，重在把意思表达清楚，它书写方便，格式紧凑，也比较好懂，便于过渡到计算机语言表示的算法（即程序）。

11.2　穷　举　法

穷举法，也称为枚举法，是指从可能的集合中举出所有的元素，用题目给定的约束条件判定哪些是无用的，哪些是有用的。能使命题成立者，即为问题的解。

采用穷举法解题的基本思路：

（1）确定穷举对象、穷举范围和判定条件；

（2）枚举可能的解，验证是否是问题的解。

下面就从穷举算法的优化、穷举对象的选择、判定条件的确定这 3 方面讲解如何用穷举法解题。

11.2.1 百钱买百鸡

【例 11.1】 有一个人有一百块钱，打算买一百只鸡。到市场一看，公鸡 5 块钱一只，母鸡 3 块钱一只，小鸡一块钱 3 只。现在，请你编一个程序，帮他算一下，怎么样的买法，才能刚好用一百块钱买到一百只鸡？

算法分析：对于这道题，可以使用穷举法，即把所有可能的情况一一测试，筛选出符合条件的各种结果进行输出。

通过分析可知：

这是个不定方程——三元一次方程组问题（3 个变量，2 个方程，如何求解？）

$$\begin{cases} x+y+z=100 & \text{/*表示鸡的总数是 100 只*/} \\ 5x+3y+z/3=100 & \text{/*表示钱的总数是 100 块*/} \end{cases}$$

（设公鸡为 x 只，母鸡为 y 只，小鸡为 z 只。）

由数学知，这里有 3 个变量，2 个方程，无法求出正确的答案，但是现在可以用穷举的方法来求解（将一个变量视为已知，枚举其所有的可能性，如 $x=0,1,2,3,\cdots,100$，快速地算出正确的解）。

对照图 11-1 所示流程图，可以写出源程序。

【方法 1】 百钱买百鸡的第一种方法。

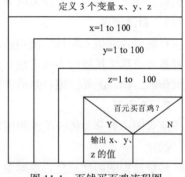

图 11-1 百钱买百鸡流程图

```c
#include <stdio.h>
void main()
{int x,y,z;
for(x=0;x<=100;x++)
  for(y=0;y<=100;y++)
    for(z=0;z<=100;z++)
  {if(x+y+z==100&& 5*x+3*y+z/3.0==100)
   printf("公鸡=%d,母鸡=%d,小鸡=%d\n",x,y,z);
   }
}
```

本程序的运行结果如下：

```
公鸡=0,母鸡=25,小鸡=75
公鸡=4,母鸡=18,小鸡=78
公鸡=8,母鸡=11,小鸡=81
公鸡=12,母鸡=4,小鸡=84
请按任意键继续. . .
```

通过上面程序可以看出，用这种方法计算经历了三重循环，此种解法比较"笨"，要进行 $101 \times 101 \times 101 = 1\,030\,301$（一百多万次）运算，但却充分地体现了"穷举"的概念。

实际上，可以考虑如下算法：

如果 100 块钱全买公鸡，最多可买 20 只，即 $0<x<20$；

如果 100 块钱全买母鸡，最多可买 33 只，即 0<*y*<33；

如果 100 块钱全买小鸡，最多可买 100 只，即 0<*z*<100，因为最多买 100 只鸡；

则流程图可改为图 11-2 所示。

用这种方法写出的程序如方法 2。

【方法 2】　百钱买百鸡的第二种方法。

```
#include <stdio.h>
void main()
{ int x,y,z;
 for(x=0;x<=20;x++)
  for(y=0;y<=33;y++)
   for(z=0;z<100;z++)
   { if(x+y+z==100 && 5*x+3*y+z/3.0==100)
    printf("公鸡=%d,母鸡=%d,小鸡=%d\n",x,y,z);
    }
}
```

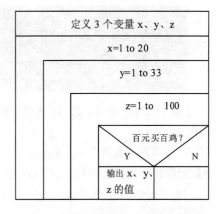

图 11-2　百钱买百鸡第二种解法流程图

程序的运算结果不变，但总的循环次数变为 21×34×101=72 114 次。与第一种算法相比，循环次数减少了很多。

再考虑，根据题意不难发现这个问题由如下两个公式组成：

$$\begin{cases} x+y+z=100 \\ 5x+3y+z/3=100 \end{cases}$$

由这两个公式我们可以得到：$z=100-x-y$，所以可以写出如图 11-3 所示流程图的算法程序。

【方法 3】　百钱买百鸡的第三种方法。

```
#include <stdio.h>
void main()
{ int x,y,z;
 for(x=0;x<=20;x++)
  for(y=0;y<=33;y++)
  { z=100-x-y;
   if(x+y+z==100 && 5*x+3*y+z/3.0==100)
   printf("公鸡=%d,母鸡=%d,小鸡=%d\n",x,y,z);
  }
}
```

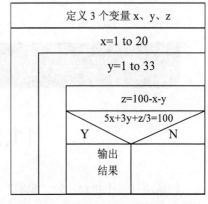

图 11-3　百钱买百鸡第三种解法流程图

在这种算法中，循环只有两重，循环次数为 21×34=714 次，比之前的两种算法更简单快速。

11.2.2　其他可以用穷举法解决的问题

【例 11.2】　求 100～200 中不能被 3 整除，也不能被 7 整除的数。

这个问题是求某一区间内符合某一要求的数，因此用一个变量即可进行"穷举"，这个变量的取值范围是 100～200，条件是既不能被 3 整除也不能被 7 整除。根据题意，源程序如下：

```
#include <stdio.h>
void main()
{ int x;
 for(x=100;x<=200;x++)
   if(x%3!=0&&x%7!=0)
     printf("x=%d  ",x);
}
```

程序的运行结果如下：

```
x=100    x=101    x=103    x=104    x=106    x=107    x=109    x=110    x=113    x=115
x=116    x=118    x=121    x=122    x=124    x=125    x=127    x=128    x=130    x=131
x=134    x=136    x=137    x=139    x=142    x=143    x=145    x=146    x=148    x=149
x=151    x=152    x=155    x=157    x=158    x=160    x=163    x=164    x=166    x=167
x=169    x=170    x=172    x=173    x=176    x=178    x=179    x=181    x=184    x=185
x=187    x=188    x=190    x=191    x=193    x=194    x=197    x=199    x=200    请按任意
键继续. . .
```

【例 11.3】 有 1、2、3、4 四个数字，能组成多少个互不相同且无重复数字的 3 位数？都是多少？

首先对程序进行分析：1、2、3、4 四个数字分别填入百位、十位、个位，把所有的能组的 3 位数全都枚举出来，然后去掉不满足条件的值，最后输出结果。

```
#include <stdio.h>
void main()
{  int i,j,k,s=0;
  for(i=1;i<=4;i++)
     for(j=1;j<=4;j++)
       for(k=1;k<=4;k++)
          if(i!=j && i!=k && j!=k)
          { printf("%4d%d%d",i,j,k);
             s++;
          }
  printf("\n 这样的数共有%d 个",s);
}
```

程序的运行结果如下：

```
   123    124    132    134    142    143    213    214    231    234    241    243    312
   314    321    324    341    342    412    413    421    423    431    432
这样的数共有24个请按任意键继续. . .
```

11.3 归 纳 法

归纳法是一个相对比较"聪明"的方法，看到问题之后，可以通过分析归纳，找出从变量旧值出发求出新值的规律。

可以用归纳法解决的问题，它们的相邻数之间有着明显的规律性的变化，通常可以从初始条件进行一定的归纳求出下一个值，并利用这种规律性一步一步递推到结果，如循环累乘、累加等。

11.3.1 累加型计算

【例 11.4】 编程求 1～100 中所有自然数的累加和，即 $S=1+2+3+\cdots+99+100$。

在这个问题中，假设用 S_i 来表示前 i 个自然数之和，对于每一个 i，可以总结出如表 11-1 的表格：

表 11-1　　　　　　　　　　　　归纳分析变量变化规律

i 的值	S_i 的值
0	$S_0=0$
1	$S_1=0+1=S_0+1$
2	$S_2=0+1+2=S_1+2$

续表

i 的值	S_i 的值
3	$S_3=0+1+2+3=S_2+3$
4	$S_4=0+1+2+3+4=S_3+4$
……	……

从表 11-1 可以看出，i 每增加一次，S_i 的值均为前一次的值和当前 i 值的和，从这点上，就与归纳法的解题思路一致，即可以由当前值归纳递推出下一个值，公式如下：

$$S_i = \begin{cases} 0 & (i=0) \quad \text{初值} \\ S_{i-1}+i & (i=1,2,3,\cdots) \quad \text{递推公式} \end{cases}$$

流程图如图 11-4 所示。

程序如下：

```c
#include <stdio.h>
void main( )
{  int i,s=0;
  for(i=1;i<=100;i++)      //循环范围
     s=s+i;          //累加求和
  printf("Sum=%d\n",s);
}
```

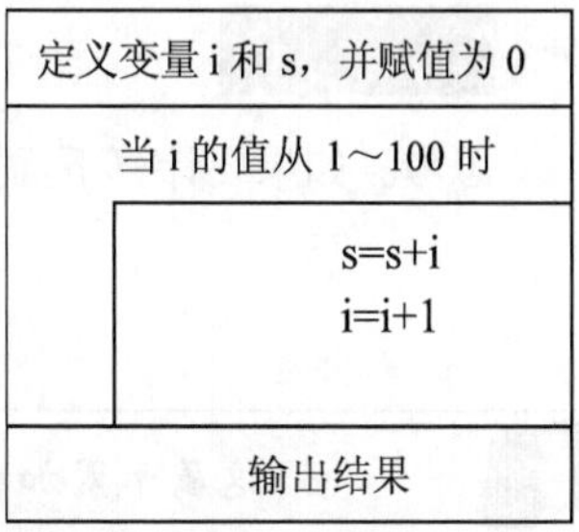

程序运行结果为：`Sum=5050`

定义变量 i 和 s，并赋值为 0
当 i 的值从 1～100 时
s=s+i i=i+1
输出结果

图 11-4　例 11.4 对应的流程图

【思考】如果要计算下面这个表达式的和，应该对上面这个源程序进行怎么样的修改？

$$\sum_{i=1}^{100} 1 + \frac{1}{2} + \frac{1}{3} + \cdots + \frac{1}{100}$$

11.3.2　阶乘型计算

【例 11.5】　编程计算 $n!$

分析：所谓 $n!$，实际上就是 $1 \times 2 \times 3 \times 4 \times \cdots \times n$，数据学规定 $0!=1!=1$，因此，假设用 S_i 来表示 $i!$，对于每个 i，可以总结出如下的表格：

表 11-2　　　　　　　　　　　归纳分析变量变化规律

i 的值	S_i 的值
0	$S_0=1$
1	$S_1=1$
2	$S_2=1 \times 2=S_1 \times 2$
3	$S_3=1 \times 2 \times 3=S_2 \times 3$
4	$S_4=1 \times 2 \times 3 \times 4=S_3 \times 4$
……	……

从表 11-2 我们不难看出，S_i 的递推公式如下：

$$S_i = \begin{cases} 1 & (i=0) \quad \text{初值} \\ S_{i-1} \times i & (i=1,2,3,\cdots) \quad \text{递推公式} \end{cases}$$

流程图如图 11-5 所示。

由递推公式和流程图，很容易就可以写出程序如下：

```
#include <stdio.h>
void main( )
{ int i,n,s=1;              // 注：s赋初值为1而不能为0
   printf("n=");
   scanf("%d",&n);          //从键盘输入n的值
   for(i=1;i<=n;i++)        //循环范围
      s=s*i;                //累加求和
   printf("%d!=%d\n",n,s);
}
```

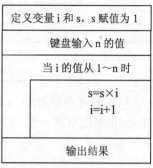

图 11-5　例 11.5 对应的流程图

该程序运行结果如下：

思考： 如果要计算下面这个表达式的和，应该如何进行编程呢？

$$\sum i! = 1! + 2! + 3! + \cdots + n! \,(n\text{由键盘输入})$$

温馨提醒　　这属于累加型与阶乘型的一个综合型，编程时要用两层循环嵌套来求解，大家不妨试试。

11.4　递　　归

递归就是在调用一个函数的过程中又出现直接或间接地调用该函数本身。含有直接或间接调用自己的函数称为递归函数。

递归算法通常把一个大型复杂的问题，层层转化为一个与原问题相似的规模较小的问题来求解。

一般来说，递归函数有如下重要的两点。

（1）有递归出口（即递归结束条件）。

（2）有趋于递归出口的趋势（也称递归前进，类似于数学的收敛）。

或称为：递归调用有两个阶段。

（1）递推阶段：逐渐从未知向已知的方向推测，最终达到已知的条件，即递归结束条件，这时递推阶段结束。

（2）回归阶段：从已知条件出发，按照"递推"的逆过程，逐一求值回归，最终到达"递推"的开始处，结束回归阶段，得到原问题的解。

使用递归调用来解决问题的方法可归纳如下。

（1）原有的问题可以分解为一个新问题，而新问题又用到了原有的解法，这就形成了递归。

（2）按照这个原则分解下去，每次出现的新问题是原有问题的简化的子问题。

（3）最终分解出来的新问题是一个已知解的问题。

实例：用递归算法求 *n*!

问题分析：所谓的递归，就是从最后一个值一直往前推导，即如果要计算 $n!=1*2*3*\cdots*n$，递归过程是这样的：

（1）$n!=(n-1)!*n$——也就是说要计算 $n!$，首先必须先计算 $(n-1)!$；

（2）$(n-1)!=(n-2)!*(n-1)$——而要计算 $(n-1)!$，必须先计算 $(n-2)!$；

（3）依此类推；

（4）一直到 3!=2! *3——要计算 3!，先要求出 2!；

（5）2! =1! *2——要计算 2!，先要求出 1!；

（6）1! =1，到这里为止，计算就到头了（递归出口）。

以上的步骤就是递归调用过程中的递推阶段，也就是将原问题不断地分解为新的简单的子问题，逐渐从未知向已知推导，最终到达已知解 1!=1。当知道了 1! 之后，还有一个回归的过程，也就是从 1! 出发，按照的逆过程，逐一求解，最终到达开始处求 $n!$。

综合归纳如下：

$\begin{aligned} &0!=1\\ &1!=0!\times1\\ &2!=1!\times2\\ &3!=2!\times3\\ &\cdots\cdots\\ &n!=(n-1)!\times n \end{aligned}$	分析得 f(n)=n!的求解
	
	$fac(n)=\begin{cases}1 & (n=1,0)\ //递归出口\\ fac(n-1)\times n\end{cases}$
	
	(n>1) 递推公式（递归出口的趋势），其中 f(n-1) 未求出
		递归调用的结束条件：
		　if((n==0)||(n==1))
		return(1); //递归出口
		　else
		　return(n*fac(n-1));
		/* fac(n-1)求(n-1)!函数*/

即：递归计算公式 f(n)=f(n-1)*n　　　　　　　 //趋于递归出口的趋势

　　递归结束条件 f(1)=1　　　　　　　　　　 //递归出口

将递归公式和递归函数的框架相结合，就可以写出程序如下：

```c
#include <stdio.h>
int func(int n);
void main( )
{
    int n,t;
    printf("请输入 n, 以求 n 的阶乘: ");
    scanf("%d",&n);
    t=func(n);                          //在主函数中调用递归函数 func()，求得结果保存在变量 t 中
    printf("%d! =%d\n",n,t);
}
int func(int n)
{
    int s;
    if (n<0) {
        printf("n<0, 输入数据错误! ");
    }
        else if(n==1 || n==0) {
        s=1;                            //当 n=1 或 n=0 时，值为 1, 递归出口
    }
        else {                          //否则利用递归公式递归调用求解
        s=n*func(n-1);                  //递归趋势
    }
    return(s);
}
```

程序的运行情况如下：

请输入n，以求n的阶乘：8
8！=40320

这个递归函数本身非常简单，那它的递归调用过程是怎么样的呢？递归过程如图 11-6 所示。

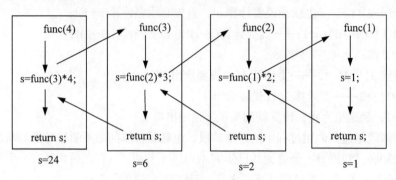

图 11-6 递归求 *n*! 的过程

【例 11.6】 猴子吃桃问题：猴子第 1 天摘下若干个桃子，当即吃了一半，还不过瘾，又多吃了一个。第 2 天早上又将剩下的桃子吃掉一半，并又多吃了一个。以后每天早上都吃了前一天剩下的一半再加一个。到第 10 天早上想再吃时，见只剩下一个桃子了。求猴子摘了多少桃子。

分析：用递推的思想来看，要获得猴子摘的桃子数，可以用第 2 天剩下的桃子数加 1 再乘以 2 来获得，而第 2 天的桃子数可以用第 3 天的桃子数加 1 再乘以 2 来获得，依此类推，第 9 天的桃子数可以用第 10 天的桃子数加 1 乘以 2 获得，第 10 天的桃子数为 1，所以反向逆推之后就能得到第一天的桃子数了，到此，不难写出这道题的递推公式：（设 i 为天数，m_i 为第 i 天的桃子数）

$$m_i = \begin{cases} 1 & (i=10) \quad \text{递归出口} \\ (m_{i+1}+1)\times 2 & (i=1,3,4,\cdots,9) \quad \text{递推公式} \end{cases}$$

可以将递归公式和递归函数的框架相结合，写出程序如下：

```c
#include <stdio.h>
int f(int m)                  //递归函数
{
    int s;
    if(m==10)                 //第 10 天时就剩一个，递归出口
        s=1;
    else
        s=(f(m+1)+1)*2;       //其他天数都是等于后一天的桃子数+1 再乘以 2
    return s;
}
void main( )
{
    printf("第一天的桃子为：%d个\n",f(1));
    //从第一天开始
}
```

程序的运行结果如下：

第一天的桃子为：1534个
请按任意键继续. . .

【例 11.7】　Hanoi 塔问题：一块板上有 3 根针分别是 A 针、B 针、C 针。A 针上套有 64 个
大小不等的圆盘，大的在下，小的在上。要把这 64 个圆
盘从 A 针移动到 C 针上，要求：每次只能移动一个圆盘，
移动可以借助 B 针进行；但在任何时候，任何针上的圆
盘都必须保持大盘在下，小盘在上。请问该怎样移动？

图 11-7 所示为示意图。

编写程序显示移动的步骤。

将 n 阶问题转化成 $n-1$ 阶的问题：

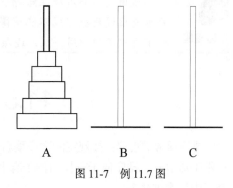

图 11-7　例 11.7 图

第一步　把 A(x)座上的 $n-1$ 个圆盘借助于 C 座
移到 B 座上；

第二步　把 A 座上剩下的一个圆盘移到 C(z)座上；

第三步　把 B(y)座上的 $n-1$ 个圆盘借助于 A 座移到 C 座上。

其中第一步和第三步是类同的。

递归出口：$n=1$，此时 A 座上只有一个盘子，直接将其移动到 C 座上即可。

下面是实现该问题的递归算法：

```
#include <stdio.h>
void main()
{
    int h;
    int move(int m, int x, int y, int z);    //定义移动函数：m个盘子经y从x移到z
    printf("\nPlease input 移动盘子的数目:");
    scanf("%d", &h);
    printf("the step to moving %2d diskes:\n", h);
    move(h, 'a', 'b', 'c');                   //调用移动函数h个盘子经b从a移到c
}
void move(int m, int x, int y, int z)         /*递归函数：m个盘子经y从x移到z，*/
{
    if(m == 1)
        printf("%c------>%c\n", x, z);
    else
        {
        move(m - 1, x, z, y);                 //*m-1个盘子经z从x移到y*
        printf("%c------>%c\n", x, z);        //移最后一个盘子从x移到z
        move(m - 1, y, x, z);                 //m-1个盘子经x从y移到z
        }
}
```

运行结果如下：

```
Please input 移动盘子的数目:3
the step to moving  3 diskes:
a------>c
a------>b
c------>b
a------>c
b------>a
b------>c
a------>c
请按任意键继续. . .
```

温馨提醒 使用递归调用应注意两个要点:(1)必须有出口;(2)有走向出口的趋势。否则,将可能出现死循环或不能获得预期结果。常用的方法是加条件判断,满足某种条件后就不再作递归调用,然后逐层返回。

11.5 排 序

排序通常被理解为按规定的次序重新安排一次,便于在已排序的集合中查找或检索某一成员。日常生活中通过排序便于查找的例子有电话号码的姓名排序、图书馆图书排序、学生成绩排序、仓库中货物排序等。

在本书中,排序是将一组任意排列的数据记录重新排列成一个有序的序列,这种有序可以是从大到小排列,或从小到大排列。

排序算法有很多种方法,包括交换排序、选择排序、插入排序、归并排序等。下面简单介绍几种排序方法,这里用于排序的数据都以保存在数组中为例。

11.5.1 冒泡排序

冒泡排序属于交换排序的一种,所谓**冒泡排序,就是通过将排序数据中相邻值之间的比较和位置的交换,使值最小的记录如气泡一般逐渐往上"漂浮"直至"水面",整个算法是从最下面的记录开始,对每两个相邻记录的值进行比较,且使值较小的记录换至值较大的记录之上,使得经过一趟冒泡排序后,值最小的记录到达最上端。**接着,再在剩下的记录中找值次小的记录,并把它换在第二个位置上,依此类推,直到所有记录都有序为止。

【例 11.8】 已知有 10 个待排序的记录,它们的值序列为〔75,87,68,92,88,61,77,96,80,72〕,给出用冒泡排序法进行排序的过程及算法。

冒泡排序过程如图 11-8 所示,方括号〔 〕中的元素为本次冒出的元素(即气泡)。

初始序列:	75	87	68	92	88	61	77	96	80	72
第 1 次排序:	〔61〕	75	87	68	92	88	72	77	96	80
第 2 次排序:	61	〔68〕	75	87	72	92	88	77	80	96
第 3 次排序:	61	68	〔72〕	75	87	77	92	88	80	96
第 4 次排序:	61	68	72	〔75〕	77	87	80	92	88	96
第 5 次排序:	61	68	72	75	〔77〕	80	87	88	92	96
第 6 次排序:	61	68	72	75	77	〔80〕	87	88	92	96
第 7 次排序:	61	68	72	75	77	80	〔87〕	88	92	96
第 8 次排序:	61	68	72	75	77	80	87	〔88〕	92	96
第 9 次排序:	61	68	72	75	77	80	87	88	〔92〕	96
最后结果	61	68	72	75	77	80	87	88	92	96

图 11-8 冒泡排序过程

冒泡排序算法如下:

```
#include <stdio.h>
void main( )
```

```
{
    int arr[] = { 75, 87, 68, 92, 88, 61, 77, 96, 80, 72 };
    int i,j,temp;
    for(i=0;i<9;i++)                      //外循环表示一共要比较 9 趟
        {for(j=9;j>=i;j--)                //内循环从后向前依次两两比较
          if(arr[j+1]<arr[j])
            {  //若前面的数大于后面的数，则交换
                temp=arr[j+1];
                arr[j+1]=arr[j];
                arr[j]=temp;
            }
        }
    printf("排序后的序列为: \n");
    for(i=0;i<10;i++)
    printf("%5d", arr[i]);                //输出排序后的数组
}
```

运行结果如下：

```
排序后的序列为:
   61   68   72   75   77   80   87   88   92   96
```

冒泡排序采用双重循环，外循环表示比较的趟数，有 N 个数，则比较 $N-1$ 次，内循环表示每趟比较的数据对，在必要时进行交换。

【思考】

（1）如果要把这个程序改成从大到小排序输出，程序应怎么进行修改？

（2）对于一般的 n 个数排序，程序如何修改？

11.5.2　直接选择排序

直接选择排序属于选择排序的一种，它的基本思路是每一趟排序在未排好序的记录中找出最小的值，将它与相应位置上的值进行交换。

【例 11.9】　已知有 10 个待排序的记录，它们的值序列为 [75,87,68,92,88,61,77,96,80,72]，给出用直接选择排序法进行排序的过程及算法。

直接选择排序法进行排序过程如图 11-9 所示，方括号 [ ] 中的元素为已排序的值记录。

初始序列：	75	87	68	92	88	61	77	96	80	72
第 1 次排序：	[61]	87	68	92	88	75	77	96	80	72
第 2 次排序：	[61	68]	87	92	88	75	77	96	80	72
第 3 次排序：	[61	68	72]	92	88	75	77	96	80	87
第 4 次排序：	[61	68	72	75]	88	92	77	96	80	87
第 5 次排序：	[61	68	72	75	77]	92	88	96	80	87
第 6 次排序：	[61	68	72	75	77	80]	88	96	92	87
第 7 次排序：	[61	68	72	75	77	80	87]	96	92	88
第 8 次排序：	[61	68	72	75	77	80	87	88]	92	96
第 9 次排序：	[61	68	72	75	77	80	87	88	92]	96
最后结果	[61	68	72	75	77	80	87	88	92	96]

图 11-9　直接选择排序过程

165

直接选择排序算法如下：

```c
#include <stdio.h>
void main( )
{
    int a[] = { 75, 87, 68, 92, 88, 61, 77, 96, 80, 72 };
    int i, j, min, temp;
    for(i = 0; i < 9; i++)
    {
        min = i;                              //给最小值下标设置初值
        for(j = i + 1; j < 10; j++)           //在无序区查找最小值，让 min 指向它
            if(a[j] < a[min]) min = j;
        if(min != i)
        {   //若最小值不在第 i 个位置，则交换 a[i],a[min]
            temp = a[i];
            a[i] = a[min];
            a[min] = temp;
        }
    }
    printf("排序后的序列为：\n");
    for(i = 0; i < 10; i++)
        printf("%6d", a[i]); //输出排序后的数组
}
```

运行结果如下：

```
排序后的序列为:
    61    68    72    75    77    80    87    88    92    96
```

第 2 篇
综合（课题实训）

第**12**章
课题实训案例分析

12.1 课题实训案例 1：学生成绩管理系统

题目：设计"学生成绩管理系统"实现学生信息的录入、显示、查找、添加、保存、成绩排序等功能模块。要求功能选择用菜单实现，数据输入和结果输出要用文件存放。

原始数据文件格式如下（具体数据自行编写）：

学号	姓名	英语	C 语言	高等数学系	平均成绩
1	张三	75	85	80	80
2	李四	…	…	…	…

一、需求分析

根据题目要求，由于学生信息是存放在文件中，所以应提供文件的输入、输出等操作；在程序中需要浏览学生的信息，应提供显示、查找、排序等操作；另外还应提供键盘式选择菜单实现功能选择。

二、总体设计

根据上面的需求分析，我们可以将系统分为数据输入、数据显示、数据查找、数据插入、成绩排序等几个功能模块，系统功能模块如图 12-1 所示。

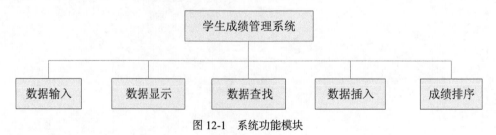

图 12-1　系统功能模块

三、代码实现

1. 主函数

主函数一般设计简洁,只提供输入处理和输出部分的函数调用。其中各部分的流程图如图 12-2 所示。将 main()函数体内的界面选择部分语句单独抽取出来，作为以独立的函数，目的在于系统执行完功能模块后能够方便返回到系统界面。

```c
#include<stdio.h>
#include <stdlib.h>
#include <string.h>
void enter();
void add();
void modify();
void del();
void browse();
void search();
void insert();
void order();
//void exit();
void menu() /***************主函数 ***************/
{
        int choice , run = 1;     /*变量 choice 保存选择菜单数字*/
        while(1 == run) {

puts("\t\t***************MENU*************\n\n|");
            puts("\t\t\t\t1.enter new data") ;
            puts("\t\t\t\t2.Addieion data") ;
            puts("\t\t\t\t3.Modify data") ;
            puts("\t\t\t\t4.Delete data") ;
            puts("\t\t\t\t5.Browse all") ;
            puts("\t\t\t\t6.search by name");
            puts("\t\t\t\t7.Insert data") ;
            puts("\t\t\t\t8.Order by average") ;
            puts("\t\t\t\t9.Exit") ;
            puts("\n\n\t\t****************************\n");
            printf("Choice you number (1-9); [ ]\b\b");
            scanf("%d", &choice);
            setbuf(stdin, NULL);        /* 清空键盘缓冲区，防止输入字符时死循环 */

            switch(choice)              /*选择功能*/
        {

        case 1:  enter();
                 break;          /*输入模块*/
        case 2:  add();
                 break;          /*追加模块*/
        case 3:  modify();
                 break;          /*修改模块*/
        case 4:  del();
                 break;          /*删除模块*/
        case 5:   browse();
                  break;         /*浏览模块*/
        case 6:   search();
                  break;         /*查找模块*/
        case 7:   insert();
                  break;         /*插入模块*/
        case 8:   order();
                  break;         /*排序模块*/
        case 9:   run = 0;
                  break;         /* 退出*/
            }                   /*其中追加、修改、删除 3 个模块是在需求分析的基础上增加的模块*/
```

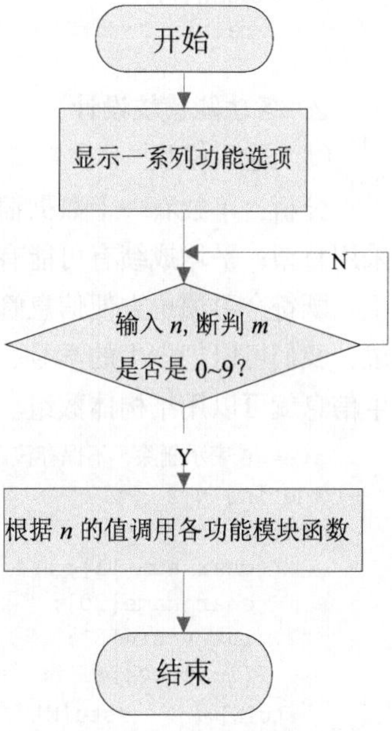

图 12-2　主函数流程图

```
     }
  }
  /**************主函数***************/
  int void main()
  {
       menu();
       return 0;
  }
```

2. 各功能模块设计

（1）输入模块

分析：单独看一个数据信息，学号、姓名是字符型，可以采用字符型数据组；分数为整数，采用整型；平均成绩有可能有小数，可采用实型。数据信息存放在文件中，一条记录对应一个学生，既符合习惯也方便信息管理。现在考虑的问题是一条学生记录从文件读进来后以什么形式存放，我们可以把学生的学号、姓名、科目成绩、平均成绩作为结构体成员，如果要存放若干个学生信息就可以用结构体数组。

```
  ave==0 表示删除, 不保存该记录
  #define N 2
  struct student {
       char num[11];
       char name[20];
       int score[3];
       float ave;
  } stu[N];      /stu[N]中每个数组元素对应一个学生/
```

注意：stu[N]中的 N 为学生人数，程序中采用宏定义的方式，可以随时在源程序宏定义中改，本程序宏定义#define N 50 输入模块流程图如图 12-3 所示。

【程序】

```
  void input(struct student *s, int n);
  void printf_back();
  void printf_face();
  void printf_one(struct student *s);
  void preintf_back();

  void save(int n);
  int load();
  int modify_data(struct student *s, int n);

  void enter( )              /***********输入模块
******** */
  {
   int i, n;
   printf("How many students(0-%d)?", N);        /*要输入的记录个数*/
   canf("%d", &n);
   printf("\n Enter data now\n\n");
    for(i = 0; i < n; i++)
      { printf("\n Input %dth student record.\n", i + 1);
       input(&stu[i], i);                         /*调用输入函数*/
       }
    if(i != 0) save(n);                           /*调用保存函数*/
```

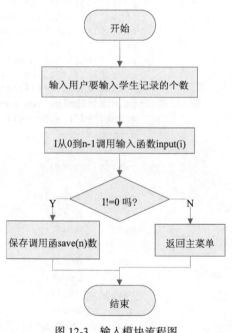

图 12-3　输入模块流程图

```
        printf_back();              /*一个任务结束时让用户选择是浏览还是返回*/
}
```

（2）追加模块

分析：该模块的功能是用户需要增加的学生记录，从键盘输入追加的记录并写到原来的输入文件中，注意采用追加而不是覆盖的方式。追加模块流程图如图 12-4 所示。

【程序】

```
/*************追加模块************ */
void add()
{   int i, m;
    int n = load();
    printf("你想追加多少学生: (0-%d)?", N - n);
    scanf("%d", &m);          /*输入要追加的记录个数*/
    for(i = n; i < m + n; i++) {
            printf("\n input %dth student record \n", i);
            input(&stu[i], i);      /*调用输入函数*/
    }
    save(m + n);
    printf_back();      /*一个任务结束时选择浏览还是返回*/
}
```

（3）修改模块函数

分析：该模块的功能是显示所有学生信息，考虑到记录较多，建议采用分屏显示。显示完所有记录后，用户输入要修改学生的学号，根据学号查找学生记录，并提示用户部分修改记录的哪部分信息是学号、姓名或某科成绩还是所有信息都修改，根据用户的选择修改相应信息。

思考：修改某部分或整体信息时是否可以调用现成的一些输入函数？

修改模块流程图如图 12-5 所示。

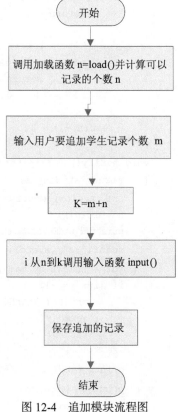

图 12-4 追加模块流程图

【程序】

* 按学号查找，如果找到则返回该学生的序号（即数组下标），没找到返回-1。
* 查找前假设学生信息已读入到数组 stu[N]中。
* 参数:

n——学生总人数；

no——需要查找的学号。

```
int search_by_no(int n, char *num)
{   int i;
    if (num == NULL) {
            return -1;
    }
    for (i = 0; i < n; i++) {
            if (strcmp(num, stu[i].num) == 0) {
                    return i;
            }
    }
    return -1;
```

```
    }
    /* 按姓名查找，其他同 search_by_no */
    int search_by_name(int n, char *name)
    {   int i;
        if (name == NULL) {
                return -1;
        }
        for (i = 0; i < n; i++) {
                if (strcmp(name, stu[i].name) == 0) {
                        return i;
                }
        }
        return -1;
    }
    void modify()   /*************修改模块**********/
    {   struct student s;
        int n, idx, modify_ret;
        n = load();
        printf("\n\nEnter NO.that you want to modify!NO.:");
        scanf("%s", s.num); /*输入要修改的数据的学号*/
        idx = search_by_no(n, s.num);
        if (idx == -1) {
                printf("\n\nNO exist! ");
                getchar();
                return;
        }
        printf_face();       /*调用显示数据结构项目函数*/
        printf_one(&stu[idx]); /*调用显示一个记录的函数*/
        s = stu[idx];
        modify_ret = modify_data(&s, n);        /*修改学生记录并返回保存控制值 */
        if (modify_ret == 1) {
                stu[idx] = s;
                save(n);
        }
    }
```

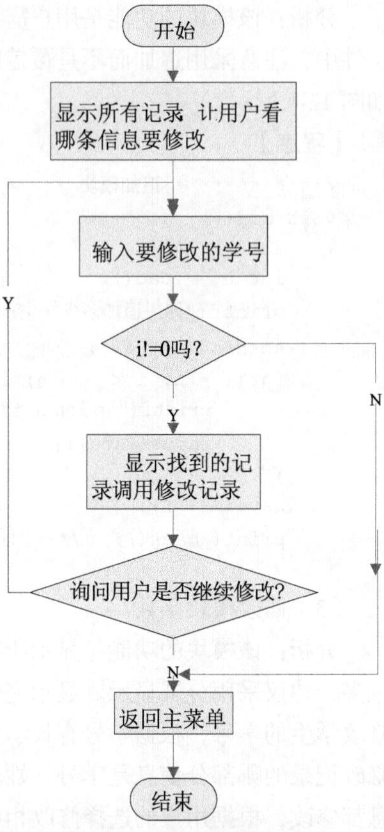

图 12-5 修改模块流程图

说明：wl=modify_data(i,n)修改函数时，若返回值为 1 则表示用户在修改函数里面确认了这次修改，其中 i 表示第 i 个记录（要修改的），n 表示总共有 N 个记录；若返回值不为 1，则不保存这次修改，但保存着在此之前的修改，这由 w2 来控制，w2=1 则表示有过用户修改确认。

（4）删除模块

分析：该模块的功能是与修改模块一样显示所有的学生信息，同样考虑到记录较多，建议采用分屏显示。显示完所用记录后，用户输入要删除学生的学号，根据学号查找学生记录并删除。删除记录时，一般的做法是将数据从文件中删除，删除位置后面的记录往前移动，当数据结构不是单一变量，记录数较多时要考虑移动的效率。

思考：有没有其他相对更好的办法，比如将删除记录以某种方式加上删除标记，保存时判断有此标记的跳过，写程序时就只需要一条判断语句。当然这只是一种建议，下面的程序代码是基于这种思想设计的。当 stu[k].ave=0 标识该记录是要被删除的，则不保存。

　　流程图与修改模块类似，请自己完成。

【程序】

```c
/**********删除模块************/
void  del ( )
{    struct student s;
     int  n, idx;
     char c[20];
      n = load();
     setbuf(stdin, NULL);
     printf("\n\nEnter NO.that you want to modify!   NO.:");
     scanf("%s", s.num);                      /*输入要修改的数据的学号*/
     idx = search_by_no(n, s.num);
     if (idx == -1) {
          printf("\n\nNO exist! ");
          getchar();
          return;
     }
     printf_face();                           /*调用显示数据结构项目函数*/
     printf_one(&stu[idx]);                    /*调用显示一个记录的函数*/
     setbuf(stdin, NULL);
     printf("\n\nConfirm delete [y/n]:");
     scanf("%s", c);
     if (strcmp("y", c)==0 || strcmp("Y", c) == 0) {
          for (; idx < n-1; idx++) {
                stu[idx] = stu[idx + 1];
          }
          printf("\nDelete success.");
          save(n-1);
     }
     printf("\nPress any key to back …");
     getchar();
}
```

（5）浏览模块

　　分析：该模块的功能是显示所有学生的记录信息，其流程图如图 12-6 所示。

【程序】

```c
/***************浏览(全部)模块***************/
void browse()
{ int i, n;
    n = load();
    printf_face( );
    for(i = 0; i < n; i++)
        {        if((i != 0) && (i % 10 == 0)) {
                printf("\n\npress any key to continue….");
                getchar();
                puts("\n\n");
```

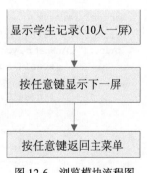

显示学生记录(10人一屏)

↓

按任意键显示下一屏

↓

按任意键返回主菜单

图 12-6　浏览模块流程图

```
            }
            printf_one(&stu[i]);/*调用显示一个记录的函数*/
        }
        printf("\tThere are  %d record..\n", n);
        printf("\nPress any key to back …");
        getchar();
    }
```

（6）查找模块

分析：该模块的功能是根据输入的学生姓名查找对应的记录，找到以后可进行增加、删除或修改信息的操作。流程图如图 12-7 所示。

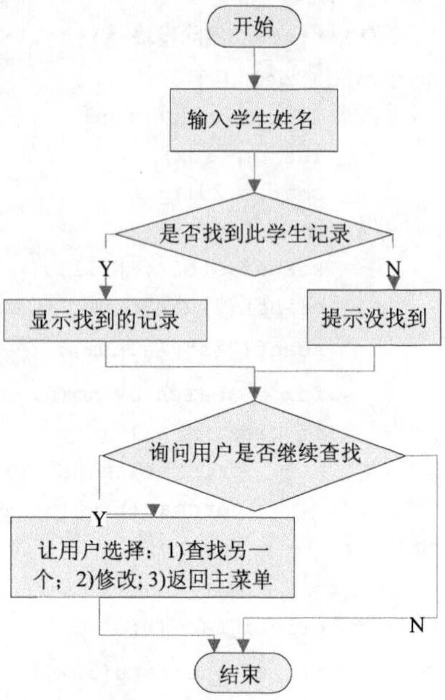

【程序】

图 12-7　查找模块流程图

```
/**********查找模块***********/
void search()
{   int n, idx, op, is_save;
    struct student s;
    n = load();
printf("\n\nEnter name that you want to search! name:");
    scanf("%s", s.name); /*输入要查的学生的姓名*/
    do {
        while(1) {
        int op;
        printf("\n\nEnter name that you want to search! name:");
        scanf("%s", s.name);              /*输入要修改的数据的学号*/
            idx = search_by_name(n, s.name);
  if(idx == -1)
{   printf("\n\nNO exist! please");
printf("\n\nAre you again?\n\t1).again   2).NO and back      []\b\b");
  scanf("%d", &op);
  if (op == 1) {
    return;
  }
  } else {
    break;
  }
}
}
printf_face();
printf_one(&stu[idx]);
printf("\n\nWhat do you want to do?\n\t1).Search another   2).Mod 3).Delete 4).Back menu [ ]\b\b");
        scanf("%d", &op);
        switch(op)
        { case 2:
            is_save = modify_data(&stu[idx], n);
            break;                       /*调用修改数据函数*/
        case 3:
            printf("\nAre you sure?\n\t1).Sure   2).No and back   [ ]\b\b");
            scanf("%d", &is_save);
            if(is_save == 1)
                stu[idx].ave = 0;          /*表示删除*/
            break;
```

```
        }
        if(is_save == 1)
        { save(n);
        printf("\n\nSuccessful.^_^.");
        printf("\n\nWhat do you want to do?\n\t1).Search another   2)Back [  ]\b\b");
        scanf("%d", &op);
          }
    } while(op == 1);
}
```

（7）插入模块

分析：该模块的功能是要求插入一条学生记录，插入后使得记录按照学生的平均成绩有序排列。显然这里涉及排列方法，可以采用冒泡法排序，具体算法参考前面章节内容。流程图如图 12-8 所示。

【程序】

```
/*****************插入模块***************/
void insert()
{     int n;
    n = load();
    if (n + 1 >= N) {
            puts ("\n 人数满，不能插入。\n");
            return;
    }
    puts ("\n Input one data.\n");
    input(&stu[n], n); /*输入第 n+1 个记录，即插入到最后*/
    printf_face();
    printf_one(&stu[n]);
    save(n + 1);
}
```

（8）排序模块

分析：该模块的功能是要求将学生记录按照平均成绩排序，假设这里采用选择法排序。流程图如图 12-9 所示。

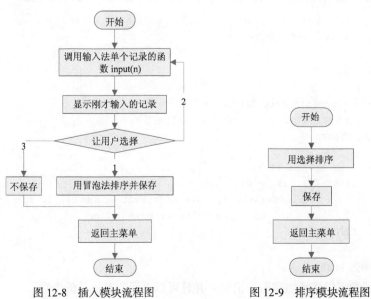

图 12-8　插入模块流程图　　　　　图 12-9　排序模块流程图

【程序】

```
/***************排序模块(平均成绩)***********/
void order()   /*排序模块(按平均成绩)*/
{   int i, j, n, swap;
    int max_idx, max_ave = 0;
    n = load();
    for(i = 0; i < n - 1; i++)
      { max_idx = i;
        max_ave = stu[i].ave;
        swap = 0;
        for (j = i + 1; j < n; j++)
  {     if (stu[j].ave > max_ave) {
            swap = 1;
            max_idx = j;
            max_ave = stu[j].ave;
             }
          if (swap)
        {   struct student s;
            s = stu[i];
            stu[i] = stu[max_idx];
            stu[max_idx] = s;
        }
      }
    }
    save(n);
    puts("\n\n");
    printf_back();
}
```

3. 公共函数

下面介绍一些在每个功能模块中都有可能用到的一些公共函数。

（1）保存函数 save(int n)

说明：形参 n 控制保存的个数。当 stu[k].ave=0 表示删除，不保存该记录。

【程序】

```
void save(int n)   /*保存函数*/
{
    FILE *fp;
    int i;
    if((fp = fopen("score.txt", "wb")) == NULL) { /**/
          printf("\nCannot open file\n");
          return;
    }
    for(i = 0; i < n; i++)
          if(stu[i].ave != 0)
                if(fwrite(&stu[i], sizeof(struct student), 1, fp) != 1)
                      printf("file write error\n");
          fclose(fp);
}
```

（2）加载函数 load()

说明：该函数可以用来加载所有记录，并且可以返回所有记录的个数。

【程序】

```
int load ()                               /*加载记录或可以计算记录个数的函数*/
{    FILE *fp ;
     int i ;
     if((fp = fopen("score.txt", "rb")) == NULL)        /*以只读方式为输入打开一个二进制文件*/
     {  printf("\nCan not open file\n");
         return 0;
     }
     i = 0;
     while (!feof(fp))
     { fread(&stu[i++], sizeof(struct student), 1, fp);
     }
     fclose(fp);
     return i - 1;
}
```

（3）学号输入函数 no_input(int i,int n)

说明：该函数对输入学号进行判断，确保输入的学号唯一。s 表示学生的信息，形参 n 表示总共有 n 个学生纪录。

【程序】

```
void no_input(struct student *s, int n)  /*学号输入函数。s 表示学生的信息，n 表示比较到第 n 个学生*/
{   int j, k, w1;
    do {
          w1 = 0;
          printf("NO.:");
          scanf("%s", s->num);
          for(j = 0; s->num[j] != '\0';   j++)           /*学号输入函数，作了严格规定*/
                if(s->num[j] < '0' || s->num[j] > '9') { /*判断学号是否为数字*/
                        puts("Input error! Only be made up of (0-9).Please reinput\n");
                        w1 = 1;
                        break;
                }
          if(w1 != 1)
                for(k = 0; k < n; k++)                    /*比较到第 n 个学生*/
                        if(strcmp(stu[k].num, s->num) == 0) { /*判断学号是否有雷同、排除第 i
个学生记录*/
                                puts("This record is exist. please reinput!\n");
                                w1 = 1;
                                break;
                        }
    } while(w1 == 1);
}
```

（4）输入 3 个科目分数函数 score_input(int i)

说明：形参 i 表示第 i 个学生记录。

【程序】

```
void score_input(struct student *s)                       /*对分数输入*/
{    int j;
     for(j = 0; j < 3; j++) {
          printf("score= %d:", j + 1);
          scanf("%d", &s->score[j]);
     }
}
```

（5）求平均值函数 average(int i)

说明：形参 i 表示第 i 个学生记录。

【程序】

```
void average(struct student *s)              /*对第 i 个记录的分数球拍平均值*/
{
    int j, sum;
    for(sum = 0, j = 0; j < 3; j++)
        sum += s->score[j];
    s->ave = (float)(sum / 3.0);
}
```

（6）输入整个记录函数 input(int i)

说明：形参 i 表示第 i 个学生记录。

【程序】

```
void input(struct student *s, int n)        /*输入一个记录函数*/
{
    no_input(s, n);                          /*调用学号输入函数*/
    printf("name:");
    scanf("%s", s->name);
    score_input(s);                          /*调用分数输入函数*/
    average(s);                              /*调用求平均值函数*/
}
```

（7）修改整条记录函数 modify_data(int i,int, n)

说明：形参 i 表示第 i 个学生记录，形参 n 表示有 n 个记录。此函数带回保存控制值 w1，当 w1=1 时表示确认保存。

【程序】

```
int modify_data(struct student *s, int n)   /*修改数据函数,修改第 i 条记录*/
{
    int choice, ret;
    do {                                     /*输入选择作个判断*/
    puts("\nmodift by=>\n\n 1).NO. 2).name 3).score1 4).score2 5).score3 6).all score
7).all data 8).cancel and back");
        printf("Which you needed: [ ]\b\b");
        scanf("%d", &choice);
        if(choice > 8 || choice < 1)         /*判断选择是否有误, 若是则重新选择性*/
    {   puts("\nChoice error!Please again!");
        getchar();                           /*输入是字符时可以防止死循环*/
        }
    } while(choice > 8 || choice < 1);
    do {
        switch(choice)                       /*选择要修改的项目*/
        {
        case 1:
            no_input(s, n);                  /*调用学号输入函数*/
            break;
        case 2:
            printf("name:");
            scanf("%s", s->name);
            break;
        case 3:
```

```
                    printf("score1:");
                    scanf("%d", &s->score[0]);
                    break;
                case 4:
                    printf("score2:");
                    scanf("%d", &s->score[1]);
                    break;
                case 5:
                    printf("score3:");
                    scanf("%d", &s->score[2]);
                    break;
                case 6:
                    score_input(s);
                    break;                          /*调用分数输入函数*/
                case 7:
                    input(s, n);
                    break;                          /* 调用输入整条学生记录*/
            }
            if(choice > 2 && choice < 7)
                    average(s);                     /*调用求平均值函数*/
            puts("\nNow:\n");
            printf_face();                          /*调用显示数据结构项目函数*/
            printf_one(s);                          /*修改后的记录让用户确定*/
    printf("\nAre you sure?\n\n\t1).Sure 2).No and remodify  3).Back without save in
this time   [ ]\b\b");                              /*是否确定*/
            scanf("%d", &ret);                      /*选择 2 则表示要重新修改*/
    } while(ret == 2);
    return(ret);                                    /*返回控制值*/
}
```

（8）显示数据结构项目函数

```
void printf_face()                                 /*显示数据结构项目*/
{
    printf("\n\tNO.     name       score1 score2 score3 averagge\n");
}
```

（9）显示一个记录的函数   */

```
void printf_one(struct student *s)                 /* 显示一个记录的函数*/
{   int j;
    printf("%11s %-17s", s->num, s->name);
    for(j = 0; j < 3; j++)
            printf("%9d", s->score[j]);
    printf("%9.2f\n", s->ave);
}
```

（10）一个任务结束时选择浏览还是返回的函数

```
void printf_back()                                 /*一个任务结束时选择浏览还是返回*/
{   int choice;
    printf("\n\n\tsuccessful.^_^\n\n");
    printf("What do you want to do?\n\n\t1).Browse all now\t2).Back:[ ]\b\b");
    scanf("%d", &choice);
    if(choice == 1) {
            browse();
    } else
    {
```

```
    menu();
    }
}
```

12.2　课题实训案例 2：绘制余弦曲线

题目：绘制余弦曲线，在屏幕上用"*"显示 0～360°的余弦函数 cos(x)曲线。

1. 问题分析与算法设计

如果在程序中使用数组，这个问题十分简单。但若规定不能使用数组，问题就变得不容易了。关键在于余弦曲线在 0～360°的区间内，一行中要显示两个点，而对一般的显示器来说，只能按行输出，即输出第一行信息后，只能向下一行输出，不能再返回到上一行。为了获得本文要求的图形就必须在一行中一次输出两个"*"。

为了同时得到余弦函数 cos(x)图形在一行上的两个点，考虑利用 cos(x)的左右对称性。将屏幕的行方向定义为 x，列方向定义为 y，则 0～180°的图形与 180°～360°的图形是左右对称的，若定义图形的总宽度为 62 列，计算出 x 行 0～180°时 y 点的坐标 m，那么在同一行与之对称的 180°～360°的 y 点的坐标就应为 62–m。程序中利用反余弦函数 acos 计算坐标(x,y)的对应关系。使用这种方法编出的程序短小精练，体现了一定的技巧。

2. 程序说明与注释

```c
#include<stdio.h>
#include<math.h>
int main()
{
    double y;
    int x,m;
    for(y=1; y>=-1; y-=0.1) {        /*y 为列方向，值从 1 到-1，步长为 0.1*/
        m=acos(y)*10;                /*计算出 y 对应的弧度 m，乘以 10 为图形放大倍数*/
        for(x=1; x<m; x++) printf(" ");
        printf("*");                 /*控制打印左侧的 * 号*/
        for(; x<62-m; x++)printf(" ");
        printf("*\n");               /*控制打印同一行中对称的右侧*号*/
    }
    return 0;
}
```

12.3　课题实训案例 3：在屏幕上用"*"画一个空心的圆

1. 问题分析与算法设计

打印圆可利用图形的左右对称性。根据圆的方程

$$R*R=X*X+Y*Y$$

可以算出圆上每一点行和列的对应关系。

2．程序说明与注释

```c
#include<stdio.h>
#include<math.h>
int main()
{
    double y;
    int x,m;
    for(y=10; y>=-10; y--) {
        m=2.5*sqrt(100-y*y);  /*计算行 y 对应的列坐标 m，2.5 是屏幕纵横比调节系数因为屏幕的
                                行距大于列距，不进行调节显示出来的将是椭圆*/
        for(x=1; x<30-m; x++) printf(" ");        /*图形左侧空白控制*/
        printf("*");                               /*圆的左侧*/
        for(; x<30+m; x++) printf(" ");            /*图形的空心部分控制*/
        printf("*\n");                             /*圆的右侧*/
    }
    return 0;
}
```

12.4　课题实训案例 4：打分

题目：在歌星大奖赛中，有 10 个评委为参赛的选手打分，分数为 1~100 分。选手最后得分为：去掉一个最高分和一个最低分后其余 8 个分数的平均值。请编写一个程序实现。

1．问题分析与算法设计

这个问题的算法十分简单，但是要注意在程序中判断最大值、最小值的变量是如何赋值的。

2．程序说明与注释

```c
#include<stdio.h>
int main()
{
    int integer,i,max,min,sum;
    max=-32768;                          /*先假设当前的最大值 max 为 C 语言整型数的最小值*/
    min=32767;                           /*先假设当前的最小值 min 为 C 语言整型数的最大值*/
    sum=0;                               /*将求累加和变量的初值置为 0*/
    for(i=1; i<=10; i++) {
        printf("Input number %d=",i);
        scanf("%d",&integer);            /*输入评委的评分*/
        sum+=integer;                    /*计算总分*/
        if(integer>max)max=integer;      /*通过比较筛选出其中的最高分*/
        if(integer<min)min=integer;      /*通过比较筛选出其中的最低分*/
    }
    printf("Canceled max score:%d\nCanceled min score:%d\n",max,min);
    printf("Average score:%d\n",(sum-max-min)/8); /*输出结果*/
}
```

运行结果如下：

```
Input number1=90
Input number2=91
Input number3=93
Input number4=94
```

```
Input number5=90
Input number6=99
Input number7=97
Input number8=92
Input number9=91
Input number10=95
Canceled max score:99
Canceled min score:90
Average score:92
```

12.5   课题实训案例 5：借书

题目：小明有 5 本新书，要借给 A，B，C3 位小朋友，若每人每次只能借 1 本，则可以有多少种不同的借法？

1. 问题分析与算法设计

本问题实际上是一个排列问题，即求从 5 个中取 3 个进行排列的方法的总数。首先对 5 本书从 1～5 进行编号，然后使用穷举的方法。假设 3 个人分别借这 5 本书中的 1 本，当 3 个人所借的书的编号都不相同时，就是满足题意的一种借阅方法。

2. 程序说明与注释

```c
int main()
{
    int a,b,c,count=0;
    printf("There are diffrent methods for XM to distribute books to 3 readers:\n");
    for(a=1; a<=5; a++) {
        /*穷举第一个人借 5 本书中的 1 本的全部情况*/
        for(b=1; b<=5; b++) {
            /*穷举第二个人借 5 本书中的一本的全部情况*/
            for(c=1; a!=b&&c<=5; c++) {
                /*当前两个人借不同的书时，穷举第三个人借 5 本书
                中的 1 本的全部情况*/
                if(c!=a&&c!=b) {
                    /*判断第三人与前两个人借的书是否不同*/
                    printf(count%8?"%2d:%d,%d,%d ":"%2d:%d,%d,%d\n ",++count,a,b,c);
                    /*打印可能的借阅方法*/
                }
            }
        }
    }
}
```

运行结果如下：

```
There are diffrent methods for XM to distribute books to 3 readers:
1: 1,2,3 2: 1,2,4 3: 1,2,5 4: 1,3,2 5: 1,3,4
6: 1,3,5 7: 1,4,2 8: 1,4,3 9: 1,4,5 10:1,5,2
11:1,5,3 12:1,5,4 13:2,1,3 14:2,1,4 15:2,1,5
16:2,3,1 17:2,3,4 18:2,3,5 19:2,4,1 20:2,4,3
21:2,4,5 22:2,5,1 23:2,5,3 24:2,5,4 25:3,1,2
26:3,1,4 27:3,1,5 28:3,2,1 29:3,2,4 30:3,2,5
31:3,4,1 32:3,4,2 33:3,4,5 34:3,5,1 35:3,5,2
```

```
36:3,5,4 37:4,1,2 38:4,1,3 39:4,1,5 40:4,2,1
41:4,2,3 42:4,2,5 43:4,3,1 44:4,3,2 45:4,3,5
46:4,5,1 47:4,5,2 48:4,5,3 49:5,1,2 50:5,1,3
51:5,1,4 52:5,2,1 53:5,2,3 54:5,2,4 55:5,3,1
56:5,3,2 57:5,3,4 58:5,4,1 59:5,4,2 60:5,4,3
```

12.6　课题实训案例6：打鱼还是晒网

题目：打鱼还是晒网，中国有句俗语叫"三天打鱼两天晒网"。某人从 1990 年 1 月 1 日起开始"三天打鱼两天晒网"，问这个人在以后的某一天中是"打鱼"还是"晒网"。

1．问题分析与算法设计

根据题意可以将解题过程分为 3 步：

（1）计算从 1990 年 1 月 1 日开始至指定日期共有多少天；

（2）由于"打鱼"和"晒网"的周期为 5 天，所以将计算出的天数用 5 去除；

（3）根据余数判断他是在"打鱼"还是在"晒网"；

若余数为 1，2，3，则他是在"打鱼"，否则是在"晒网"。

在这 3 步中，关键是第一步。求从 1990 年 1 月 1 日至指定日期有多少天，要判断经历年份中是否有闰年，二月为 29 天，平年为 28 天。闰年的方法可以用伪语句描述如下：

如果（（年能被 4 除尽且不能被 100 除尽）或能被 400 除尽）

则该年是闰年；

否则不是闰年。

C 语言中判断能否整除可以使用求余运算（即求模）。

2．程序说明与注释

```c
#include<stdio.h>
int days(struct date day);
struct date {
    int year;
    int month;
    int day;
} today,term;
int main()
{
    struct date today,term;
    int yearday,year,day;
    printf("Enter year/month/day:");
    scanf("%d%d%d",&today.year,&today.month,&today.day); /*输入日期*/
    term.month=12;                        /*设置变量的初始值：月*/
    term.day=31;                          /*设置变量的初始值：日*/
    for(yearday=0,year=1990; year<today.year; year++) {
        term.year=year;
        yearday+=days(term);              /*计算从1990年至指定年的前一年共有多少天*/
    }
    yearday+=days(today);                 /*加上指定年中到指定日期的天数*/
    day=yearday%5;                        /*求余数*/
```

```
        if(day>0&&day<4) printf("he was fishing at that day.\n");    /*打印结果*/
        else printf("He was sleeping at that day.\n");
    }
int days(struct date day)
{
    static int day_tab[2][13]= {
        {0,31,28,31,30,31,30,31,31,30,31,30,31,},          /*平均每月的天数*/
        {0,31,29,31,30,31,30,31,31,30,31,30,31,},
    };
    int i,lp;
    lp=day.year%4==0&&day.year%100!=0||day.year%400==0;
    /*判定 year 为闰年还是平年，lp=0 为平年，非 0 为闰年*/
    for(i=1; i<day.month; i++)                  /*计算本年中自 1 月 1 日起的天数*/
        day.day+=day_tab[lp][i];
    return day.day;
}
```

运行结果如下：

```
Enter year/month/day:1991 10 25
He was fishing at day.
Enter year/month/day:1992 10 25
He was sleeping at day.
Enter year/month/day:1993 10 25
He was sleeping at day.
```

12.7 课题实训案例 7：存钱

题目：假设银行一年整存零取的月息为 0.63%。现在某人手中有一笔钱，他打算在今后 5 年中的年底取出 1000 元，到第五年时刚好取完，请算出他存钱时应存入多少。

1．问题分析与算法设计

分析存钱和取钱的过程，可以采用倒推的方法。若第 5 年年底连本带息要取 1000 元，则要先求出第 5 年年初银行存款的钱数：

第 5 年初存款=1000/(1+12*0.0063)

依次类推可以求出第 4 年、第 3 年……的年初银行存款的钱数：

第 4 年年初存款=（第 5 年年初存款+1000）/（1+120.0063）

第 3 年年初存款=（第 4 年年初存款+1000）/（1+120.0063）

第 2 年年初存款=（第 3 年年初存款+1000）/（1+120.0063）

第 1 年年初存款=（第 2 年年初存款+1000）/（1+120.0063）

通过以上过程就可以很容易地求出第 1 年年初要存入多少钱。

2．程序说明与注释

```
#include<stdio.h>
int main()
{
    int i;
    float total=0;
    for(i=0; i<5; i++) {
        /*i 为年数，取值为 0~4 年*/
        total=(total+1000)/(1+0.0063*12);
```

```
    /*累计算出年初存款数额，第 5 次的计算结果即为题解*/
    }
    printf("He must save %.2f at first.\n",total);
}
```

运行结果如下：

```
He must save 4039.44 at first
```

12.8 课题实训案例 8：合伙捕鱼

题目：A、B、C、D、E5 个人在某天夜里合伙去捕鱼，到第二天凌晨时都疲惫不堪，于是各自找地方睡觉。日上三杆，A 第一个醒来，他将鱼分为 5 份，把多余的一条鱼扔掉，拿走自己的一份。B 第二个醒来，也将鱼分为 5 份，把多余的一条鱼扔掉，拿走自己的一份。C、D、E 依次醒来，也按同样的方法拿走鱼。问他们合伙至少捕了多少条鱼？

1. 问题分析与算法设计

根据题意，总计将所有的鱼进行了 5 次平均分配，每次分配时的策略是相同的，即扔掉一条鱼后剩下的鱼正好分成 5 份，然后拿走自己的一份，余下其他的 4 份。

假定鱼的总数为 X，则 X 可以按照题目的要求进行 5 次分配：$X-1$ 后可被 5 整除，余下的鱼为 $4*(X-1)$、5。若 X 满足上述要求，则 X 就是题目的解。

2. 程序说明与注释

```
#include<stdio.h>
int main()
{
    int n,i,x,flag=1;                           /*flag：控制标记*/
    for(n=6; flag; n++) {                        /*采用试探的方法。令试探值 n 逐步加大*/
        for(x=n,i=1&&flag; i<=5; i++)
            if((x-1)%5==0) {
                x=4*(x-1)/5;
            } else {
                flag=0;                          /*若不能分配则置标记 falg=0 退出分配过程*/
            }
        if(flag) {
            break;                               /*若分配过程正常结束则找到结果退出试探的过程*/
        } else {
            flag=1;                              /*否则继续试探下一个数*/
        }
    }
    printf("Total number of fish catched=%d\n",n); /*输出结果*/
}
```

运行结果如下：

```
Total number of fish catched = 3121
```

12.9 课题实训案例 9：卖鱼

题目：买卖提将养的一缸金鱼分 5 次出售。第一次卖出全部的一半加二分之一条；第二次卖出余下的三分之一加三分之一条；第三次卖出余下的四分之一加四分之一条；第四次卖出余下的五分之一加五分之一条；最后卖出余下的 11 条。问原来的鱼缸中共有几条金鱼？

1. 问题分析与算法设计

题目中所有的鱼是分 5 次出售的，每次卖出的策略相同；第 j 次卖剩下的（$j+1$）分之一再加 $1/$（$j+1$）条。第 5 次将第四次余下的 11 条全卖了。

假定第 j 次鱼的总数为 X，则第 j 次留下：

$$x-(x+1)/(j+1)$$

当第 4 次出售完毕时，应该剩下 11 条。若 X 满足上述要求，则 X 就是题目的解。

应当注意的是："$(x+1)/(j+1)$"应满足整除条件。试探 X 的初值可以从 23 开始，试探的步长为 2，因为 X 的值一定为奇数。

2. 程序说明与注释

```c
#include<stdio.h>
int main()
{
    int i,j,n=0,x;                              /*n 为标志变量*/
    for(i=23; n==0; i+=2) {                     /*控制试探的步长和过程*/
        for(j=1,x=i; j<=4&&x>=11; j++)          /*完成出售四次的操作*/
            if((x+1)%(j+1)==0)                  /*若满足整除条件则进行实际的出售操作*/
                x-=(x+1)/(j+1);
            else {
                x=0;                            /*否则停止计算过程*/
                break;
            }
        if(j==5&&x==11) {                       /*若第四次余下 11 条则满足题意*/
            printf("There are %d fishes at first.\n",i); /*输出结果*/
            n=1;                                /*控制退出试探过程*/
        }
    }
}
```

运行结果如下：

```
There are 59 fishes at first.
```

12.10　课题实训案例 10：分鱼

题目：甲、乙、丙 3 位渔夫出海打鱼，他们随船带了 21 只箩筐。当晚返航时，他们发现有 7 筐装满了鱼，还有 7 筐装了半筐鱼，另外 7 筐则是空的，由于他们没有秤，只好通过目测认为 7 个满筐鱼的重量是相等的，7 个半筐鱼的重量是相等的。在不将鱼倒出来的前提下，怎样将鱼和筐平分为 3 份？

1. 问题分析与算法设计

根据题意可以知道：每个人应分得 7 个箩筐，其中有 3.5 筐鱼。采用一个 3*3 的数组 a 来表示 3 个人分到的东西。其中每个人对应数组 a 的一行，数组的第 0 列放分到的鱼的整筐数，数组的第 1 列放分到的半筐数，数组的第 2 列放分到的空筐数。由题目可以推出：

（1）数组的每行或每列的元素之和都为 7；

（2）对数组的行来说，满筐数加半筐数=3.5；

（3）每个人所得的满筐数不能超过 3 筐；

（4）每个人都必须至少有 1 个半筐，且半筐数一定为奇数。

对于找到的某种分鱼方案，三个人谁拿哪一份都是相同的，为了避免出现重复的分配方案，可以规定：第二个人的满筐数等于第一个人的满筐数；第二个人的半筐数大于等于第一个人的半筐数。

2．程序说明与注释

```
#include<stdio.h>
int a[3][3],count;
int main()
{
    int i,j,k,m,n,flag;
    printf("It exists possible distribtion plans:\n");
    for(i=0; i<=3; i++) {/*试探第一个人满筐a[0][0]的值，满筐数不能>3*/
        a[0][0]=i;
        for(j=i; j<=7-i&&j<=3; j++) {/*试探第二个人满筐a[1][0]的值，满筐数不能>3*/
            a[1][0]=j;
            if((a[2][0]=7-j-a[0][0])>3) {
                continue;                  /*第三个人满筐数不能>3*/
            }
            if(a[2][0]<a[1][0]) {
                break;                  /*要求后一个人分的满筐数>=前一个人，以排除重复情况*/
            }
            for(k=1; k<=5; k+=2) {/*试探半筐a[0][1]的值，半筐数为奇数*/
                a[0][1]=k;
                for(m=1; m<7-k; m+=2) {/*试探 半筐a[1][1]的值，半筐数为奇数*/
                    a[1][1]=m;
                    a[2][1]=7-k-m;
                    for(flag=1,n=0; flag&&n<3; n++)
                        /*判断每个人分到的鱼是 3.5 筐，flag为满足题意的标记变量*/
                        if(a[n][0]+a[n][1]<7&&a[n][0]*2+a[n][1]==7)
                            a[n][2]=7-a[n][0]-a[n][1]; /*计算应得到的空筐数量*/
                        else flag=0;    /*不符合题意则置标记为 0*/
                    if(flag) {
                        printf("No.%d Full basket Semi-basket Empty\n",++count);
                        for(n=0; n<3; n++)
                            printf(" fisher %c: %d %d %d\n",
                            'A'+n,a[n][0],a[n][1],a[n][2]);
                    }
                }
            }
        }
    }
}
```

运行结果如下：

```
It exists possible distribution plans:
No.1 Full basket Semi-basket Empty
fisher A: 1 5 1
fisher B: 3 1 3
fisher C: 3 1 3
```

No.2 Full basket Semi-basket Empty
fisher A: 2 3 2
fisher B: 2 3 2
fisher C: 3 1 3

12.11　课题实训案例 11：年龄几何
（年龄与数列）

题目：张三、李四、王五、刘六的年龄成一等差数列，他们 4 人的年龄相加是 26，相乘是 880，求以他们的年龄为前 4 项的等差数列的前 20 项。

1.　问题分析与算法设计

设数列的首项为 a，则前 4 项之和为 "4*n+6*a"，前 4 项之积为 "n*(n+a)*(n+a+a)*(n+a+a+a)"。同时，"1<=a<=4"，"1<=n<=6"。可采用穷举法求出此数列。

2.　程序说明与注释

```
#include<stdio.h>
int main()
{
    int n,a,i;
    printf("The series with equal difference are:\n");
    for(n=1; n<=6; n++) {                                      /*公差 n 取值为 1~6*/
        for(a=1; a<=4; a++) {                                  /*首项 a 取值为 1~4*/
            if(4*n+6*a==26&&n*(n+a)*(n+a+a)*(n+a+a+a)==880) {  /*判断结果*/
                for(i=0; i<20; i++) {
                    printf("%d ",n+i*a);                       /*输出前 20 项*/
                }
            }
        }
    }
}
```

运行结果如下：

```
The series with equal difference are:
2 5 8 11 14 17 20 23 26 29 32 35 38 41 44 47 50 53 56 59
```

12.12　课题实训案例 12：颜色搭配

题目：若一个口袋中放有 12 个球，其中有 3 个红的、3 个白的和 6 个黑的，问从中任取 8 个共有多少种不同的颜色搭配？

1.　问题分析与算法设计

设任取的红球个数为 i，白球个数为 j，则黑球个数为 $8-i-j$，根据题意红球和白球个数的取值范围是 0~3，在红球和白球个数确定的条件下，黑球个数取值应为 $8-i-j \leqslant 6$。

2.　程序说明与注释

```
#include<stdio.h>
int main()
{
```

```
    int i,j,count=0;
    printf(" RED BALL WHITE BALL BLACKBALL\n");
    printf("......\n");
    for(i=0; i<=3; i++)  /*循环控制变量 i 控制任取红球个数 0～3*/
        for(j=0; j<=3; j++)  /*循环控制变量 j 控制任取白球个数 0～3*/
            if((8-i-j)<=6)
                printf(" %2d: %d %d %d\n",++count,i,j,8-i-j);
}
```

12.13　课题实训案例 13：与谁结婚

题目：3 对情侣参加婚礼，3 个新郎为 A、B、C，3 个新娘为 X、Y、Z。有人不知道谁和谁结婚，于是询问了 6 位新人中的 3 位，但听到的回答是这样的：A 说他将和 X 结婚；X 说她的未婚夫是 C；C 说他将和 Z 结婚。这人听后知道他们在开玩笑，全是假话。请编程找出谁将和谁结婚。

1. 问题分析与算法设计

将 A、B、C3 人用 1，2，3 表示，将 X 和 A 结婚表示为 "X=1"，将 Y 不与 A 结婚表示为 "Y!=1"。按照题目中的叙述可以写出表达式：

x!=1　A 不与 X 结婚

x!=3　X 的未婚夫不是 C

z!=3　C 不与 Z 结婚

题意还隐含着 X、Y、Z3 个新娘不能结为配偶，则有

x!=y 且 x!=z 且 y!=z

穷举以上所有可能的情况，代入上述表达式中进行推理运算，若假设的情况使上述表达式的结果均为真，则假设情况就是正确的结果。

2. 程序说明与注释

```
#include<stdio.h>
int main()
{
    int x,y,z;
    for(x=1; x<=3; x++)                              /*穷举 x 的全部可能配偶*/
        for(y=1; y<=3; y++)                          /*穷举 y 的全部可能配偶*/
            for(z=1; z<=3; z++)                      /*穷举 z 的全部可能配偶*/
                if(x!=1&&x!=3&&z!=3&&x!=y&&x!=z&&y!=z) { /*判断配偶是否满足题意*/
                    printf("X will marry to %c.\n",'A'+x-1); /*打印判断结果*/
                    printf("Y will marry to %c.\n",'A'+y-1);
                    printf("Z will marry to %c.\n",'A'+z-1);
                }
}
```

运行结果如下：

X will marry to B. (X 与 B 结婚)

Y will marry to C. (Y 与 C 结婚)

Z will marry to A. (Z 与 A 结婚)

12.14 课题实训案例 14：说谎

题目：张三说李四在说谎，李四说王五在说谎，王五说张三和李四都在说谎。现在问：这 3 人中到底谁说的是真话，谁说的是假话？

1. 问题分析与算法设计

分析题目，每个人都有可能说的是真话，也有可能说的是假话，这样就需要对每个人所说的话进行分别判断。假设 3 个人所说的话的真假用变量 A、B、C 表示，等于 1 表示该人说的是真话；0 表示这个人说的是假话。由题目可以得到：

*张三说李四在说谎 张三说的是真话：a==1&&b==0

或张三说的是假话：a==0&&b==1

*李四说王五在说谎 李四说的是真话：b==1&&c==0

或李四说的是假话：b==0&&c==1

*王五说张三和李四都在说谎 王五说的是真话：c==1&&a+b==0

或王五说的是假话：c==0&&a+b!=0

上述 3 个条件之间是"与"的关系。将表达式进行整理就可得到 C 语言的表达式：

$$(a\&\&!b||!a\&\&b)\&\&(b\&\&!c||!b\&\&c)\&\&(c\&\&a+b==0||!c\&\&a+b!=0)$$

穷举每个人说真话或说假话的各种可能情况，代入上述表达式中进行推理运算，使上述表达式均为"真"的情况就是正确的结果。

2. 程序说明与注释

```c
#include<stdio.h>
int main()
{
    int a,b,c;
    for(a=0; a<=1; a++)
        for(b=0; b<=1; b++)
            for(c=0; c<=1; c++)
                if((a&&!b||!a&&b)&&(b&&!c||!b&&c)&&(c&&a+b==0||!c&&a+b!=0)) {
                    printf("Zhangsan told a %s.\n",a?"truth":"lie");
                    printf("Lisi told a %s.\n",b?"truch":"lie");
                    printf("Wangwu told a %s.\n",c?"truch":"lie");
                }
}
```

运行结果如下：

Zhangsan told a lie (张三说假话)

Lisi told a truch. (李四说真话)

Wangwu told a lie. (王五说假话)

第13章
课题实训题目汇编

13.1　C 程序设计实训要求及选题说明

（1）请给出问题分析与算法设计，并画出流程图；

（2）编写程序，并给出必要的说明与注释；

（3）运行程序，并获得正确结果；

（4）教师给出课程设计题目，要求每个学生一题；

（5）学生可以自拟课程设计题目，但要求须与任课教师协商，并获得教师批准后，方可开题；

（6）以教师提供的设计题目为主，学生自拟题目为辅。

（7）完成后，将要求学生答辩。

13.2　C 程序设计课题实训题目汇编

题目 1　学籍信息管理系统

【说明及要求】

该系统能实现学籍信息管理（学号、姓名、出生年月、入学年份、所在学院、专业等组成学生信息）的一般功能，包括信息录入、查询、浏览、统计等功能。其中系统应有排序功能。

【提示】

（1）程序运行后首先打印一个菜单：N.录入；F.查找；B.浏览；D.统计；Q.退出。

（2）用户通过选项实现录入、查询、浏览和统计。

（3）录入功能要求能够添加新的学生信息的文件。

（4）文件中一行数据对应一个学生信息。

（5）查询功能要求能够按照学生学号和姓名查询。

（6）浏览功能要求能按照学院、专业分类浏览，提供分屏显示。

（7）统计功能要求能够按照学生所在学院统计出学生人数。

（8）学生信息的数据结构采用数组，一个数组对应一条学生记录。

题目2　运动管理系统

【说明及要求】

某单位组织各部门参加冬运会，项目分为男子竞赛项目与女子竞赛项目，系统要实现参赛运动员信息的录入、查询、浏览等功能，并能按照运动组委会的规定，进行项目成绩评定：（1）取前5名的项目：第1名得分7，第2名得分5，第3名得分3，第4名得分2，第5名得分1；（2）取前3名的项目：第1名得分5，第2名得分3，第3名得分2。

通过成绩评定，用户可查询获得名次运动员的信息，各个部门的比赛成绩，并能生成团体总分报表，按总分的升序进行排列。

【提示】

（1）可按信息输入模块、成绩模块和查询模块进行设计。

（2）数据结构采用结构体数组，包括部门、运动员和成绩3个结构体，如部门结构体成员包括部门名、参赛项目和得分。

（3）编写 main 函数进行演示。

题目3　简单的英文词典排版系统的实现

【说明及要求】

系统实现单词的的录入、删除、浏览、排序功能，其中录入功能要求能够完成新单词的录入操作；添加功能完成新单词的添加操作，删除功能完成词典中重复单词的删除操作，浏览功能完成英文词典文件的输出操作；排序功能完成 A～Z 的顺序排版。

【提示】

（1）可通过键盘式菜单实现功能选择，程序运行后首先打印一个菜单：N.录入；D.删除；B.浏览；S.排序；Q.退出。

（2）采用指针数组或二维数组进行单词的存储，便于将数据写入文件。

（3）单词输入结束标志可以以回车键结束。

（4）编写 main 函数进行演示。

题目4　家庭账务管理系统

【说明及要求】

系统具有账务处理的一般功能，包括家庭月收入管理、月支出管理，并能按年、月统计家庭收入总和与支出总合，可按月支出费用进行降序排序，同时系统提供收入或支出的添加、修改和删除操作。

【提示】

（1）可采用结构体数组和文件系统实现。

（2）可采用函数实现收入或支出的添加、修改和删除操作功能。

题目 5　投 票 程 序

【说明及要求】

设有代码号为 X、Y、Z 的 3 个候选人竞选年度先进工作者，记分方法如下：投票者在选票上对他们的编号的填写顺序分记为 5.3.2 时，若投票人数为 4，输入投票内容为（1）XYZ；（2）ZXY；（3）ZYX；（4）YZX；候选人等分为 X:12；Y:13；Z:15，则 Z 为年度先进工作者。请编程从键盘上输入投票人数及投票结果，统计他们的得分，并输出哪位是年度先进工作者。要求投票者在选票上对他们的编号的填写顺序分可自行设定，同一张票上写有两个相同代号视为无效票。

【提示】

（1）定义结构体成员表示投票及得分。

（2）若采用二维数组，可考虑行方向对应一张投票，列方向对应各候选人得分。

（3）编写 main 函数进行演示，可考虑函数调用。

题目 6　销售管理设计

【说明及要求】

某公司有 5 个销售员，负责销售 6 种产品。每个销售员都将当天销售的每种产品各写一张便条交上来。每张便条包含内容为销售员的代号、产品代号、该种产品当天的销售额。

每位销售员每天可能上缴 0~6 张便条。假设收集到了上个月的所有便条，编写一个处理程序，读取上个月的销售情况，并做以下处理：（1）计算上个月每个人每种产品的销售额；（2）按销售额对销售员进行排序，输出排序结果；（3）统计每种产品的总销售额，对这些产品按从高到低的顺序输出排序结果。

【提示】

（1）可采用结构体数组和文件系统实现。

（2）结构体成员包括销售代号、产品和销售额。

（3）程序运行后首先打印一个菜单：N.销售额录入；D.销售明细；S.排序；T.统计；Q.退出。

（4）考虑利用函数调用，编写 main 函数进行演示。

题目 7　图书管理系统设计

【说明及要求】

该系统能实现图书馆管理的一般功能，包括图书信息录入、修改、删除和查询功能。要求有图书借阅信息（借出、归还）的修改，系统能够提供按时间段（如在某年 1 月 1 日到某年 10 月

10 日借出、归还的图书等）查询、按时间（借出时间、归还时间图书）查询等，并提供统计功能至少包括按时间段统计，将查询、统计的结果打印输出。

【提示】

（1）用一个文件存放图书信息。

（2）图书信息包括图书编号、书名、出版社、作者、ISBN 号、单价等。

（3）图书借阅信息包括图书编号、状态、借出时间、归还时间等（注：状态可考虑 0 代表借出，1 代表已归还）。

（4）程序运行后首先打印一个菜单：N.录入；D.删除；B.查询；S.统计输出；Q.退出。

（5）考虑利用函数调用，编写 main 函数进行演示。

题目 8　民航业务查询系统

【说明及要求】

设计一个民航业务查询，使系统具有航班信息录入、修改、浏览和查询功能，其中可按航班号、起点站、终点站和飞行时间进行查询。

【提示】

（1）可用文件保存航班信息用。

（2）航班信息包括航班号、起始站、终点站和确定的飞行实间，飞行时间在设计时候可以用周几表示。

（3）程序运行后首先打印一个菜单：N.录入；U.修改；S.查询；B.浏览；Q.退出。

（4）考虑利用函数调用，编写 main 函数进行演示。

题目 9　资产管理系统设计

【说明及要求】

设计一资产管理系统，使系统具有资产设备的录入和修改，以及对资产设备的查询。

【提示】

（1）资产设备信息用文件存储。

（2）资产设备信息包括设备编号、设备名称、设备型号、设备分类、所属部门、购买价格、购置日期、折旧车本、是否报废和报废日期。

（3）可考虑用键盘式选择菜单以实现功能选择，即 N.录入；U.修改；S.查询；B.浏览；Q.退出。

（4）查询是指对资产设备的分类查询，包括按购买价格范围、设备分类和购置日期的查询。

题目 10　通信录管理系统设计

【说明及要求】

设计一个简单的通信管理系统，使系统实现对通信录数据的录入、修改、删除、显示和查询功能，要求录入重复的姓名和电话时，系统提示数据录入重复并取消，要求录入的新数据能按递增的顺序自动进行条目编号，删除数据后，系统亦能自动调整后续条目的编号，可按姓名和电话号码进行查询操作。

【提示】

（1）可采用结构体数组和文件系统实现。

（2）通信录数据信息包括姓名、电话号码和 E-mail 地址。

（3）可考虑用键盘式选择菜单以实现功能选择，即 N.录入；U.修改；S.查询；B.浏览；D.删除；Q.退出。

（4）分别编写通信录数据的录入、修改和删除函数。

（5）编写 main 函数调用上述函数进行演示。

题目 11　根据游戏规则输出判断结果

【说明及要求】

游戏规则：A，B，C，D

（1）A>B；A<C；A>D；

（2）B>C；B>D；

（3）C<D。

【提示】猜拳

（1）产生 3 个随机数。

（2）对 3 个随机数的意义进行说明（3 个数代表石头、剪刀、布）。

（3）学生从键盘输入 3 个数。

（4）将上述两种数进行"猜拳"，根据游戏规则进行判读。

（5）输出判断结果。

（6）退出系统。

题目 12　学生课程管理设计

【说明及要求】

该系统能实现学生选课的一般功能，包括课程信息、学生选课信息的录入、修改、删除和查询功能。

【提示】

（1）设计可以以菜单方式进行。

（2）课程信息包括课程编号、课程名称、课程性质、总学时、授课学时、实验或上机学时、学分和开课学期。

（3）学生选课信息包括学号和课程编号。

（4）能按课程性质和学分查询课程。

（5）按学分降序排序课程信息。

（6）能查询某门课程学生选课情况。

题目 13　学生成绩简单管理程序

【说明及要求】

（1）输入若干条记录（指定学生的信息）。

（2）显示所有记录。

（3）按学号排序。

（4）插入一条记录。

（5）按姓名查找，删除一条记录。

（6）查找并显示一条记录。

（7）输出统计信息（学生平均分，总成绩，名次）。

（8）从正文中添加数据到结构体数组。

（9）将所有数据写入文件中。

【提示】

程序可按说明及要求内容进行模块划分，用子函数完成。

题目 14　学生成绩管理系统设计

【说明及要求】

有 N 个学生，每个学生的数据包含学号（不重复）、姓名、三门课的成绩及平均成绩，试设计一学生成绩管理系统，使之能提供以下功能：

学生成绩管理系统
1.　成绩录入
2.　成绩查询
3.　成绩统计
4.　退　　出

（1）主菜单。

（2）各菜单项功能。

① 成绩录入：输入学生的学号、姓名及三门课的成绩。

② 成绩查询（至少一种查询方式）：

按学号查询学生记录；

查询不及格学生的记录。

③ 成绩统计：

计算学生的平均分；

根据学生的平均分高低，对学生的数据进行排序后输出；

对学生单科成绩排序，输出学生姓名与该科成绩。

④ 退出系统：退出整个系统（即主菜单）。

【提示】

考查结构体数组、函数、指针、算法、流程结构、文件等的综合应用。

结构体数组：

```
#define N 30struct student
        {int num;          /* 定义学号*/
```

```
        char name[20];      /* 定义姓名*/
        float score[3];     /* 定义存储三门课成绩的数组*/
        float average;      /* 定义平均成绩*/
        };struct student stu[N];   /* 定义结构体数组,存储多个学生的记录*/
```

附：随机数发生器函数 random()用法。

函数原型：int random(int num);

程序例：

```
#include <stdlib.h>    /*包含库函数 random()的头文件*/
#include <stdio.h>
/* prints a random number in the range 0 to 99 */
void main()
{  int n;
    randomize();         /*初始化随机数发生器*/
    n= random (100); /*产生一个 0～100 的随机数*/
   printf("Random number in the 0-99 range: %d\n",n);
  }
```

题目 15   学生成绩管理（用结构体）

【说明及要求】

向计算机输入某班 n（$n \leqslant 100$）个学生学号，姓名，性别和 m（$m \leqslant 10$）门的课程考试成绩，要求计算机输出全班各个学生的平均成绩，按名次输出同学的姓名和学号。

【提示】

（1）定义结构体 student 用于存放学生信息。

```
struct student
{int sno,            //学号
char sname [8],     //姓名
char ssex [2],      //性别
float score[10],    //成绩
float avg           //平均成绩
};
struct student s[100];
```

（2）定义函数输入全班所有学生的各门课程的成绩。

（3）定义函数计算各个学生的平均成绩。

（4）定义函数按学生的平均成绩排序学生。

（5）定义函数输出学生的学号、姓名和平均成绩。

题目 16   学生证管理系统

【说明及要求】

系统应该具有下列功能。

（1）录入某学生的学生证信息。

（2）给定学号，显示某位学生的学生证信息。

（3）给定某个班级的班号，显示该班所有学生的学生证信息。

（4）给定某位学生的学号，修改该学生的学生证信息。

（5）给定某位学生的学号，删除该学生的学生证信息。

（6）给定某个班级的班号，显示该班的学生人数。

【提示】

（1）定义结构体表示学生证信息（学号、姓名、性别、班级号、专业）。

（2）用文件存储学生证信息。

（3）分别定义函数实现上述各功能。

（4）在 main 函数中调用上述函数进行演示。

题目 17　仪 器 管 理

【说明及要求】

能够实现仪器信息（仪器编号、名称、规格、型号、购买日期、单价、数量）的新增、修改、删除和查找功能。

【提示】

（1）用一个文件存放仪器信息。

（2）定义一个结构体表示仪器。

（3）程序运行后首先打印一个菜单：N.新增；M.修改；D.删除；F.查找；Q.退出。

（4）根据用户输入的选项实现仪器的新增、修改、删除和查找。

（5）查找的时候可以按仪器编号进行。

题目 18　歌星大奖赛（1）

【说明及要求】

在歌星大奖赛中有 n 个选手，有 10 个评委为参加赛的选手打分，分数为 1～10 分。选手最后得分为：去掉一个最高分和最低分后其余 8 个分数的平均值。请编写一个程序实现，同时对评委评分进行裁判，即在 10 个评委中找出最公平（即为最接近平均分）和最不公平（即与平均分的差距最大）的评委。

【提示】

（1）定义一个结构体表示选手。

```
struct singer
{int id,//选手代码
char name[8],//选手姓名
char sex[2],//选手性别
float degree[10],//用于存放评委个选手打的分数
float avgdegree//选手得分
}
```

（2）定义结构体数组存放每一个选手的信息。

（3）定义函数计算每个选手的得分。

（4）定义函数统计出最不公平的两位评委，只用输出对应的序号（比如 1 号评委）。

题目 19　歌星大奖赛（2）

在歌星大奖赛中，有 10 个评委为参赛的选手打分，分数为 1～100 分。选手最后得分为：去掉一个最高分和一个最低分后其余 8 个分数的平均值,同时在 10 个评委中找出评分最接近最低分和最接近最高分的评委。请编写一个程序实现。

题目 20　杂志管理软件

【说明及要求】

使用计算机对一杂志的订阅进行管理，杂志订阅信息如下：

杂志代码	订阅户名	身份证号	订阅份数	单价	小计
122	李平	4512245	2	5.5	11.0
123	黄海	4554545	1	5.5	5.5

系统能对上述订阅信息进行新增、修改、删除，并能按身份证号查找订阅户名的订阅情况，以及统计指定杂志的订阅份数。

【提示】

（1）用一个文件存放订阅信息。

（2）定义结构体表示订阅信息。

（3）分别编写函数实现订阅信息的新增、修改、删除、按身份证号查找、按杂志代码统计订阅份数。

（4）编写 main 函数调用上述函数进行演示。

题目 21　人 事 管 理

【说明及要求】

实现红河学院工学院人事信息（编号、姓名、性别、年龄、职务、职称、政治面貌、学历、人员类别）的新增、修改、删除、按编号查找，以及按职称（助教、讲师、副教授、教授）和性别统计员工人数的功能。注意，人事编号不能重复。

【提示】

（1）用一个文件存放人事信息。

（2）定义结构体表示人员信息。

（3）分别编写函数实现人事信息的新增、修改、删除、按编号查找、按职称统计和按性别统计的功能。

（4）编写 main 函数调用上述函数进行演示。

题目 22 机房上机模拟系统

【说明及要求】

根据用户输入的账号和密码，判断用户是否合法，如果是合法用户则记录用户的账号、上机时间，如果为非法用户则提示账号或密码错误，请重试。用户上机结束后，记录用户的下机时间，并计算费用（设每小时时间费用为 1 元）。

【提示】

（1）用两个文件分别存放用户账号（用户账号、密码）和上机记录（账号、上机时间、下机时间、费用）。

（2）定义两个结构体分别表示用户账号和上机记录。

（3）编写函数分别实现上机和下机功能。

（4）在主函数中调用上述函数完成演示。

题目 23 医院排队看病系统

【说明及要求】

病人到医院看病，需要排队等候，先到先看。请编写程序模拟病人看病的过程。①后到的病人必修排在最后面；②排队过程中的病人可以随时查看自己前面还有多少病人等待看病；③系统能提示正在看病的后面一个病人作好准备。

【提示】

（1）定义结构体表示病人信息（姓名、性别、年龄）。

（2）使用单链表实现。

（3）分别定义函数实现在单链表的后面插入一个元素，删除单链表的第一个元素，查找单链表的任何一个元素（按姓名查找）等功能。

（4）在 main 函数中进行模拟。

题目 24 车辆租赁管理系统

【说明及要求】

实现车辆信息（车辆牌号、车辆座位数、车辆类型、状态）的新增、修改、删除和查找功能。车辆的类型分为（轿车、维修车）。当车辆租出后修改车辆的状态信息为租出（已出租车辆不能再次出租），否则车辆的状态信息为待租。

【提示】

（1）定义结构体表示车辆信息。

（2）使用文件存放车辆信息。

（3）定义函数分别实现车辆的新增、修改、删除、查找和修改车辆状态。

（4）在 main 函数中调用上述函数完成演示。

题目 25　图书销售管理系统

【说明及要求】

实现图书信息（书号、书名、作者、定价、数量）的新增、修改、删除和查询功能；实现销售信息（书号、单价、数量、小计、销售日期）登记；实现销售统计（按指定的书号统计销售的数量和销售明细）。注意，销售图书时相应图书的数量必须进行修改。

【提示】

（1）定义结构体分别表示图书信息和销售信息。

（2）用两个文件分别存放图书信息和销售信息。

（3）分别定义函数实现图书信息的新增、修改、删除、查询、图书销售登记，以及按图书号统计销售数量和明细的功能。

（4）在 main 函数中调用上述函数进行演示。

题目 26　图书入库管理系统

【说明及要求】

实现图书信息（书号、书名、作者、定价、数量）的新增、修改、删除和查询功能；实现入库信息（书号、单价、数量、小计、入库日期）登记；实现入库统计（按指定的书号统计入库的数量和明细）。注意，图书入库时相应图书的数量必须进行修改。

【提示】

（1）定义结构体分别表示图书信息和入库信息。

（2）用两个文件分别存放图书信息和入库信息。

（3）分别定义函数实现图书信息的新增、修改、删除、查询、图书入库登记，以及按图书号统计入库数量和明细的功能。

（4）在 main 函数中调用上述函数进行演示。

题目 27　歌曲信息管理系统

【说明及要求】

实现歌曲信息（歌曲名、歌手、唱片公司、发行日期）的新增、修改和删除功能，并能按唱片公司和歌手统计歌曲信息。

【提示】

（1）定义结构体表示歌曲信息。

（2）用文件存放歌曲信息。

（3）分别定义函数实现歌曲信息的新增、修改、删除、按唱片公司统计、按歌手统计等功能。

（4）编写 main 函数进行演示。

题目 28 交通处罚单管理系统

【说明及要求】

实现交通罚款信息（车辆牌号、驾驶证号、交警代号、违章时间、罚款金额、缴费状态）的登记、删除和修改功能，并能分别按车辆牌号、驾驶证号和交警代号查询交通罚款信息。

【提示】

（1）定义结构体表示罚款信息。

（2）用文件实现罚款信息存储。

（3）分别编写函数实现罚款信息登记、修改、删除以及按车辆牌号、驾驶证号、交警代号查询交通罚款信息。

（4）在 main 函数中调用上述函数进行演示。

题目 29 教师工资管理系统

【说明及要求】

向计算机中输入工学院 n（$n \leqslant 100$）个教师（教师号、姓名）及每个教师的 m（$m \leqslant 10$）项工资信息。然后计算各个教师的工资（即 m 个工资项的总和），最后按工资由高到低的顺序输出教师姓名和对应的工资。

【提示】

（1）定义结构体 teacher 用于存放教师信息。

```
struct teacher
{int tno,          //教师号
char sname [8],   //姓名
float money[10],  //工资项
float sum         //工资
};
struct teacher s[100];
```

（2）定义函数输入所有教师的信息及工资信息。

（3）定义函数计算各个教师的工资。

（4）定义函数按工资由高到低进行排序。

（5）定义函数输出教师的姓名和对应的工资。

题目 30 客房管理系统

【说明及要求】

系统要实现客房（房号、电话、单价、状态）信息的新增、删除和查询功能，以及入住登记、

退房登记等功能。说明：入住信息包括房号、客户身份证号码、入住时间、单价、退房时间和费用。退房时只需找到相应入住信息，然后修改退房时间，计算入住费用即可，并修改房间状态信息为"空房"。另外，实现按客户身份证号查看其住宿明细。

【提示】

（1）定义结构体分别表示客房信息和入住信息。

（2）用文件分别存放客房信息和入住信息。

（3）分别定义函数实现题目要求的各个功能。

（4）在 main 函数中调用上述函数并演示。

题目 31 职工工资管理系统

【说明及要求】

每个职工的信息为职工号、姓名、性别、单位名称、家庭住址、联系电话、基本工资、津贴、生活补贴、应发工资、电话费、水电费、房租、所得税、卫生费、公积金、合计扣款和实发工资，程序要求能实现职工信息和职工数据处理。

【提示】

（1）职工信息处理包括输入职工信息、浏览职工信息、插入（修改）职工信息、删除职工信息。

（2）职工数据处理：

① 按职工号录入职工基本工资、津贴、生活补贴、电话费、水电费、房租、所得税、卫生费、公积金等基本数据；

② 按计算规则实现职工实发工资、应发工资、合计扣款计算；

③ 实现输入职工号，读出并显示该职工信息，输入新数据，将改后信息写入文件的数据管理；

④ 输入职工号或其他信息，即读出所有数据信息，并显示出来的职工数据查询；

⑤ 输出职工信息到屏幕。

（3）计算规则：应发工资=基本工资+津贴+生活补贴；合计扣款=电话费+水电费+房租+所得税+卫生费+公积金；实发工资=应发工资−合计扣款。

题目 32 绘 $\tan(x)$ 曲线或 $\cot(x)$ 曲线（任选其一）

（1）实现用"*"显示 0～360° 的 $\tan(x)$ 曲线。

（2）实现用"*"显示 0～360° 的 $\cot(x)$ 曲线。

题目 33 服装销售系统

【说明及要求】

服装销售系统的功能是完成服装信息（服装代码、型号、规格、面料、颜色、单价、数量）新增、修改和查找功能及服装销售信息（服装代码、数量、日期、售价、小计）登记和查找功能。销售服装时相应的服装信息数量要进行修改（比如原来有 5 件，销售 2 件后只能剩余 3 件）。

【提示】

（1）用两个文件存放服装信息和销售信息。

（2）定义结构体表示服装信息和销售信息。

（3）打印系统操作菜单：N.服装信息登记；M.服装信息修改；D.服装信息删除；S.服装销售登记；Q.退出系统。

（4）分别编写函数实现上述各功能。

题目 34　炮兵阵地详解

【题目描述】

司令部的将军们打算在 $N*M$ 的网格地图上部署他们的炮兵部队。一个 $N*M$ 的地图由 N 行 M 列组成，地图的每一格可能是山地（用 "H" 表示），也可能是平原（用 "P" 表示），如下图所示。在每一格平原地形上最多可以布置一支炮兵部队（山地上不能够部署炮兵部队）；一支炮兵部队在地图上的攻击范围如图中黑色区域所示。

P	P	H	P	H	H	P	P
P	H	P	H	P	H	P	P
P	P	P	H	H	P	P	P
H	P	H	P	P	P	P	H
H	P	P	P	H	P	H	H
H	P	P	H	H	P	P	P
H	H	H	P	P	P	P	H

如果在地图中的未涂色所标识的平原上部署一支炮兵部队，则图中的黑色的网格表示它能够攻击到的区域：沿横向左右各两格，沿纵向上下各两格。图上其他白色网格均攻击不到。从图上可见炮兵的攻击范围不受地形的影响。

现在，将军们规划如何部署炮兵部队，在防止误伤的前提下（保证任何两支炮兵部队之间不能互相攻击，即任何一支炮兵部队都不在其他支炮兵部队的攻击范围内），在整个地图区域内最多能够摆放多少炮兵部队？

题目 35　系统用户管理系统

【说明及要求】

设系统用户信息（用户代码，用户名，密码，系统身份）存放在一个名为 user.txt 的文件中，请编写程序实现用户信息的新增、修改密码、删除功能（实现新增和删除时，用户的系统身份必须是 "系统管理员"），并能模拟用户登录。如果输入的用户代码和密码在文件中存在，则显示欢迎某某用户登录的界面和操作菜单（N.新增、M.修改密码、D.删除），以便用户完成相应操作；如果输入错误则提示用户重新输入（最多可以尝试 3 次）。

【提示】

（1）定义一个结构体表示用户信息。

（2）分别编写函数实现用户信息的新增、修改密码、删除、用户登录等功能。

（3）用户尝试登录的次数要通过一个静态变量实现。

（4）编写 main 函数进行演示。

题目 36　车票管理系统

【说明及要求】

每趟车次信息为班次号、发车时间、起点站、终点站、行车时间、额定载量和已定票人数，系统要求实现对车次信息的录入、浏览、查询并实现售票、退票功能。

【提示】

（1）浏览车次信息时，应注意如果当前系统时间超过了某班次的发车时间，则显示"此班已发出"的提示信息。

（2）可按班次号、终点站进行车次查询。

（3）当查询出已定票人数小于额定载量且当前系统时间小于发车时间时可进行售票，自动更新已售票人数。

（4）输入退票的班次，要求退票时必须是本班次没有发出时，方可退票，并自动更新已售票人数。

题目 37　纸 牌 问 题

若一个盒子中放有 16 张纸牌，其中有 3 张是红心，3 张是草花，6 张是方块，4 张是黑桃，问从中任取 8 个共有多少种不同的颜色搭配？

题目 38　职工信息管理系统

【说明及要求】

每个职工信息为职工号、姓名、性别、年龄、学历、工资、住址、电话等。要求系统能实现职工信息的录入、浏览、查询、删除和修改功能。

【提示】

（1）系统可以考虑菜单方式工作。

（2）录入功能实现职工信息的保存和文件保存。

（3）按工资、学历进行职工信息的查询。

题目 39   如 何 派 遣

某工作队接到一项任务，要求在 A、B、C、D、E、F 6 个队员中尽可能多地挑若干人，但有以下限制条件：

（1）A 和 B 两人中至少去一人；

（2）A 和 D 不能一起去；

（3）A、E 和 F 3 人中要派两人去；

（4）B 和 C 都去或都不去；

（5）C 和 D 两人中去一个；

（6）若 D 不去，则 E 也不去。

问应当让哪几个人去？

13.3   C 程序设计课题实训设计报告要求

1. 总体设计

要求围绕设计题目，查找相应的参考资料，进行课程设计开始前的准备过程。对所承担的设计题目进行思考、分析，同时给出题目的程序设计组成框图、流程图等。

2. 编程（或代码实现）

（1）模块功能说明（如函数功能、入口及出口参数说明，函数调用关系描述等）。

（2）源程序清单和执行结果：清单中应有必要的注释。

3. 课程设计问题讨论

例如，调试与测试：调试方法、测试结果的分析与讨论，测试过程中遇到的主要问题及采取的解决措施，以及在设计过程中对所遇问题的解决方法的探讨等。

4. 参考文献（给出自己参考过的文献资料——这点很重要！）

具体课程设计格式请参考附件 A。

附件 A：C 程序设计实训题答题参考案例

一、题目

打印所有不超过 n（n 从键盘读入）的其平方具有对称性质的数（也称回文数）。

二、问题分析

（注：问题分析讨论，在选定设计题目后，对所承担的设计题目的思考，分析过程，主要从设计的总体性上出发，展开问题分析。）

回文数是有对称性质的数，如 1*1=1，2*2=4，3*3=9，11*11=121，22*22=484 等，其中等号

右边的数为回文数。

三、流程图

打印回文数的流程图如图 A1 所示。

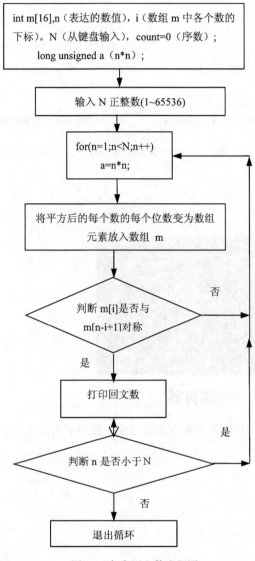

图 A1 打印回文数流程图

四、程序代码

```
#include<stdio.h>
int pd(int m)
{    while(0>m||m>65536)
    {printf("输入错误,请输入一个正整数(1~65536)");
    scanf("%d",&m);
    }
    return(m);
}
```

```
void main()
{    int m[16],n,i,count=0,N;
     long unsigned a;
     printf("请输入一个正整数(该数符合 c++6.0 的 int 或 long 即可)");
     scanf("%d",&N);
     N=pd(N);
     for(n=1;n<N;n++)
     {    a=n*n;
          for(i=0;a!=0;i++)
          {    m[i]=a%10;                    /*将求出数的平方的每一位放入数组*/
               a/=10;
          }
          int j=0;
          for(i--;j<i;j++,i--)
          {    if(m[j]!=m[i])break;          /*判断是否对称如对称就打印不对称就退出循环*/
          }
if(j>=i)printf("序数:%2d,数值:%10d,回文数为:%10d\n",++count,n,n*n);
     }
}
```

五、运行结果

六、课程设计过程问题讨论

1. 打印回文数最关键的步骤是判断数是否对称，便可求出回文数。其关键步骤如下：

```
for(i=0;a!=0;i++)
{
     m[i]=a%10;
     a/=10;
}
int j=0;
for(i--;j<i;j++,i--)
{
     if(m[j]!=m[i])break;}
```

2. 在程序开始时加入可以输入 N 值的语句，并对 N 作出判断。

3. 更改程序中的输出语句使表达更直观。

4. 输入的 N 不能超过 65 536，否则平方后会超过 VC++6.0 的 int 或 long 所能容纳的最大数 2 147 483 647。

七、参考文献

[1] 维基百科，http://zh.wikipedia.org/wiki/%E5%9B%9E%E6%96%87%E6%95%B0

[2] 百度文库，http://wenku.baidu.com/view/165199ba1a37f111f1855b45.html

第 3 篇
C 程序设计实验指导

一、C 语言实验的目的

学习《C 程序设计》课程应当熟练地掌握程序设计的全过程，即独立编写源程序、独立上机调试、独立运行程序和分析结果，不能满足于能看懂书上的程序。上机实验的目的，绝不仅仅是为了验证所编写的程序是否正确，而是为了：

（1）加深对讲授内容的理解，尤其是一些语法规定，通过实验来掌握语法规则是行之有效的方法；

（2）熟悉所用的上机环境；

（3）学会上机调试程序，根据出错信息掌握修改程序的方法；

（4）通过调试完善程序。

二、C 语言实验前的准备工作

（1）了解所用的上机环境（包括 C 编译系统）的性能和使用方法。

（2）复习和掌握与本实验有关的教学内容。

（3）准备好上机所需的程序。

（4）对程序中出现的问题应事先估计，对程序中自己有疑问的地方应先作上记号，以便上机时注意。

（5）准备好调试程序和运行程序所需的数据。

三、C 语言实验的步骤

上机实验原则上应一人一组，独立实验（如果程序太大，也可以 2～3 人一组）。上机过程中出现的问题，除了是系统的问题以外，不要轻易举手问老师。尤其对"出错信息"，应善于分析判断，找出出错的行。上机实验一般应包括以下几个步骤。

（1）双击桌面 Visual C++快捷方式进入 Visual C++,或通过执行"开始→程序→Microsoft Visual Studio 6.0→Microsoft Visual C++6.0"命令进入 Visual C++。

（2）单击"文件"菜单的"新建"命令。

（3）在打开的"新建"对话框中选择"文件"标签。

（4）选择 C++ Source File，选择文件保存位置，然后输入文件名。如图 14-1 所示。

（5）输入、编辑源程序。

（6）编译程序：按 Ctrl+F7 组合键或通过"编译"菜单中的"编译"命令，或使用工具栏中的相应工具进行编译（见图 14-2）。若程序有错则找到出错行修改程序。

（7）连接：若程序没有语法错误，则可按功能键 F7 或执行"编译"菜单中的"构件"命令或通过工具栏中的相关工具（见图 14-2），进行连接生成可执行文件。

（8）运行程序：按 Ctrl+F5 组合键，或通过"编译"菜单中的执行命令，或通过工具栏中的"!"工具（见图 14-2）运行程序。

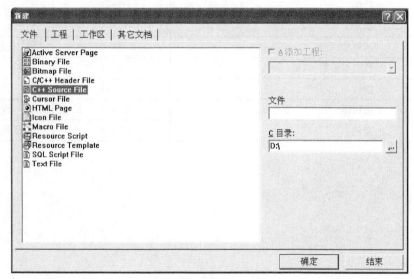

图 14-1 "新建"对话框

图 14-2 工具栏中的相应工具

四、写好 C 语言实验报告

实验报告应包括以下内容。

（1）实验目的。

（2）实验内容。

（3）程序清单。

（4）运行结果。

（5）对运行结果的分析，以及本次调试程序所取得的经验。

五、C 语言实验任务与时间安排

实 验 序 号	实 验 内 容	实 验 学 时	实 验 形 式
1	Visual C++ 6.0 集成环境的使用	2～3	验证性
2	基本数据类型与输入输出	2～3	验证性

实 验 序 号	实 验 内 容	实 验 学 时	实 验 形 式
3	顺序结构程序设计	2～3	验证性
4	选择结构程序设计	2～3	验证性
5	循环结构程序设计	2～3	验证性
6	数组	2～3	设计性
7	函数 1	2～3	设计性
8	函数 2	2～3	设计性
9	数组与函数	2～3	综合设计性
10	指针	2～3	设计性
11	结构体	2～3	设计性
12	文件	2～3	验证性与设计性

第**15**章
具体实验

实验集成环境与要求

1. 使用 Visual C++6.0 环境编写和调试程序。
2. 所有上机题应通过调试，并获得正确的结果。
3. 对程序中重要的地方作必要的注释。
4. 可以用断点调试法完成部分上机调试题，并观察运行过程。
5. 实验完成后进行必要的讨论，如给你留下印象深刻的地方（无论成果还是教训）。

实验 1　Visual C++ 6.0 集成环境的使用

1.1　实验目的

1. 掌握 VC 6.0 集成开发环境的使用方法。
2. 了解 C 语言程序从编辑、编译、连接到运行的全过程。
3. 掌握 C 语言程序的结构特征与书写规则。

1.2　实验学时要求

2～3 学时。

1.3　实验准备

1. 阅读 Visual C++ 6.0 集成环境的相关材料。
2. 复习 C 语言程序基本结构与书写规则的有关内容。

1.4　实验内容

1. 上机调试

（1）请输入以下程序，练习在 Visual C++6.0 环境下程序的编辑、编译、连接和运行。

```
#include<stdio.h>
void main()
{
```

```c
    printf("这是我的第一个程序\n");
}
```

（2）请说明以下程序的功能，并上机体会输出格式表示。

```c
#include<stdio.h>
void main()
{  int a,b,c;
   printf("Please input a,b:");
   scanf("%d%d",&a,&b);    /*注意,输入数据时,数据间用空格分隔*/
       c=a+b;
       printf("%d+%d=%d\n",a,b,c);
   }
```

（3）请说明以下程序的功能，并上机验证。体会实型数据的输出。

```c
#include<stdio.h>
float ave(float y1,float y2,float y3)
{ float y;
  y=(y1+y2+y3)/3;
  return y;
}
void main()
{  float x,y,z,a;
   scanf("%f,%f,%f",&x,&y,&z);  /* 注意,输入数据时,数据间用逗号分隔 */
   a=ave(x,y,z);
   printf("%f\n",a);
}
```

2. 实验思考

（1）输入并运行下面的程序，体会输出不同的数据格式。

```c
#include<stdio.h>
void main()
{ char c,h;
  int i,j;
  c='a';
  h='b';
  i=97;
  j=98;
  printf("%c%c%c%c\n",c,h,i,j);
  printf("%d%d%d%d\n",c,h,i,j);
}
```

（2）运行下列程序并分析出现的信息提示，体会输出格式表示。

```c
#include<stdio.h>
void main()
{
 int i=23,s;
  s=i+j;
  printf("s=%d\n",s);
}
```

实验 2　基本数据类型与输入输出

2.1　实验目的

1. 掌握 C 语言基本数据类型以及常量的表示方法、变量的定义与使用规则。

2. 掌握 C 语言的算术运算、逗号运算的运算规则与表达式的书写方法。

3. 掌握各种输入/输出函数的使用方法。

2.2　实验学时要求

2～3 学时。

2.3　实验准备

1. 复习数据类型和运算符的有关概念。

2. 复习各种类型常量的表示方法以及变量的概念与命名规则。

3. 复习输入/输出函数各种格式符的含义与使用规则。

注：作必要的注释！若调试有问题，请简单写出，请提供改进的想法或做法。

2.4　实验内容

1. 上机调试（理解体会输出 printf("")的格式）

（1）请说明以下程序的功能，并上机验证。

```
#include<stdio.h>
void main()
{ printf("\t*\n");
 printf("\t\b***\n");
 printf("\t\b\b*****\n");
}
```

（2）请说明以下程序的功能，并上机验证。

```
# include<stdio.h>
void main()
{ int x=010,y=10,z=0x10;
 char c1='M',c2='\x4d',c3='\115',c;
 printf("x=%o,y=%d,z=%x\n",x,y,z);
 printf("x=%d,y=%d,z=%d\n",x,y,z);
printf("c1=%c,c2=%c,c3=%c\n",c1,c2,c3);
printf("c1=%d,c2=%d,c3=%d \n",c1,c2,c3);
c=c1+32;
printf("c=%c,c=%d\n",c,c);
}
```

（3）请说明以下程序的功能，并上机验证。

```
#include<stdio.h>
void main()
{ int m=18,n=13;
 float a=27.6,b=5.8,x,;
 x=m/2+n*a/b+1/4;
 printf("%f\n",x);
}
```

（4）当输入是 8.5，2.5，5 时，分析程序运行结果，并上机验证。（理解体会输入 scanf()的格式）

```
#include<stdio.h>
void main()
{ float x,y;
 int z;
 scanf("%f,%f,%d",&x,&x,&z);
```

```
    y=x-z%2*(int)(x+17)%4/2;
    printf("x=%f,y=%f,z=%d\n",x,y,z);
  }
```

2. 填空题

（1）以下程序输入 3 个整数值给 a,b,c，程序把 b 中的值给 a，把 c 中的值给 b，把 a 中的值给 c，交换后输出 a,b,c 的值。例如，输入 a = 10, b = 20, c = 30,交换后 a = 20, b = 30, c = 10。

```
#include<stdio.h>
void main()
 { int a,b,c,_____;
  printf("Enter a,b,c:  ");
  scanf("%d%d%d",_____);
  _____;
  printf("%d,%d,%d",a,b,c);
 }
```

（2）以下程序输入一个大写字母，要求输出对应的小写字母。

```
        #include<stdio.h>
        void main()
        { char upperc,lowerc;
        upperc=_____;
        lowerc=_____;
  printf("大写字母");
  putchar(upperc);
  printf("小写字母");
  putchar(lowerc);
  putchar('\n');
 }
```

3. 思考题

（1）请给出程序运行结果，并上机验证。

```
#include<stdio.h>
void main()
 { char c1='a',c2='b',c3='c',c4='\101',c5=101;
  printf("a%c b%c\tc%c\tabc\n",c1,c2,c3);
  printf("\t\b%c%c",c4,c5);
  c4=65535;
  c5=-1.2345 ;
  printf ("%d%d",c4,c5);
 }
```

（2）请给出程序运行结果，并上机验证。

```
#include<stdio.h>
 void main()
   { int i=3,j=5,k,L,m=19,n=-56;
     k=++i;
     L=j++;
     m=i++;
     n-=--j;
printf("%d,%d,%d,%d,%d,%d,\n",i,j,k,L,m,n);
   }
```

（3）请给出程序运行结果，并上机验证。

```
#include<stdio.h>
void main()
```

```
{ float r,h,pi=3.1415926, c0,s0,s,v;
    printf("input r,h(m):");
 scanf("%f,%f",&r,&h);
 c0=2*pi*r;
 s0=c0*h+2*s0;
 s=c0*h+2*s0;
 v=pi*r*r*h;
  printf("c0=%.2f(m) \ns0=%.2f\ns(m20\nv=%.2f(m3) \n",c0,s0,s,v);
}
```

实验 3　顺序结构程序设计

3.1　实验目的

1. 掌握格式输入/输出函数与各种格式符的使用。
2. 掌握各类数据输入/输出的实现方法。
3. 学习完成简单的顺序结构程序设计。

3.2　实验学时要求

2~3 学时。

3.3　实验准备

1. 复习格式输入/输出语句的使用。
2. 复习各类输入/输出语句。
3. 复习简单的顺序程序设计的基本方法。

注：作必要的注释！若调试有问题，请简单写出，请提供改进的想法或做法。

3.4　实验内容

1. 上机调试

（1）输入三角形的三边长，求三角形面积。为简单起见，设输入的三边长 a、b、c 能构成三角形。从数学知识已知求三角形面积的公式为

$$\text{area} = \sqrt{s(s-a)(s-b)(s-c)}$$

其中，$s = (a+b+c)/2$。

```
#include <math.h>
void main()
{float a, b, c, s, area;
scanf("%f,%f,%f", &a, &b, &c);
s=(a+b+c)*1.0/2;//(请注意写法顺序!)
area=sqrt(s*(s-a)*(s-b)*(s-c));
printf("a=%7.2f,b=%7.2f,c =%7.2f\n", a,b,c);
printf("s =%7.2f area=%7.2f\n",s, area) ;
}
```

（2）求 $ax^2+bx+c=0$ 方程的根。a，b，c 由键盘输入，设 $b^2-4ac \geqslant 0$。众所周知，一元二次方

程式的根为

$$x_1 = \frac{-b + \sqrt{b^2 - 4ac}}{2a}, x_2 = \frac{-b - \sqrt{b^2 - 4ac}}{2a}$$

可以将上面的分式分为两项：$p = -b/2a$，$q = \sqrt{b^2 - 4ac}/2a$，即 $x_1 = p + q$，$x_2 = p - q$。

```
#include <math.h>
void main();
{float  a,b,c,disc,x1,x2,p,q;
 scanf("a=%f,b=%f,c=%f",&a,&b,&c);
 disc=b*b-4*a*c;
 p=-b/(2*a);
 q=sqrt(disc)/(2*a);
 x1=p+q;  x2=p-q;
printf("\n\nx1=%5.2f\nx2=%5.2f\n",x1,x2);
 }
```

2. 填空题：完善并实现下列程序段

（1）若要求 a,b,c1,c2 的值分别为 5、6、A 和 B，当从第一列开始输入数据时，正确的数据输入方式是_____（<CR>表示回车）。

```
int a,b;
char c1,c2;
scanf("%d%c%d%c",&a,&c1,&b,&c2);
```

  A. 5␣A␣6␣B<CR> B. 5␣A6B<CR> C. 5A6B<CR> D. 5A6␣B<CR>

（2）下面程序运行时输入：10␣11<回车>，输出_____。

```
#include<stdio.h>
void main()
{int a,b;
 scanf("%o%x",&a,&b);
 printf("a=%d,b=%d\n",a,b);
 }
```

（3）下面程序段执行时，怎样输入才能让 a=10，b=20 ？_____

```
int a,b;
scanf("a=%d,b=%d",&a,&b);
```

3. 编程题

下面程序的功能：键盘输入一个 3 位数，输出逆序后的数。例如，输入 236，输出 632。程序中有多处错误，改正后在机器上调试通过。

```
#include<stdio.h>
main()
{int x,int y, a,b,c;
 a=x/100;
 b=x/10%10;
 c=x%10;
 printf("Please input a num:");
 scanf("%d",&x);
 y=100c+10b+a;
 printf("y=%d\n",y);
```

4. 思考题

如果输入的数据可以是任意大小的数，并不限制一定是一个 3 位数，怎样才能将该数逆序并输出？

实验 4　选择结构程序设计

4.1　实验目的

1. 掌握关系表达式和逻辑表达式的运算规则与书写方法。
2. 掌握各种 if 语句和 switch 语句的使用方法。
3. 熟悉选择结构程序设计的方法。

4.2　实验学时要求

2～3 学时。

4.3　实验准备

1. 复习关系运算符与关系表达式、逻辑运算符与逻辑表达式的相关内容。
2. 复习 if 语句和 switch 语句的格式与执行过程。

注：作必要的注释！若调试有问题，请简单写出，请提供改进的想法或做法。

4.4　实验内容

1. 上机调试

（1）先分析程序的运行结果，并上机验证。

```
#include <stdio.h>
void main()
{ int a=3,b=4,c=5, x, y, z;
  x=c,b,a;  //x=? 注意逗号运算符的运用！
  y=!a+b<c&&(b!=c);  //y=?   弄清逻辑运算！
z=c/b+((float)a/b&&(float)(a/c);    //z=?弄清逻辑运算及强行转换！
printf("\n x=%d,y=%d,z=%d",x,y,z);
x=a||b--;
y=a-3&&c--;
z=a-3&&b;
printf("\n%d,%d,%d,%d,%d,%d",a,b,c,x,y,z);
}
```

（2）输入 3 个整数 x,y,z，请把这 3 个数由小到大输出。（算法：先把最小的数放到 x 上，再将 x 与 y 进行比较，如果 x>y 则将 x 与 y 的值进行交换，然后再用 x 与 z 进行比较，如果 x>z 则将 x 与 z 的值进行交换，这样能使 x 最小。）

```
#include <stdio.h>
void main()
{ int x,y,z,t;
  scanf("%d%d%d",&x,&y,&z);
  if (x>y)  {t=x;x=y;y=t;}      /*交换 x,y 的值*/
  if(x>z) {t=z;z=x;x=t;}        /*交换 x,z 的值,此时则 x 获最小值*/
  if(y>z)   {t=y;y=z;z=t;}      /*交换 z,y 的值*/
    printf("small to big: %d %d %d\n",x,y,z);
}
```

2. 编程题

（1）已知某公司员工的保底薪水为 500 元，某月所接工程的利润 profit（整数）与利润提成的关系如下（单位：元）：

profit≤1000 　　　没有提成

1000＜profit≤2000 　　提成 10%

2000＜profit≤5000 　　提成 15%

5000＜profit≤10000 　　提成 20%

10000＜profit 　　　提成 25%

请打印员工实际薪水。

```c
#include <stdio.h>
void main()
{ int grade,profit;
  float salary=500;
  printf("Input profit:");
  scanf("%d",&profit);
   grade=(profit-1)/1000;    \* (profit-1)减 1 很重要! 因为:profit≤1000  则没有提成*\
  switch(grade)
{ case 0: break;
  case 1: salary+=profit*0.1;break;
  case 2:
  case 3:
  case 4: salary+=profit*0.15;break;
  case 5:
  case 6:
  case 7:
  case 8:
  case 9: salary+=profit*0.2;break;
  default: salary+=profit*0.25;
 }
 printf("salary=%.0f\n",salary);
}
```

请按以下步骤实现并思考：（调试并注释）

① 分析程序中的 switch 结构。重点学习 case 标号的设计，本例将利润与提成的关系转换成整数的方法是，由于提成的变化点都是 1000 的整数被（1000、2000、5000、……），同时为了解决相邻两个区间重叠问题，因此采用将利润 porfit 先减 1（最小增量），然后再整除 1000。

② 输入并运行程序，用不同的利润去检验运行结果，如果结果不正确，请找出原因，改正后重新运行，直到结果正确为止。

③ 若没有 break; 结果如何？

（2）已知银行整存整取存款不同期限的年息利率分别为

2.25% 　　　期限 1 年

2.43% 　　　期限 2 年

2.70% 　　　期限 3 年

2.88% 　　　期限 5 年

3.00% 　　　期限 8 年

要求输入存钱的本金和期限，求到期时能从银行得到的利息与本金的合计。

（注：模仿上一题即可，关键：目前提供的年限为 1，2，3，5，8。不足 5 年（但超 3 年），

只能按 3 年利息计算，不足 8 年（但超 5 年），只能按 5 年利息计算。）

实验 5　循环结构程序设计

5.1　实验目的

1. 掌握 while 语句、do…while 语句和 for 语句实现循环的使用方法。
2. 掌握循环语句实现一些常用的算法。
3. 熟悉程序的跟踪调试技术。

5.2　实验学时要求

2～3 学时。

5.3　实验准备

1. 复习 while 语句、do…while 语句、for 语句、continue 语句和 beeak 语句的格式与执行过程。
2. 复习一些常用的算法，并总结它们的设计方法和思路。
3. 阅读"程序调试与测试"的相关内容。

注：作必要的注释! 若调试有问题，请简单写出，请提供改进的想法或做法。

5.4　实验内容

1. 上机调试

（1）求 n!

【提示】

① 注意结果的取值范围。

② 3 种循环方式由你选择，也可以用两种方法做。

③ 程序的简单验证：正确结果应是 3!=6, 5!=120, 8!=40320。注：可用单步跟踪（F10）观测循环语句的执行过程。

```c
#include<stdio.h>
void main()
{ int i=1,mul=1;// vc++6.0中 long int 与 int 的关系?
while (i<=10)  /*用 while 求 1*2*3*…*10 的乘积*/
   {   mul=mul*i;
    i++;
    }
   printf("\n%ld\n", mul);
}
```

（2）求 5 个数的和及平均值的程序代码如下：

```c
 #include<stdio.h>
 void main()
{  int a;
   float b,sum;
```

```
for(a=1,sum=0.0;a<6;a++)
{ printf("please input NO:%d\n",a);
 scanf("%f",&b);  /*从键盘上输入 5 个数*/
  sum+=b;  /*求输入的 5 个数的加和*/
 }
printf("average=%f\n",sum/5);/*求 5 个数的平均值,并将其输出*/
 }
```

【问题】如何实现：求 n 个数的和及平均值？

（3）从键盘输入 4 个数，求出最大值及最小值。

```
#include<stdio.h>
void main()
{  int a,max,min,i;
b=0;
for(i=0;i<4;i++)
{  printf("请输入整数");
 scanf("%d",&a);  /* 输入整数 */
 if(a>max)  max=a;
if(a<min)   min=a;
 }
printf("the bigist is: %d",max);
printf("\n 最小值 is: %d",min);
 }
```

【问题】若输入 n 个数，求出最大值及最小值。

2. 编程题

抓交通肇事者。一辆卡车违反交通规则，撞人后逃跑。现场有 3 人目击事件，但都没有记住车号，只记下车号的一些特征。甲说牌照的前两位数字是相同的；乙说牌照的后两位数字是相同的，但与前两位不同；丙是数学家，他说 4 位的车号刚好是一个整数的平方。请根据以上线索求出肇事者的车号。

提示：车牌号为 4 位。

实验 6 数 组

6.1 实验目的

1. 掌握数组的定义、初始化及数组元素的引用方法。
2. 掌握数组的赋值和输入/输出方法。
3. 掌握与数组有关的算法，如排序、查找、插入、删除、矩阵运算等。
4. 掌握字符数组和字符串函数的使用。

6.2 实验学时要求

2～3 学时。

6.3 实验准备

1. 复习数组的定义、初始化以及数组元素的引用形式，理解数组的作用。

2. 学习使用循环语句控制数组元素下标的变化，实现对数组元素的处理。

3. 复习并理解与数组有关算法的基本思路。

4. 复习字符数组的使用方法。

注：作必要的注释！若调试有问题，请简单写出，请提供改进的想法或做法。

6.4　实验内容

1．上机调试

（1）请说明以下程序的功能，并上机验证。

```c
#include <stdio.h>
 void main()
{    int i,t,a[10]={0,1,2,3,4,5,6,7,8,9};
    t=a[9];
    for(i=9;i>0;i--)
    a[i]=a[i-1];
    a[0]=t;
    printf("\n");
    for(i=0;i<10;i++)printf("%d",a[i]);
}
```

（2）数组 a 存放 10 位学生成绩，请说明程序的功能，并上机验证。

```c
#include<stdio.h>
void main()
{    int i;
    int n=10;
    float aver,a[10]={78,89,65,72,68,60,80,75,83,70};
    float max,min;
    float sum=a[0];
    max=min=a[0];
    for(i=1;i<10;i++)
     {    if(a[i]>max)
            max=a[i];
        else if  (a[i]<min)
            min=a[i];
        sum=sum+a[i];
     }
    aver=sum/n;
    printf("平均分=%f, 最高分%f, 最低分%f\n",aver,max,min);
}
```

（3）数组 a 存放一个方阵数据，请说明程序的功能，并上机验证。

```c
#include"stdio.h"
void main()
{ int a[100][100],i,j,x,y,max,sum,c,n;
printf("输入方阵的行列数:");
scanf("%d",&c);
if(c<=1) printf("输入错误!\n");
    else
        { for(i=0;i<=c-1;i++)
            for(j=0;j<=c-1;j++)
                scanf("%d",&a[i][j]);
        max=a[0][0];
        x=0,y=0;
        for(i=0;i<=c-1;i++)
```

```
        for(j=0;j<=c-1;j++)
            if(a[i][j]>max)
            {max=a[i][j];
             x=i; y=j;
            }
printf("这个方阵中最大的数是%d\n",max);
    }
sum=0;
for(n=0;n<=c-1;n++)
sum=sum+a[n][n];
printf("这个方阵主对角线的和为%d\n",sum);
}
```

2. 填空题（填空、注释并调试）

（1）以下程序的功能是若已定义：int a[11],i;：在第一个循环中给前 10 个数组元素依次赋 1、2、3、4、5、6、7、8、9、10；在第二个循环中使 a 数组前 10 个元素中的值对称折叠，变成 1、2、3、4、5、5、4、3、2、1，然后输出。请在程序的下画线处填空。

```
#include"stdio.h"
void main()
{ int a[11],i;
    for(i=1;i<=10;i++) _____=i;
    for(i=1;i<=10;i++)
        printf(" %d,",_____);
    for(i=1;i<=5;i++) _____=a[i];
    for(i=1;i<=10;i++)
        printf(" %d,",_____);
}
```

（2）以下程序的功能是：求出数组 x 中各相邻两个元素的和依次存放到 a 数组中，然后输出。请在程序的下画线处填空。

```
void main()
{ int x[10],a[9],i;
    for(i=0;i<10;i++)  scanf("%d",&x[i]);
    for( i=1; i<10;i++)  a[i-1]=x[i]+_____;
    for(i=0;i<9;i++ )  printf("%d",a[i] ) ;
    printf("\n" );
}
```

（3）以下程序的功能是进行方阵的转置。在程序的下画线处填空。

```
#include <stdio.h>
void main()
{    int i,j,t,a[4][4];
    printf("\n input a:");
    for(i=0;i<4;i++)
    for(j=0;j<4;j++)scanf("%d",&a[i][j]);
    for(i=0;i<4;i++)
    for(j=0;j<4;j++)
    {t=a[i][j];
    _____;
     a[j][i]=t;}
    for(i=0;i<4;i++)
    { printf("\n");
     for(j=0;j<4;j++)
     printf(" %d ",a[i][j]);
    }
```

实验 7　函数 1

7.1　实验目的

1. 掌握 C 语言中函数的定义格式和调用方法。
2. 掌握函数实参与形参的对应关系，理解"值传递"过程。

7.2　实验学时要求

2～3 学时。

7.3　实验准备

1. 复习函数的概念、定义、调用规则与参数传递。
2. 复习嵌套调用和递归调用的程序设计方法。

注：作必要的注释！若调试有问题，请简单写出，请提供改进的想法或做法。

7.4　实验内容

本节实验考查的是函数的基本调用。

1. 请单步跟踪（F10）运行下面程序，主要体会函数的调用过程，加深对函数的理解。运行并且提供相应的结果。

```
#include<stdio.h>
fun(int x,int y,int z)
{    int sum=0;
     sum=x+y+z;
     printf("%d",sum);
}
void main()
{    int a,b,c;
     a=10;
     b=5;
     c=3;
     fun(a,b,c);
}
```

2. 以下程序通过函数 SunFun 和 f(x)，x=0 到 10，这里 f(x)=x^2+1，由 F 函数实现，请填空。（本题考查的是函数的基本调用）

```
#include <stdio.h>
void main()
{ printf("The sun=%d\n",SunFun(10));}
SunFun(int n)
{ int x,s=0;
  for(x=0;x<=n;x++)  s+=F(_____);
  return s;
}
```

```
F(int x)
{ return (x*x+1);}
```

3. 请读程序。(作必要的注释)

```
#include <stdio.h>
f(int b[],int n)
{   int i,r;
    r=1;
    for(i=0;i<=n;i++)  r=r*b[i];
    return r;
}
void main()
{   int x,a[]={2,3,4,5,6,7,8,9};
    x=f(a,3);
    printf("%d\n",x);
}
```

上面程序的输出结果是_____。

A. 720   B. 120   C. 24   D. 6

4. 下面程序的输出是_____。

```
int  m=13;
int fun2(int x,int y)
{   int m=3;
    return(x*y-m);
}
void main( )
{   int a=7,b=5;
    printf("%d\n",fun2(a,b)/m);}
```

A. 1   B. 2   C. 7   D. 10

5. (选作/提高题)给定程序的功能是将大写字母转换为对应小写字母之后的第 5 个字母；若小写字母为 v~z，使小写字母的值减 21。转换后的小写字母作为函数值返回。例如，若形参是字母 A，则转换为小写字母 f；若形参是字母 W，则转换为小写字母 b。(作必要的注释)(本题考查的是函数的基本调用，及一些简单算法的掌握情况)

```
#include <stdio.h>
#include <ctype.h>
char  fun(char  c)
{   if( c>='A' && c<='Z')
    c=c+32;
    if(c>='a' && c<='u')
/***************found**************/
  c=c+___1___;
  else if(c>='v'&&c<='z')
      c=c-21;
/***************found**************/
    return ___2___ ;
}
void main()
{ char  c1,c2;
   printf("\nEnter a letter(A-Z): "); c1=getchar();
   if( isupper( c1 ) )
 {/************found************/
  c2=fun(___3___);
   printf("\n\nThe letter \'%c\' change to \'%c\'\n", c1,c2);
```

```
    }
 else printf("\nEnter (A-Z)!\n");
}
```

实验 8　函数 2

8.1　实验目的

1. 掌握函数实参与形参的对应关系，理解"值传递"过程。
2. 理解函数的嵌套调用和递归调用。
3. 理解全局变量和局部变量、动态变量和静态变量的概念与使用方法。

8.2　实验学时要求

2～3 学时。

8.3　实验准备

1. 复习函数的概念、定义格式、调用规则与参数传递。
2. 复习嵌套调用和递归调用的程序设计方法。

注：作必要的注释！若调试有问题，请简单写出，请提供改进的想法或做法。

8.4　实验内容

本节实验在于考查的是函数的其他调用。

1. 下面程序的输出是_____。

```
#include <stdio.h>
void main( )
{ int t=1;
fun( fun ( t ) );
}
fun( int h )
{  static int a[3]={1,2,3};
int k;
for (k=0;k<3;k++)a[k]+=a[k]-h;
for (k=0;k<3;k++)printf("%d,",a[k]);
printf("\n");return(a[h]);
}
```

  A. 1,3,5,1,5,9, B. 1,3,5,1,3,5, C. 1,3,5,0,4,8, D. 1,3,5,-1,3,7,

注：本题的考查点是函数的反复调用，static 变量的使用。

2. 以下程序的输出结果是_____。

```
#include <stdio.h>
void main( )
{  int w=5;  fun(w);  printf("\n"); }
fun(int  k)
{   if(k>0)  fun(k-1);
printf("%d ",k);
}
```

A. 5 4 3 2 1   B. 0 1 2 3 4 5

C. 1 2 3 4 5   D. 5 4 3 2 1 0

注：本题的考查点是函数的递归调用。

3. 有如下程序

```c
#include <stdio.h>
long fib(int n)
{   if(n > 2)
return (fib(n-1) + fib(n - 2));
else
return (2);
}
void main( )
{   printf("%d\n",fib(3));
}
```

该程序的输出结果是_____。

A. 2   B. 4   C. 6   D. 8

注：本题的考查点是函数的递归调用。

4. 有如下程序

```c
#include <stdio.h>
int func(int a, int b)
{   return(a+b);  }
void main( )
{   int  x=2,y=5,z=8,r;
r=func(func(x,y),z);
printf("%d\n",r);
}
```

该程序的输出结果是_____。

A. 12   B. 13   C. 14   D. 15

注：本题的考查点是函数作为参数再调用。

5.（提高题）给定程序功能是计算 $S=f(-n)+f(-n+1)+\cdots+f(0)+f(1)+f(2)+\cdots+f(n)$的值。例如，当 n 为 5 时，函数值应为 10.407143。请填空，使它能得出正确结果。

【注意】不要改动 main 函数，不得增行或删行，也不得更改程序的结构。

$$f(x) = \begin{cases} (x+1)/(x-2) & x>0 且 x! = 2 \\ 0 & x = 0 或 x = 2 \\ (x-1)/(x-2) & x < 0 \end{cases}$$

```c
#include <stdio.h>
#include <math.h>
float f( double x)
{
   if (x == 0.0 || x == 2.0)
/************found***********/
    return ___1___;
   else if (x < 0.0)
    return (x -1)/(x-2);
   else
    return (x +1)/(x-2);
}
```

```
double fun( int  n )
{ int i;  double   s=0.0, y;
/************found***********/
    for (i= -n; i<=___2___; i++)
    {y=f(1.0*i); s += y;}
/************found***********/
    return ___3___;
}
void main ( )
{
    printf("%f\n", fun(5) );
}
```

注：本题的考核点是 C 语言中函数的入口参数和类型转换。

实验 9　数组与函数

9.1　实验目的

学会数组与函数调用的综合使用。

9.2　实验学时要求

2～3 学时。

9.3　实验准备

1. 复习数组及其相关算法。
2. 复习函数的相关知识及调用。

注：作必要的注释。

9.4　实验内容

1. 填空

（1）给定程序的功能是将十进制正整数 m 转换成 k 进制（$2 \leqslant k \leqslant 9$）数的数字输出。

例如，若输入 8 和 2，则应输出 1000（即十进制数 8 转换成二进制表示是 1000）。

```
#include <stdio.h>
void fun( int m, int k )
{ int aa[20], i;
  for( i = 0; m; i++ ) {
/**********found*********/
    aa[i] = ___1___;
/**********found*********/
    m /= ___2___;
  }
  for( ; i; i-- )
/**********found*********/
    printf( "%d", ___3___[ i-1 ] );
}
void main()
```

```
{   int b, n;
    printf( "\nPlease enter a number and a base:\n" );
    scanf( "%d %d", &n, &b );
    fun( n, b );
}
```

提示：本题的考核点是调用数制的转换函数，实现数制的转换。

将十进制正整数转换为 k 进制（$2 \leqslant k \leqslant 9$）数的方法如下：

将已知的十进制正整数反复除 k，余数为 $k-1$，相应位为 $k-1$；余数为 0，相应位为 0。从低位向高位逐次进行，一直到用 k 去除后，商为 0 时为止，最后一次除法所得的余数为 Xn，则 $XnXn-1Xn-2 \cdots X1X0$。

（2）给定程序的功能是对 a 数组中 n 个人员的工资进行分段统计，各段的人数存到 b 数组中：工资为 1000 元以下的人数存到 b[0] 中，工资为 1000～1999 元的人数存到 b[1]，工资为 2000～2999 元的人数存到 b[2]，工资为 3000～3999 元的人数存到 b[3]，工资为 4000～4999 元的人数存到 b[4]，工资大于为 5000 元的人数存到 b[5] 中。

例如，当 a 数组中的数据为 900、1800、2700、3800、5900、3300、2400、7500、3800，调用该函数后，b 中存放的数据应是：1、1、2、3、0、2。

```
#include <stdio.h>
void fun(int a[], int b[], int n)
{ int i;
/***************found***************/
  for (i=0; i<6; i++) b[i] = ___1___;
  for (i=0; i<n; i++)
    if (a[i] >= 5000)  b[5]++;
/***************found***************/
    ___2___ b[a[i]/1000]++;
}
void main()
{   int i, a[100]={ 900, 1800, 2700, 3800, 5900, 3300, 2400, 7500, 3800}, b[6];
    fun(a, b, 9);
    printf("The result is: ");
/***************found***************/
    for (i=0; i<6; i++)  printf("%d ", ___3___);
    printf("\n");
}
```

提示：本题的考核点是调用统计工资段函数，实现统计工资段的算法。

解题思路：本题先对数组 b 初始化，通过 for 循环 a[i]/1000，将工资整除 1000 后存放到数组 b 中，再通过 b[a[i]/1000]++ 运算进行累加，即实现了各个工资段的人数的统计。

2. 改错

（1）以下程序的功能是：先从键盘上输入一个 3 行 3 列矩阵的各个元素的值，然后输出主对角线元素之积。

```
#include <stdio.h>
int fun()
{ int a[3][3],sum;
  int i,j;
/************found************/
  _____;
  for (i=0;i<3;i++)
  { for (j=0;j<3;j++)
```

```
/************found***********/
      scanf("%d" a[i][j]);
   }
   for (i=0;i<3;i++)
     sum=sum*a[i][i];
   printf("Sum=%d\n",sum);
}
void main()
{   fun();   }
```

提示：本题的考核点是 C 语言的基本语句的使用。

（2）以下程序的功能是：读入一个整数 m（$1 \leqslant m \leqslant 10$）和 m 位学生的学号、数学课考分和计算机课考分，并从中查找第一个数学课考分 < 80 且计算机课考分 < 70 的学生，若有则输出他的学号和两门课分数，否则输出"Not found!"。例如，

若输入：	若输入：
"4"和 101 91 86	"5"和 101 91 86
213 87 75	213 87 75
345 79 67	345 79 81
420 83 87	420 83 87
	537 65 77

则输出：	则输出：
The one found:	Not found!
345　79　67	

```
#include <stdio.h>
#define  M 10
struct student { int num; int math; int cmpt; };
int Find( int n, struct student ss[] )
{ int i;
   for( i = 0; i < n; i++ )
      if( ( ss[i].math < 80 )&&( ss[i].cmpt < 70 ) )
            break;
/************found***********/
   _____

   }
void main()
{ int i, m;
  struct student tt[M];
  printf( "\nPlease enter number of students: " );
  scanf( "%d", &m );
  printf( "\nPlease enter their num and marks of math and cmpt: \n" );
/************found***********/
  for( i = 0; i < m; i++ )
  scanf( "%d %d %d", tt[i].num, tt[i].math, tt[i].cmpt );
  printf( "\nThe students' num and marks entered: " );
  for( i = 0; i < m; i++ )
   printf( "\n%3d %3d %3d", tt[i].num, tt[i].math, tt[i].cmpt );
  if( ( i = Find( m, tt ) ) == -1 )
   printf( "\nNot found!\n" );
  else
   printf( "\nThe one found:" );
```

```
        printf( "\n%3d %3d %3d\n", tt[i].num, tt[i].math, tt[i].cmpt );
    }
}
```

提示：本题的考核点是 C 语言中循环语句和常用函数的使用。

从主函数中可以看出，如果 Find 函数没有找到符合条件的记录，返回–1，否则返回相应的记录号。Find 函数的 for 循环用来寻找符合条件的记录，如果找到则中断循环，此时循环变量的值即为符合条件的记录号。

实验 10　指　　针

10.1　实验目的

1. 掌握 C 语言中指针的概念，掌握指针变量的定义和使用方法。
2. 掌握指针与变量、指针与数组的关系。
3. 掌握指针与函数的关系。
4. 掌握指针与字符串的关系。

10.2　实验学时要求

2～3 学时。

10.3　实验准备

1. 复习指针变量的概念、定义与相关操作。
2. 复习数组元素的多种形式。
3. 复习指针变量作为函数参数的相关内容。

注：作必要的注释！若调试有问题，请简单写出，请提供改进的想法或做法。

10.4　实验内容

1. 请分析下面程序并上机运行。（体会指针变量的基本使用方法，给出程序运行结果并补充注释）

```c
#include<stdio.h>
void main()
{   int a,b,k=4,m=6,*p1=&k,*p2=&m;
    a=p1==&m ;   //注释：
    b=(*p1)/(*p2)+7;   //注释：
    printf("a=%d\n",a);
    printf("b=%d\n",b);
}
```

2. 输入 N 个学生的成绩，输出其中超过平均分的人数。（填空，注释修改的地方、修改内容及原因）

注：循环体中 a++ 的作用是每执行一次循环体就让指针变量 a 指向下一个元素，使以后的访问直接访问 a 所指向的内存单元，不需要再作地址计算，以节省计算时间。语句 a-=n 的作用是使

a 恢复其初始指向，使后面的循环访问能正确进行。

```
#include<stdio.h>
int over_aver_number(int *a,int n);
void main()
{
    int i,number,a[100];
printf("\n 请输入 N(<100)的值:");
_____
        printf("\n Enter %d 个学生的成绩数组 a:",N);
        for(i=0;i<N;i++) scanf("%d",&a[i]);
        number=over_aver_number(a,N);
printf("\n 输出其中超过平均分的 number=%d, number);
int over_aver_number(int *a,int n)
{
    int i,number=0;
    float aver=0;
    for(i=0;i<n;i++) aver+=*a++;
    aver/=n;
    a-=n;
    for(i=0;i<n;i++) if(*a++>=aver) number++;
    return number;
}
}
```

3. 下面程序的输出结果是_____。(本题的考查点是通过指针引用数组元素)

```
void main()
{ int i,x[3][3]={9,8,7,6,5,4,3,2,1}, *p=&x[1][1];
    for(i=0;i<4;i+=2) printf("%d",p[i]);
}
```

  A. 52   B. 51   C. 53   D. 97

4. 以下程序执行后输出的结果是_____。

注：变量的地址，可以实现值的变换；变量传递值时，按"单向传送"的"值传递"方式，形参值的改变可以传给实参吗?

```
void f(int y,int *x)
{   y=y+*x;  *x=*x+y; }
void main()
{   int x=2,y=4;
    f(y,&x);
    printf("%d,%d\n",x,y);
}
```

请修改程序，不用指针，只用函数调用，结论相同，而且容易理解。

5. 给定程序的功能是根据公式计算 S，计算结果通过形参指针 Sn 传回，n 通过形参传入。

$$Sn = \frac{1}{1} - \frac{1}{3} + \frac{1}{5} - \frac{1}{7} + \cdots + (-1)^n \frac{1}{2n+1} \qquad n = 0,1,2\cdots$$

例如：若 n 的值为 15 时，输出的结果是：S=0.769788 n=15。

请在程序的下画线处填入正确的内容并把下画线删除，使程序得出正确结果。

【注意】不得增行或删行，也不得更改程序的结构。

```
#include <stdio.h>
void fun(float *sn, int n)
{/**************found*************/
```

```
    int i,j=___1___;
    float s=0.0;
    for(i=0;i<=n;i++) {
      s=s+j*1.0/(2*i+1);
      j*=-1;
    }
/**************found*************/
    ___2___=s;
}
void main()
{   int n=15; float s;
/**************found*************/
    fun(___3___);
    printf("S=%f N=%d\n", s, n);
}
```

注：本题的考核点是公式算法。

另：提高点：在 main()函数中 n 的值任意输入。

```
     int n; double s;
    printf("请输入 n 的值:\n");
    scanf("%d",&n); //不能漏掉&！
```

实验 11   结   构   体

11.1   实验目的

1. 掌握 C 语言中结构体的概念与定义方法。
2. 掌握结构体变量的定义和引用。
3. 掌握结构体的应用。

11.2   实验学时要求

2～3 学时。

11.3   实验准备

1. 复习结构体的概念、定义以及结构体变量、数组的定义和使用方法。
2. 复习结构体指针及其使用方法。

注：在你认为重要或需要的地方作必要的注释。

11.4   实验内容

1. 以下程序的输出是_____。

```
struct st
{   int x; int *y;} *p;
    int dt[4]={10,20,30,40};
    struct st  aa[4]={50,&dt[0],60,&dt[0],60,&dt[0],60,&dt[0]};
void main()
{    p=aa;
```

```
        printf("%d\n",++(p->x));
    }
```

    A. 10   B. 11   C. 51   D. 60

   2. 分析运行下面程序：输入 8 个学生的学号、姓名、年龄，求出其中年龄最大者和最小者（通过该例题回顾结构体类型变量的定义和引用）。

```
#include<stdio.h>
struct student
{
    int num;
    char name[10];
    int age;
```

上机运行程序，试分析程序中，哪些是对结构体变量的成员引用，哪些是整体引用？

   3. 有以下程序

```
#include <stdio.h>
struct tt
{   int  x; struct tt *y ; }*p;
struct tt  a[4]={20,a+1,15,a+2,30,a+3,17,a};
void main()
};    / *以上是对结构体类型 student 的定义*/
void main()
{
    int i;
    struct student stu,stumax,stumin;
/*以上是对结构体类型 stu,stumax,stumin 的定义*/
    stumax.age=0;stumin.age=600;
    printf("\n input data:");
    for(i=0;i<8;i++)
 {
scanf("%d%s%d",&stu.num,stu.name,&stu.age);
 if(stu.age>stumax.age)   stumax=stu;
 if(stu.age<stumin.age)   stumin=stu;
     }
   printf("\n biggest:%6d%20s%6d", stumax.num, stumax.name,stumax.age);
printf("\nyoungest:%6d%20s%6d",stumin.num,stumin.name,stumin.age);
 }
```

请按以下步骤实习和思考：

对于此例来说，用结构体变量作为数据结构有何优越性？

```
{   int  i;
    p=a;
    for(i=1;i<=2;i++)
      { printf("%d,",p->x); p=p->y; }
}
```

程序的运行结果是_____。

   4. 已知学生的记录由学号和学习成绩构成，N 名学生的数据已存入 a 结构体中，给定程序的功能是找出成绩最低的学生记录，通过形参返回主函数，请填空。

```
#include <stdio.h>
#include <string.h>
#define  N  10
typedef  struct  ss
{ char  num[10];  int  s; } STU;
fun(STU a[], STU *s)
```

```
{/***************found*************/
    _____①_____  h;
    int   i ;
    h = a[0];
    for ( i = 1; i < N; i++ )
/***************found*************/
      if ( a[i].s < h.s )_____②_____ = a[i];
/***************found*************/
    *s = _____③_____;}
void main()
{ STU  a[N]={{"A01",81},{"A02",89}, {"A03",66}, {"A04",87},{"A05",77}, {"A06",90},
{"A07",79},{"A08",61}, {"A09",80},{"A10",71} }, m ;
    int   i;
 printf("***** The original data *****\n");
    for ( i=0; i< N; i++ )
printf("No=%s Mark=%d\n",a[i].num,a[i].s);
fun ( a, &m );
printf ("***** THE  RESULT *****\n");
printf ("The lowest: %s , %d\n",m.num, m.s);
}
```

实验 12　文　　件

12.1　实验目的

1. 掌握 C 语言中文件和文件指针的概念。
2. 掌握文件的基本操作（打开、关闭、读/写等）。

12.2　实验学时要求

2～3 学时。

12.3　实验准备

1. 复习文件的概念。
2. 复习各种文件操作函数的使用方法。

注：作必要的注释！若调试有问题，请简单写出，请提供改进的想法或做法。

12.4　实验内容

1. 上机调试（对你认为重要的部分作注释）

（1）对下面程序的加粗部分进行注释，该程序的功能是：将一串字符串写到 c：\ a.txt 文件中，
如果该文件不存在，则创建它。

```
#include<stdio.h>
#include<stdlib.h>
void main()
{FILE *fp;
char *mystr,*temp;
fp=fopen("c:\\a.txt","wt");
```

```
mystr="A programming language is an artificial language designed to communicate
instructions to a machine, particularly a computer.";
/*printf("%s",mystr);*/
temp=mystr;
while(*temp!='\0')
{   fputc(*temp,fp);
    temp++;
}
fclose(fp)!
printf("文件写入成功! ");
}
```

（2）请上机调试以下程序，说明它的功能，并对加粗部分进行注释。

```
#include<stdio.h>
#include<stdlib.h>
void main()
{ FILE *fp;
char ch,st[20]
if((fp=fopen("c:\\a.txt","at+"))==NULL)
{ printf("Cannot open file strike any key exit!");
    exit(1);
}
printf("input a string:\n");
scanf("%s",st);
fputs(st,fp);
rewind(fp);
ch=fgetc(fp);
while(ch!=EOF)
{    putchar(ch);
    ch=fgetc(fp);
}
printf("\n");
fclose(fp):
}
```

2. 填空题

（1）该程序的功能是向 c:\stu_list 文件中写入两个学生数据，然后读出这两个数据，请完善下列程序。

```
#include<stdio.h>
#include<stdlib.h>
struct stu
{char name[10];
int num;
int age;
char addr[15];
};
struct stu boya[2],boyb[2],*pp,*qq;
void main()
{ FILE *fp;
char ch;
int i;
pp=boya;
qq=boyb;
if((fp=fopen("c:\\stu_list","wb+"))==NULL)
    {printf("Cannot open file, strike any key exit!");
```

```
        exit(1);
      }
  printf("\ninput data\n");
  for(i=0;i<2;i++,pp++)
      scanf("%s%d%d%s",pp->name,&pp->num,&pp->age,pp->addr);
  pp=boya;
  fwrite(pp,_____,fp);
  rewind(fp);
  fread(qq,_____,fp);
  printf("\n\nname\tnumber      age         addr\n");
  for(i=0;i<2;i++,qq++)
      printf("%s\t%5d%7d%s\n",qq->name,qq->num,qq->age,qq->addr);
  fclose(fp);
  }
```

（2）从键盘上输入 10 个整数，将其存到 c:\a 文件中，请完善下面的程序。

```
#include<stdio.h>
void main()
{FILE *fp;
int myint[10],i;
if((fp=fopen("c:\\a","wb+"))==NULL)
{    printf("Cannot open file,strike any key exit!");
     exit(1);
}
printf("input nums:\n");
for(i=0;i<10;i++)
{_____
}
  fwrite(myint,sizeof(int),10,fp);
   printf("\nsucess! ");
   fclose(fp);
}
```

3. 编程题

编写程序，实现矩阵（3 行 3 列）的转置（即行列互换）。例如：

输入下面的矩阵：　　|　　程序输出：

```
    100  200  300  |   100  400  700
    400  500  600  |   200  500  800
    700  800  900  |   300  600  900
```

【注意】部分源程序存在文件 prog.c 中。

```
#include <stdio.h>
void NONO();
int fun(int array[3][3])
{
}
void main()
{   int i,j;
    int array[3][3]={{100,200,300},
                      {400,500,600},
                      {700,800,900}};
    for (i=0;i<3;i++)
    {   for (j=0;j<3;j++)
        printf("%7d",array[i][j]);
        printf("\n");
```

```
    }
    fun(array);
    printf("Converted array:\n");
    for(i=0;i<3;i++)
    {   for(j=0;j<3;j++)
        printf("%7d",array[i][j]);
        printf("\n");
    }
 NONO( );
 }
 void NONO( )
 {/* 请在此函数内打开文件,输入测试数据,调用 fun 函数,输出数据,关闭文件*/
    int i,j;
    FILE  *wf ;
    int array[3][3]={{100,200,300},
                     {400,500,600},
                     {700,800,900}};
    wf = fopen("a11.out", "w") ;
    fun(array);
    for(i=0;i<3;i++)
    {    for(j=0;j<3;j++)
    fprintf(wf,"%7d\n",array[i][j]);
     }
    fclose(wf) ;
 }
```

提示：请勿改动主函数 main 和其他函数中的任何内容，仅在函数 fun 的花括号中填入你编写的若干语句。

本题的考核点是 3 行 3 列矩阵转置算法。

解题思路：通过两重循环和一个中间数组完成转置。方法是通过循环将原数组中的 i 行 j 列上的数赋值予中间数组的 j 行 i 列，最后再将中间数组的值赋予原数组，形成转置后的矩阵。

第16章
常见错误分析和程序调试

　　C语言功能强，使用方便灵活，所以得到广泛应用。一个有经验的C语言程序人员可以编写出能解决复杂问题的、运行效率高、占内存少的高质量程序。但是要真正学好、用好C语言并不容易。C语言"灵活"固然是好事，但也不容易掌握。尤其是初学者，程序出错了也不知错在何处。C语言编译程序不如其他高级语言那样严格，因此程序员应该不断积累经验，提高程序设计和调试程序的水平。

一、常见错误分析

1. 遗漏分号或分号位置错误
下面语句中printf语句遗漏分号，而for语句又多了分号
```
printf("How are you?\n")     /*遗漏分号*/
       for(i=0;i<100;i++);/*不应有分号*/
```
请读者注意，这是一个常见的错误。就是水平较高的程序员有的也会犯此类错误。

2. 路径表示的错误
反斜杠（\）表示一个DOS的路径。但C语言中表示一个换码字符（例如\n换行，\t制表符），因此一定要表示路径时应用两个反斜杠。
```
fp=fopen("c:\new \ tools.C", "r");/*错误*/
fp=fopen("c:\\new\\tools.c", "r");/*正确*/
```

3. 混淆赋值号（=）与比较符（==）
C语言中"="是赋值符，"=="是比较符，检查前后两个表达式是否相等。
```
if(a=b) puts("Egual");
else puts("Not egual");     /*错误*/
       if((a==b) puts("Egual");
       else puts("Not egual")     /*正确*/
```
同样要注意千万不要忘记puts("Egual")后面的分号（；）。

4. 遗漏花括号
C语言中对复合语句应加上花括号，不能遗漏。例如：
```
       sum=0;
       i=1;
       while(i<=100)
       sum=sum+i;
         i++;
```
的本意是实现1+2+3+…+100。但上面语句只重复执行sum+1操作，而且陷入无限循环，其原因

是 i 值始终没有变化，因此必须在 while 语句中加上花括号：

```
while(i<=100)
    { sum=sum+i;
        i++;
    }
```

5. 括号不配对

语句中出现多层括号时，易犯这类错误，主要是粗心所致。

例如：

```
while((c=getchar()!='#')
    putchar(c);
```

缺少一个右括号。

6. 大小写字母的区别

例如：

```
void main()
{ int a, b, c;
    a=2; b=3;
    C=A+B;
    printf("%d+%d=%d", A, B, C);
    }
```

编译时 a 和 A 是两个不同变量，同样 b 和 B，c 和 C 都代表不同的变量。

7. 忘记定义变量

```
void main()
{ a=2; b=3;
  c=a+b
printf("%d+%d=%d", a, b, c);
}
```

C 语言中对变量应先定义，后使用，即程序中遗漏了 a、b 和 c 的定义，应开头加上 int a, b, c；学习过 BASIC 语言或 FORTRAN 语言的读者较易犯这样的错误。

8. 错误使用指针

指针是最易混淆的概念，应注意何时使用指针?何时不用指针?何时用指示操作符（'*'）?何时用操作符地址（'&'）?

（1）使用初始化指针

一个严重问题是赋予一个值给某个指针，但该指针尚未赋予地址。例如：

```
void main()
{ int *iptr;
    *iptr=421;
    printf("*iptr=%d\n",*iptr);
    }
```

上例中把值 421 放入 iptr 所指地址单元中去，但 iptr 地址是不定的，有可能破坏机器代码本身，因此应事先对指针分配空间，如在使用 xiptr = 421;之前，应增加语句 iptr = (int*)malloc(sizeof(int));，这样的错误往往较难以发现。

（2）字符串

字符串可以定义为 char 指针，也可定义为 char 数组。例如：

```
void main()
{ char *name;
```

```
        char msg[10];
        printf("what is your name?");
        scanf("%s",name);
        msg="Hello,";
        printf("%s%s",msg,name);
    }
```

本例有两个错误。

① scanf（"%s", name）; 本身是合法的，name 是指针，前面不能加上'&'，然而程序没有为 name 事先分配内存空间，name 指针指向随机的地址，因此往往会得到警告：Possible use of'name'before definition。为此，可在该语句之前加上语句

"name=(char *)malloc(10);"，并且在程序开头加上#include(alloc.h)。

② msg = "Hello,";，编译认为是把 msg 设为常量字符串"Hello"的地址，而数组名是常量而不是变量，系统会给出错误信息。为此可以把该语句修改为

```
        strcpy(msg,"Hello,");
```

解决以上问题的另一种方法是把花括号中前两个语句改为：

```
        char name[10];
        char *msg;
```

9. 开头语句中忘记中断语句 break

例如：

```
switch(score)
    {   case 5:printf("Verygood!");
        case 4:printf("Good!");
        case 3:printf("Pass!");
        case 2:printf("Fail!");
        default:printf("Data error!");
    }
```

由于漏写了 break 语句，当 score（成绩）为 5 时，输出将为 VeryGood! Good! Pass! Fail! Data error!。为改正错误，应在 case 5 到 case 2 的语句后面加上 break;。

10. 混淆字符和字符串的表示形式

例如：

```
        char sex;
        sex="M";
```

sex 是字符变量，只能放一个字符，应用 sex = 'M'；若"M"则是字符串，它包括两个字符'M'及' \ 0'，无法放入一个字符变量 sex 中。

11. 自加（++）和自减（--）错误

例如：

```
void main()
{ int *p,a[6]={1,3,5,7,9,11};
    p = a;
    printf("%d",*p++);
    }
```

不少人认为*p++是使 p 先加 1，即指向 a[1]，然后输出其中值 3，但事实上，执行 p++即先执行 p 原值，再使它+1，因此，输出 a[0]为 1，然后再进行 p 加 1；如果上式改为 x(++p)，那么先执行 p 指向 a[l]再输出 a[l]值。

12. 地址传送失败

若 a、b 是整型变量，那么 scanf("%d%d",a,b)是错误的，应改为&d 和&b。若 a、b 先说明为

指针（例如 int *a,*b），那么就不能用&d 和&b，只能用 a 和 b。

13. 数组及数组下标

（1）数组下标是从 0 开始而不是从 1 开始。例如：

```
void main()
{ int list[100],i;
        for(i=1;i<=100;i++)
        list[i]=i*i;
        }
```

本例中，丢失 list 中第一个元素 list[0]，还使用了一个不存在的元素 list[100]。正确循环应该是 for（i=0；i<100；i++）。

（2）引用数组元素时误用圆括号。例如：

```
void main()
{ int i,a(10);
  for(i=0;i<l0;i++)
    scanf("%d",&a(i));
    …
}
```

C 语言对数组定义及数组元素的使用应该用方括号而不应用圆括号。

（3）对二维或多维数组定义和引用方法不对。例如：

```
void main()
{ int a[4,5];
    …
print("%d",a[1+2,2+2]);
    …
    }
```

本例中，方括号中[1+2，2+2]是逗号表达式。其值为 4，因此方括号中实际为 4，即 a 数组第 4 行的首地址，因此 printf 输出不是 a[3][4]的值而是 a[4]的首地址。

因此定义时用 int a[4][5];，使用时用 a[1+2][2+2];。

（4）误以为数组名代表数组中的全部元素。例如：

```
void main()
 { static int a[4]={1,3,5,7};
     printf("%d%d%d\n",a);
     }
```

C 语言不能用数组名来输出 4 个元素，它仅仅是一个地址（指针），因此只能改为 printf（"%d%d%d%d\n"，a[0]，a[1]，a[2]，a[3]）；

14. int 型数据的数值范围

对 VC++6.0,int 与 long 一样，占 4 个字节，但仍然有数值范围限制，若数值超出其范围，可以考虑用 float 或 double。

15. 函数的使用

（1）将函数的形参和函数中的局部变量一起定义。例如：

```
max(x,y)
int x,y,Z;
  { z=x<y?x:y;
    return(z);
    }
```

形参应该在函数体之前定义，而函数中使用的局部变量应该在函数体内定义。因此应修改为

```
     max(x,y)
     int x,y;
       { int z;
           z=x<y?x:y;
           return(z);
           }
```

（2）所调用的函数在调用语句之后才定义，而在调用前未加说明。

```
void main()
{ float x,y,z;
     x=2.6;y=—6.7;
     z=max(x,y);
     printf("%f\n",z);
     }
     float max(x,y)
     float x,y;
       { return(z=x>y?x:y); }
     }
```

该程序编译时有出错信息，原因是 max 是实型函数，在 main 函数之后才定义，可用下列两种方法之一进行改错：

（a）在 main 函数中间增加一个对 max 函数的说明，即

```
void main()
  { float max(); /*说明 max 函数为实型*/
     float x,y,z;
  …
  }
```

（b）将 max 函数定义调到 main 之前：

```
float max(x,y)
float x,y;
  { return(z=x>y?x:y);}
void main()
{
…
}
```

（3）形参与实参关系。把一个变量传递给函数时，就构造出一个变量的副本，切记，为保持函数之间各个变量的独立性，函数是不接收实际变量的（即值传送），但数组和指针是个例外。当函数接收数组时实际上是接收数组的首地址（即地址传送），形参的改变返回给实参。

例如：

```
void main()
  { int x=7;
     square(x);
     printf("\n The square is%d",x);
     }
square(i)
int i;
  { return(i*i);
  }
```

本例中程序员传递 x 的一个副本到形参 i，在函数中 i 变成 i*i，但一离开 square() 就消失了副本，因而也不存在于 main() 中。

应该使用指针把 x 的地址传给该函数，即使用 square（&x），而 square() 函数也应修改如下：

```
square(i)
int *i;
{ *i*=*i;    /*即*i=(*i)*(*i)*/
}
```

当然，若通过使用返回值也可以不用指针，例如上述程序可改为

```
void main()
{ int x=8;
x=square(x);
printf("\n The square is%d",x);
}
square(i)
int i;
{ return(i*i);
  }
```

（4）函数的实参和形参类型不一致。

```
void main()
  { int a=4,b=5,c;
      c=fun(a,b)
      …
      }
  fun(x,y)
  float x,y;
  {…
  }
```

实参 a，b 为整型，形参 x，y 为实型，C 语言要求实参与形参类型一致。

（5）不同类型指针的混用。

```
void main()
{ inti=5,*p1;
   float a=1.5,*p2;
    p1=&j;p2=&a;
    p2=p1;
    printf("%d,%d\n",*p1,*p2);
    }
```

本例中使用 p2=p1 时企图使 p2 也指向 p1 的数据，但 p1 与 p2 类型不同，必须强制进行类型转换，应写为 p2=(float *)p1;，其作用是先将 p1 值转换为指向实型的指针，然后再赋予 p2。

（6）函数参数的求值顺序。例如：

```
i=5;
printf("%d,%d,%d\n",i,++i,++i);
```

许多人认为输出必然为 5，6，7。其实不然，集成环境不同将具有不同的结果。

为防止这种二义性，可以改为

```
i=5;j=i+1;k=j+1;
Printf("%d,%d,%d\n",i,j,k);
```

16. 混淆数组名及指针变量区别

```
void main()
 { int i,a[6];
      for(i=0;i<6;i++)
```

```
scanf("%d",a++);
    …
    }
```

本例企图通过 a++ 改变，使指针下降到下一个元素，但数组名代表数组首地址，它是常量而不是变量，其值不能改变，应修改为下列程序：

```
int i,a[6],*p;
p=a;
for(i=0;i<6;i++)
scanf("%d",p++);
…
```

或者

```
int a[6],*p;
for(p=a;p<a+6;p++)
scanf("%d",p);
…
```

17. 混淆结构体类型和结构体变量区别

例如：

```
struct worker
 { int num;
     char name[20];
     char sex;
     int age;
     }
worker.num=123;
strcpy(worker.name,"Gong Ming");
worker.sex='M';
worker.age=17;
…
```

是错误的，不能对类型赋值，只能对变量赋值。

上例，在结构类型定义之后应修改为

```
struct worker
{int num;
…
}
struct workerw1;    /*定义变量w1*/
w1.num=123;
strcpy(w1.name,"Gong Ming");
    w1.sex='/M';
    w1.age=17;
            …
```

18. 使用文件时忘记打开文件或打开文件方式不对

例如：

```
if((fp=fopen("fest","r"))==NULL)
   { printf("cannot open this file \n");
        exif(0);
      }
   ch=fgetc(fp);
   while(ch!='#')
     { ch=ch+4;
         fputc(ch,fp);
```

```
            ch = fgetc(fp);
        }
```

该例以 "r"（只读）形式打开文件，进行即读又写操作显然是错误的，同时也遗漏了关闭文件的语句（虽然系统退出程序时会自动关闭所打开文件，但可能会丢失数据）。

总之，程序出错有以下两种情况。

（1）语法错误：违反了 C 语言语法，这种情况下 C 语言编译时一般都给出"出错信息"并告诉你错误出现在哪一行，只要细心调试是可以很快排除的。

（2）逻辑错误：程序无违背语法规则，但执行结果与原意不符，这种错误又称运行错误，这种错误比语法错误更难检查，要求程序员有较丰富的经验。

二、错误的检出与分离

错误检测的首要工具是编译程序，它能把语法上的错误找到并分离出来。大多数编译程序会告知出错的原程序行号，所以错误的校正归结为重新编辑源程序并再次编译。

不过要注意，对于复杂的程序，编译指出的错误行号，不一定就是该行有错，一般要向前面找，对出现多种错误的程序，一般不要企图一次修改成功，因为有些错误相互关联，纠正了一个错误会纠正好几个错误，也有可能纠正一个错误又引起其他新的错误，因此在排除了确定的几个错误之后再次编译，看看还会有什么错误，然后再根据新的信息进行修改。

困难在于要寻找"逻辑错误"，或"运行中的错误"，通常这些错误只有把某些数据集合加到程序上时才表现出来，我们可以把已知的数据送入程序，并把程序"划小"，直到错误被分离开来，为此可以插入若干个 printf 语句，打印出中间结果进行检查。

当然，用 printf 语句在调试完后，还要把它去掉，为便于去掉这些语句可以编制一个专用的排错函数 debug()。提供一个把在排错过程中所用的共同信息打印出来的办法，在"排错"以后，可用编辑程序的 "查找" 功能很快地找出所有的 debug()调用并去掉这些调用。

debug()程序如下：其中 1et 为字符，c_array 为字符数组，n_array 为整型数组，num、opt 和 asize 均为整型变量,其思想是要把打印的数据类型传送给它，并由后面的 case 语句给它打印出来。getchar()作用是引起程序暂停，直到按一键之后才继续下去。

```
debug(1et,c_array,n_array,asize,num,opt)
int num,n_array[],opt,asize;
char let,c_array[];
    { int i;
    switch(opt)
{ casel:printf(" \ n The valne is%d",num);
    break;
case2:printf(" \ n The letter is%c",let);
break;
case3:puts(" \ n The numeric array contains \ n");
for(i = 0;i<asize;++i);
printf("%d",n_array[i]);
break;
case4:puts("\n The character array contains \ n");
for(i = 0;i<asize;++i)
printf("%c",c_array[i]);
break;
defaule:puts(" \ n invalid option selected")
```

```
break
}
puts("\n\t Press any key to continue…");
getchar();
}
```

显然对下述调用含意是:

```
debug(0,0,0,0,num,1);/*显示 Bum 值*/
debug(1et,0,0,0,0,2);/*显示字符*/
debug(0,0,c_array,6,0,3);/*显示字符数组 6 个元素*/
debug(0,n_array,0,6,0,4);   /*显示整数数组 6 个元素*/
debug(0,0,0,0,num,7); /*选择无效*/
```

三、程序调试

调试是对程序的查错和排错,调试程序通常分以下几个步骤。

1. 人工检查(静态检查)

程序编好后不要匆匆去上机,应对纸面上的程序认真检查,这可以发现编写程序中的许多错误。有人曾希望把一切推给计算机去做,但这样会占用过多机器时间,每个程序员应养成严谨的科学作风,不要把问题留给后面的工序。

程序编写时应注重程序的可理解性,要使程序结构清晰,易于理解也易于修改,建议:

(1)采用结构化程序设计编程;

(2)尽可能增加注解,对每段程序的作用及主要变量进行说明,好的程序注解部分占全部篇幅的 1/4~1/3;

(3)采用模块结构,不要把全部语句都放在 main()函数中,要利用函数定义及函数调用,用一个函数(模块)来完成一个功能。

2. 上机调试

上机发现错误称为动态调试,编译时可以根据提示信息找到出错之处并改正之,有时提示出错的类型并非绝对准确。由于出错情况繁多而且各种错误之间有关联,因此要善于分析,找出真正的错误。

有时显示出一大片错误信息往往使人感到问题严重,无从下手,其实可能只有一两个错误。例如,对所用的变量未定义,编译会对所有含该变量的语句发出错误信息,只要加上一个变量定义,所有错误都消失了。

改正编译错误后程序连接(Link)后,就可得到可执行程序,输入数据运行后得到结果,但应对所得结果进行分析,看它是否符合要求,为此要选择一些"试验数据"进行测试。

运行结果不对大多是逻辑错误,对这类错误往往需要仔细检查和分析才能发现。

附录 A
Visual C++6.0 集成开发环境的使用

C 源程序还可以在 Visual C++集成环境中进行编译、连接和运行,现在常用的是 Visual C++ 6.0 版本。本书以 Visual C++6.0 英文版为背景介绍 Visual C++ 6.0 的集成开发环境的使用。

1. Visual C++ 6.0 的安装和启动

Visual C++ 6.0 是 Visual Studio 的一部分,安装时找到 Visual Studio 的光盘,执行 setup.exe, 并按屏幕上的提示进行安装即可。

安装结束后,执行【开始】|【程序】|【Microsoft Visual Studio 6.0】|【Microsoft Visual C++ 6.0】菜单项,即可进入【Microsoft Visual C++ 6.0】集成开发环境,如图 A1 所示。

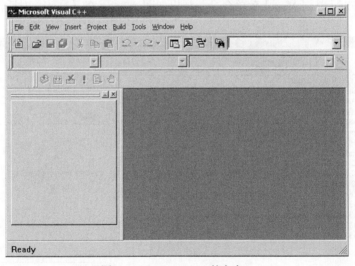

图 A1　Visual C++ 6.0 的主窗口

说明:打开 Visual C++ 6.0 的另一种方法是,先在桌面上建立 Visual C++ 6.0 的快捷方式图标, 需要时只需双击桌面上的该图标即可。

2. 主窗口

Visual C++ 6.0 主窗口的顶部是 Visual C++ 6.0 主菜单栏。主窗口的左侧是项目工作区窗口, 右侧是程序编辑窗口。工作区窗口用来显示所设定工作区的信息,程序编辑窗口用来输入和编辑 源程序。

3. 菜单栏

Visual C++ 6.0 包含 9 个菜单项:File(文件)、Edit(编辑)、View(查看)、Insert(插入)、 Project(项目)、Build(构建)、Tools(工具)、Window(窗口)和 Help(帮助)。

4. 工具栏

Visual C++ 6.0 中拥有多种类型的工具栏，每种工具栏用于执行每一类特定的操作。在菜单栏或工具栏上单击鼠标右键，将会显示如图 A2 所示的快捷菜单。

当用户想要使用某个工具栏时，只需在工具栏的快捷菜单上单击该工具栏的名称即可。在默认情况下，屏幕上只显示"Standard"、"Build MiniBar"和"WizardBar"
3 个工具栏。

5. 项目工作区

项目工作区窗口位于主窗口的左边，由"ClassView"、"ResourceView"和"FileView"3 个选项卡组成。

"FileView"选项卡中每个项目的所有文件均分为 Source Files（源文件）、Header Files（头文件）和 Resource Files（资源文件）3 种类型。此外，每个项目还包含一个说明文件 ReadMe.txt，用于提供该项目的说明信息。

6. 使用 Visual C++ 6.0 编写并运行程序

图 A2　工具栏的快捷菜单

在了解 Visual C++ 6.0 的集成开发环境后，我们在这个环境下编写并运行一个程序。
操作步骤如下。

（1）首先按照前面介绍的方法启动 Visual C++ 6.0，进入 Visual C++ 6.0 的主窗口。

（2）执行【File】|【New】菜单命令，弹出如图 A3 所示的【New】对话框。

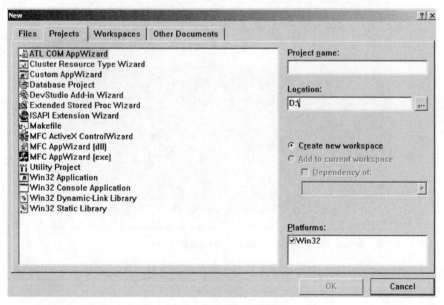

图 A3　【New】对话框

（3）在【New】对话框中建立一个新的项目。从【Projects】中选择【Win32 Console Application】，在右边的【Project name】文本框中输入程序的名字（例如：11_1，读者可以另取名字）。在【Location】文本框中输入当前程序存放的路径（D:\11，读者可以另设路径，或者单击右边的按钮可以进行更改）。设置好后单击【OK】按钮，弹出如图 A4 所示的对话框。

（4）保持默认状态下的设置，单击【Finish】按钮，弹出如图 A5 所示的对话框。

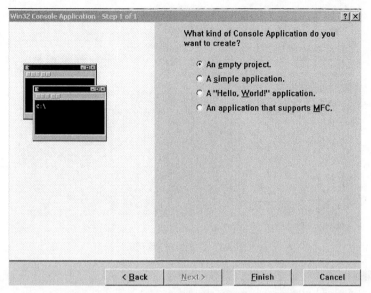

图 A4 【Win32 Console Application】对话框

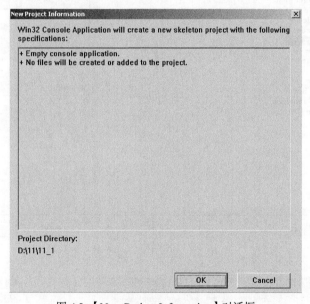

图 A5 【New Project Information】对话框

（5）单击【OK】按钮，返回到 Visual C++ 6.0 的主窗口，如图 A6 所示。这样就建立了一个新项目。

（6）接下来要添加一个程序文件，用来输入程序代码。再次单击【File】|【New】菜单命令，选择【Files】|【C++ Source File】，在右边的【File】文本框中输入文件名，如"hello.c"，并勾选【Add to project】复选框，如图 A7 所示。

（7）单击【OK】按钮，返回到 Visual C++ 6.0 的主窗口，可以看到光标在编辑窗口中闪烁，表示编辑窗口已经被激活。这时就可以输入源程序了，输入源程序后的窗口如图 A8 所示。

说明：图 A8 右下角的"Ln 1，Col 1"表示光标当前的位置在第 1 行第 1 列，当光标位置改变时，显示的数字也随之改变。

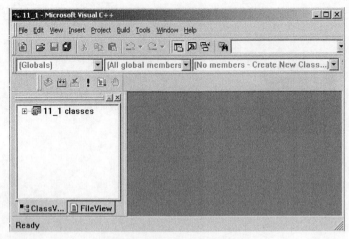

图 A6　建立了一个新项目

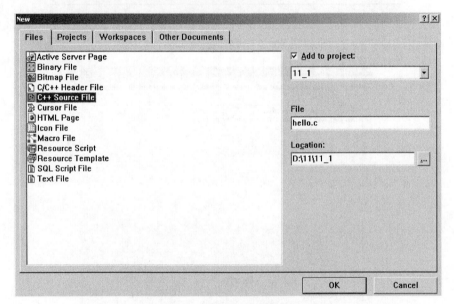

图 A7　建立了一个新文件

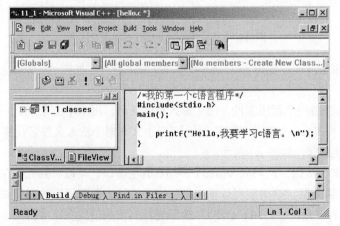

图 A8　输入源程序

（8）编辑源程序的过程中，如果能及时发现编辑中的错误，可以直接在编辑窗口中进行修改。经检查无误后，执行【File】|【Save】菜单命令（或者按快捷键【Ctrl+S】），将源程序保存在当前指定的文件夹中。

说明： 如果不想将源程序保存在原先指定的文件中，可以执行【File】|【Save As】菜单命令，在弹出的【Save As】（另存为）对话框中指定文件路径和文件名。

（9）编辑和保存完源程序后，执行【Build】|【Compile hello.c】菜单命令，对程序进行编译。此时在主窗口下面的调试信息窗口中列出了编译的信息，如果程序有错误，就会指出错误的位置和性质，如图 A9 所示。

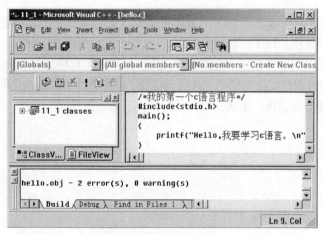

图 A9   对程序进行编译

（10）从图 A9 中可以看出，源程序有 2 个 error 和 0 个 warning。用鼠标拖动调试信息窗口中右侧滚动条的滑块，可以看到出错的位置和性质，如图 A10 所示。

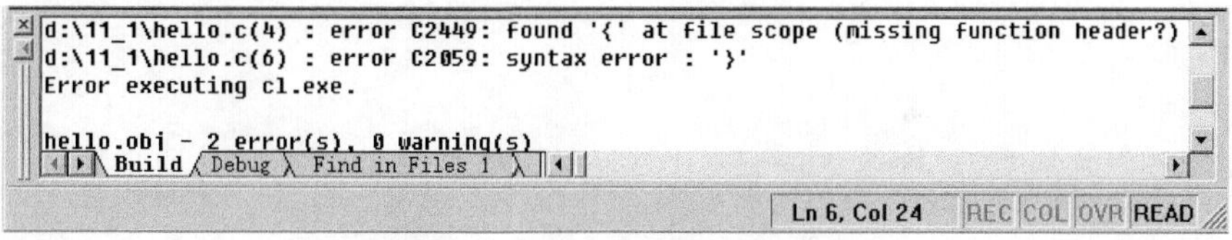

```
d:\11_1\hello.c(4) : error C2449: found '{' at file scope (missing function header?)
d:\11_1\hello.c(6) : error C2059: syntax error : '}'
Error executing cl.exe.

hello.obj - 2 error(s), 0 warning(s)
```

图 A10   查看出错的位置和性质

（11）根据提示，对程序中的错误进行修改。认为没有问题了，再执行【Build】|【Compile hello.c】菜单命令，重新编译程序。当编译信息提示"0 error(s),0 warning(s)"时，表示编译成功，此时生成一个 hello.obj 文件，如图 A11 所示。

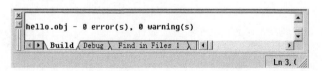

图 A11   编译成功，生成一个目标文件

（12）得到目标文件后，执行【Build】|【Build 11_1.exe】菜单命令，对程序进行连接。在调试信息窗口中显示连接信息，说明没有发现错误，生成一个可执行文件 11_1.exe，如图 A12 所示。

（13）得到可执行文件后，选择【Build】|【Execute 11_1.exe】菜单命令，执行该文件。程序执行后，屏幕切换到输出结果的窗口，显示出运行结果，如图 A13 所示。

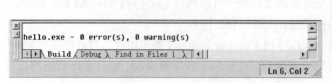

图 A12　连接成功，生成一个可执行文件　　　　　　图 A13　输出结果的窗口

说明： 以上介绍的是分步进行程序的编译和连接，也可以按 F7 键一次完成。建议初学者分步进行程序的编译和连接；对于有经验的程序员来说，可以一步完成操作。

上面介绍的是一个程序只包含一个源程序文件，如果一个程序包含多个源程序文件，则编译的时候，系统会分别对项目文件的每个文件进行编译，并将所得到的目标文件连接成为一个整体，再与系统的有关资源进行连接，生成一个可执行文件，最后执行这个文件。

附录 B
常用库函数

1. 数值函数

（1）算术函数

这里提及的算术函数的原型都包含在 math.h 头文件中。

常用的算术函数如表 B1 所示。

表 B1　　　　　　　　　　　　　　　算术函数

函　　数	功 能 描 述	例　　句
double ceil(double x)	把数值 x 向上取整，返回不小于 x 的最小整数	printf("ceil(2.8)=%f\n ",ceil(2.8));
double floor(double x)	把数值 x 向下取整，返回不大于 x 的最大整数	printf("floor(2.8)=%f\n ",floor(2.8));
double fabs(double x)	返回 x 的绝对值	printf("fabs(-2.8)=%f\n ",fabs(-2.8));
double fmod(double x, double y)	返回浮点数 x 除以 y 的余数。因为模运算符号（%）只能用于整数，因此用 fmod 计算浮点型数据相除的余数	double a=2.0,b=3.0,c; c=fmod(a,b);
double pow(double x, double y)	返回 x 的 y 次幂。如果 x 小于等于 0，y 必须是整数。如果 x 等于 0，y 不能为负数	double x=2.0,y=3.0,z; z=pow(x,y);
double sqrt(double x)	返回 x 的平方根，x 必须大于 0	double question=45.35, answer; answer=sqrt(question);

（2）三角函数

这里提及的三角函数的原型都包含在 math.h 头文件中。

常用的三角函数如表 B2 所示。

表 B2　　　　　　　　　　　　　　　三角函数

函　　数	功 能 描 述	例　　句
double sin(double x)	返回 x 的正弦值 sin(x)，x 为弧度	y= sin(x);
double cos(double x)	返回 x 的余弦值 cos(x)，x 为弧度	y= cos(x);
double tan(double x)	返回 x 的正切值 tan(x)，x 为弧度	y= tan(x);
double asin(double x)	返回 x 的反正弦值 asin (x)，x 为弧度	y= asin (x);
double acos(double x)	返回 x 的反余弦值 acos (x)，x 为弧度	y= acos (x);
double atan(double x)	返回 x 的反正切值 atan (x)，x 为弧度	y= atan (x);

续表

函　　数	功能描述	例　　句
double sinh(double x)	返回 x 的双曲正弦值 sinh(x)，x 为弧度	y= sinh(x);
double cosh(double x)	返回 x 的双曲余弦值 cosh (x)，x 为弧度	y= cosh (x);
double tanh(double x)	返回 x 的双曲正切值 tanh (x)，x 为弧度	y= tanh (x);

2. 字符函数和字符串函数

（1）字符函数

这里提及的字符函数的原型都包含在 ctype.h 头文件中。

常用的字符函数如表 B3 所示。

表 B3　　　　　　　　　　　　　字符函数

函　　数	功能描述	例　　句
int isalpha(int c)	判断 c 是否为介于 a～z 或者 A～Z 之间的字母，若是则返回非 0 值，否则返回 0	if(isalpha(c)) 　　printf("这是个字母!");
int isdigit(int c)	判断 c 是否为 0～9 范围内的数字，若是则返回非 0 值，否则返回 0	if(isdigit (c)) 　　printf("这是个数字!");
int isalnum(int c)	如果 c 是字母或者数字，即在 0～9，a～z 或者 A～Z 的范围内，则返回非 0 值，否则返回 0	if(isalnum (c)) 　　printf("这是个字母或数字!");
int isascii(int c)	如果 c 是 ASCII 字符，即介于 0x00～0x7F 之间，则返回非 0 值，否则返回 0	if(isascii(c)) 　　printf("这是个 ASCII 字符!");
int isgraph(int c)	若 c 是可打印字符（不含空格，0x21～0x7E）返回非 0 值，否则返回 0	if(isgraph(c)) 　　printf("这是个可打印字符（不含空格）!");
int isprint(int c)	若 c 是可打印字符(ASCII 码值在 0x20～0x7E 范围内）返回非 0 值，否则返回 0	if(isprint(c)) 　　printf("这是个可打印字符!");
int islower(int c)	若 c 是小写字母（a～z）返回非 0 值，否则返回 0	if(islower(c)) 　　printf("这是个小写字母!");
int isupper(int c)	若 c 是大写字母（A～Z）返回非 0 值，否则返回 0	if(isupper(c)) 　　printf("这是个大写字母!");
int tolower(int c)	若 c 是大写字母（A～Z）返回相应的小写字母（a～z）	if(isupper(c)) 　　printf("对应的小写字母是 %c\n!",tolower(c));
int toupper(int c)	若 c 是小写字母（a～z）返回相应的大写字母（A～Z）	if(islower(c)) 　　printf("对应的大写字母是 %c\n!", toupper (c));
int ispunct(int c)	若 c 是标点符号或特殊字符则返回非 0 值，否则返回 0	if(ispunct(c)) 　　printf("这是个标点符号!");
int isspace(int c)	若 c 是空格（' '），水平制表符（'\t'），回车符（'\r'），换页符（'\f'），垂直制表符（'\v'），换行符（'\n'）则返回非 0 值，否则返回 0	if(isspace(c)) 　　printf("这是个空格符号!");
int isxdigit(int c)	若 c 是十六进制数(0～9，A～F，或者 a～f 的范围内）返回非 0 值，否则返回 0	if(isxdigit (c)) 　　printf("这是个十六进制数!");

（2）字符串函数

① 字符串输入/输出函数。

这里提及的字符串函数的原型都包含在 stdio.h 头文件中。常用字符串输入/输出函数如表 B4所示。

表 B4　　　　　　　　　　　　字符串输入/输出函数

函　　数	功　能　描　述	例　　句
char *gets(char *buffer)	从标准输入设备读取输入字符，并以字符串形式存入到 buffer 中。此时，键盘输入的换行符（'\n'）变成一个'\0'	char line[81]; gets(line);
int puts(const char *string)	把字符串 string 输出到标准输出设备（一般是屏幕），字符串结尾的'\0'变成了一个换行符（\n）	char line[81]="Hello Friends."; puts(line);

② 字符串转换为数字的函数。

这里提及的字符串转换函数的原型都包含在 stdlib.h 头文件中。　常用的字符串转换为数字的函数如表 B5 所示。

表 B5　　　　　　　　　　　　字符串转换为数字的函数

函　　数	功　能　描　述	例　　句
int atoi(const char *s)	把字符串 s 转换为对应的整数，如果 s 不能转变为对应的整数，则返回 0	char *s="-9885 pigs"; i=atoi(s);
long atol(const char *s)	把字符串 s 转换为对应的长整数，如果 s 不能转变为对应的长整数，则返回长整型数值 0（即 0L）	char *s="98854 dollars"; l=atol(s);
double atof(const char *s)	把字符串 s 转换为对应的浮点数，如果 s 不能转变为对应的浮点数，则返回浮点型数值 0（即 0.0）	char *s="-2309.1e+2"; x=atof(s);

③ 字符串处理函数。

这里提及的字符串函数的原型都包含在 string.h 头文件中。常用的字符串处理函数如表 B6所示。

表 B6　　　　　　　　　　　　字符串处理函数

函　　数	功　能　描　述	例　　句
strcpy(char *str1,const char *str2)	把字符串 str2 复制到 str1 中	char str1[17]; strcpy(str1,"I am a student.");
strcat(char *str1,const char *str2)	把其中第二个字符串 str2 追加到第一个字符串 str1 后	strcat(s3,"I am");
unsigned int strlen(const char *str)	求字符串长度	Templen=strlen(temp);
int strcmp(const char *s1,const char *s2)	比较字符串 s1、s2 的大小，返回值 0 表示两个字符串相同；返回值小于 0 表示 s1 小于 s2；返回值大于 0 表示 s1 大于 s2	if(strcmp(max,temp)<0) strcpy(max,temp);

C 语言中的关键字及其功能说明

C 语言总共有 32 个关键字，如表 C1 和表 C2 所示。

表 C1　　　　　　　　　数据类型关键字（**20 个**）及其功能说明

关键字	功能：说明数据类型	类型	关键字	功能：说明数据类型	类型
void	函数无返回值或无参数或说明无类型指针（3 个作用）	基本数据类型	struct	结构体变量或函数	复杂数据类型
			union	共用（联合）体	
int	整型变量或函数		enum	枚举类型	
float	浮点型变量或函数		typedef	类型别名	
double	双精度变量或函数		sizeof	计算数据类型长度	
char	字符型变量或函数		auto	自动变量，一般不使用	存储数据类型
short	短整型变量或函数		extern	变量为外部变量	
long	长整型变量或函数		register	寄存器变量	
signed	有符号类型变量或函数		static	静态变量	
unsigned	无符号类型变量或函数		const	只读变量	
volatile	变量在程序执行中可被隐含地改变				

表 C2　　　　　　　　　流程控制关键字（**12 个**）及其功能说明

关键字	功能：流程控制说明	类型	关键字	功能：流程控制说明	类型
for	循环语句	循环结构	if	条件语句	条件语句
do	循环语句的循环体		else	条件语句否定分支（与 if 连用）	
while	循环语句的循环条件				
goto	无条件跳转语句	跳转结构	switch	开关（多分支）语句	
return	子程序返回语句（可以带参数，也看不带参数）		case	开关语句分支	
break	跳出当前循环		default	开关语句中的"其他"分支	
continue	结束当前循环，开始下一轮循环				

附录 D
C 语言的运算符种类、优先级和结合性

C 语言的运算符可分为以下几类。

1. 算术运算符

用于各类数值运算，包括加（+）、减（-）、乘（*）、除（/）、求余（或称模运算，%）、自增（++）和自减（--）7 种。

2. 关系运算符

用于比较运算，包括大于（>）、小于（<）、等于（==）、大于等于（>=）、小于等于（<=）和不等于（!=）6 种。

3. 逻辑运算符

用于逻辑运算，包括与（&&）、或（||）和非（!）3 种。

4. 位操作运算符

参与运算的量，按二进制位进行运算。包括位与（&）、位或（|）、位非（~）、位异或（^）、左移（<<）和右移（>>）6 种。

5. 赋值运算符

用于赋值运算，分为简单赋值（=）、复合算术赋值（+=，-=，*=，/=，%=）和复合位运算赋值（&=，|=，^=，>>=，<<=）3 类共 11 种。

6. 条件运算符

这是一个三目运算符，用于条件求值（？:）。

7. 逗号运算符

用于把若干表达式组合成一个表达式（,）。

8. 指针运算符

用于取内容（*）和取地址（&）两种运算。

9. 求字节数运算符

用于计算数据类型所占的字节数（sizeof）。

10. 特殊运算符

有括号()、下标[]、成员（—>，.）等几种。

上述运算符的优先级和结合性如表 D1 所示。

表 D1　　　　　　　　　　　　　运算符的优先级和结合性

优先级	运算符	含义	运算符类型	结合方向
1	()	圆括号	单目	自左至右
	[]	下标运算符		

续表

优先级	运算符	含义	运算符类型	结合方向
1	—>	指向结构体成员运算符	单目	自左至右
	.	结构体成员运算符		
2	!	逻辑非运算符	单目	自右至左
	~	按位取反运算符		
	++	自增运算符		
	—	自减运算符		
	−	负号运算符		
	（类型）	类型转换运算符		
	*	指针运算符		
	&	地址运算符		
	sizeof	长度运算符		
3	*	乘法运算符	双目	自左至右
	/	除法运算符		
	%	求余运算符		
4	+	加法运算符	双目	自左至右
	−	减法运算符		
5	<<	左移运算符	双目	自左至右
	>>	右移运算符		
6	<、<=、>、>=	关系运算符	双目	自左至右
7	==	等于运算符	双目	自左至右
	!=	不等于运算符		
8	&	按位与运算符	双目	自左至右
9	^	按位异或运算符	双目	自左至右
10	|	按位或运算符	双目	自左至右
11	&&	逻辑与运算符	双目	自左至右
12	||	逻辑或运算符	双目	自左至右
13	? :	条件运算符	三目	自右至左
14	=、+=、-=、*=、/=、%=、>>=、<<=、&=、^=、|=	赋值运算符	双目	自右至左
15	,	逗号运算符（顺序求值运算符）		自左至右

说明： 在 C 语言中，运算符的运算优先级共分为 15 级。1 级最高，15 级最低。在表达式中，优先级较高的先于优先级较低的进行运算。而在一个运算量两侧的运算符优先级相同时，则按运算符的结合性所规定的结合方向处理。各运算符的结合性分为两种，即自左至右和自右至左。例如，有表达式 x=y=a−b+c，由于算术运算的优先级别高于赋值运算，应先计算 a−b+c，即自左至右先执行 a−b 运算，再执行+c 的运算，然后再进行赋值运算。而赋值运算符 "=" 的结合性是自右至左，所以先执行赋值给 y 再执行 x=y（y 的值赋予 x）运算。

附录 E
常用专业术语的中英文对照

序号	英文	中文	序号	英文	中文
1	Address	地址	29	Member	成员
2	Application	应用	30	Modify	修改
3	Argument	参数	31	number format	数据格式
4	Array	数组	32	Open	打开
5	Call	调用	33	Operation	运算
6	Character	字符	34	Operator	运算符
7	Circle	循环	35	Parameter	参数
8	Close	关闭	36	Pointer	指针
9	Condition	条件	37	Priority	优先
10	Constant	常量	38	Process	过程
11	Create	创建	39	Read	读
12	Declaration	声明	40	Reference	引用
13	Declare	声明	41	relational expression	关系表达式
14	define、definition	定义	42	Represent	表示
15	Delete	删除	43	return value	返回值
16	Element	元素	44	Select	选择
17	Enumerate	枚举	45	Sign	符号
18	Error	错误	46	Sort	排序
19	Expression	表达式	47	Statement	语句
20	Extern	外部的	48	Static	静态的
21	File	文件	49	String	字符串
22	Function	函数	50	Structure	结构
23	Identify	标识符	51	Syntax	语法
24	Initialition	初始化	52	Tag	标记
25	Insert	插入	53	type conversion	类型转换
26	Keywords	关键字	54	Union	联合（共用体）
27	logical expression	逻辑表达式	55	Variable	变量
28	Manipulate	处理	56	Write	写

附录 F

ASCII 码表

码值			码字		码值			码字	
十进制数	八进制数	十六进制数	ASCII	按键	十进制数	八进制数	十六进制数	ASCII	按键
0	00	00	NUL	Ctrl+@	31	37	1F	US	Ctrl+-
1	01	01	SOH	Ctrl+A	32	40	20	SP	Spacebar
2	02	02	STX	Ctrl+B	33	41	21	!	!
3	03	03	ETX	Ctrl+C	34	42	22	"	"
4	04	04	EOT	Ctrl+D	35	43	23	#	#
5	05	05	ENQ	Ctrl+E	36	44	24	$	$
6	06	06	ACK	Ctrl+F	37	45	25	%	%
7	07	07	BEL	Ctrl+G	38	46	26	&	&
8	10	08	BS	Ctrl+H,Backspace	39	47	27	'	'
9	11	09	HT	Ctrl+I,ab	40	50	28	(	(
10	12	0A	LF	Ctrl+J,Line Feed	41	51	29	)	)
11	13	0B	VT	Ctrl+K	42	52	2A	*	*
12	14	0C	FF	Ctrl+L	43	53	2B	+	+
13	15	0D	CR	Ctrl+M,Return	44	54	2C	,	,
14	16	0E	SO	Ctrl+N	45	55	2D	-	-
15	17	0F	SI	Ctrl+O	46	56	2E	.	.
16	20	10	DLE	Ctrl+P	47	57	2F	/	/
17	21	11	DC1	Ctrl+Q	48	60	30	0	0
18	22	12	DC2	Ctrl+R	49	61	31	1	1
19	23	13	DC3	Ctrl+S	50	62	32	2	2
20	24	14	DC4	Ctrl+T	51	63	33	3	3
21	25	15	NAK	Ctrl+U	52	64	34	4	4
22	26	16	SYN	Ctrl+V	53	65	35	5	5
26	27	17	ETB	Ctrl+W	54	66	36	6	6
24	30	18	CAN	Ctrl+X	55	67	37	7	7
25	31	19	EM	Ctrl+Y	56	70	38	8	8
26	32	1A	SUB	Ctrl+Z	57	71	39	9	9
27	33	1B	ESC	Esc,Escape	58	72	3A	:	:
28	34	1C	FS	Ctrl+\	59	73	3B	;	;
29	35	1D	GS	Ctrl+]	60	74	3C	<	<
30	36	1E	RS	Ctrl+=	61	75	3D	=	=

续表

码值			码字		码值			码字	
十进制数	八进制数	十六进制数	ASCII	按键	十进制数	八进制数	十六进制数	ASCII	按键
62	76	3E	>	>	95	137	5F	_	_
63	77	3F	?	?	96	140	60	`	`
64	100	40	@	@	97	141	61	a	a
65	101	41	A	A	98	142	62	b	b
66	102	42	B	B	99	143	63	c	c
67	103	43	C	C	100	144	64	d	d
68	104	44	D	D	101	145	65	e	e
69	105	45	E	E	102	146	66	f	f
70	106	46	F	F	103	147	67	g	g
71	107	47	G	G	104	150	68	h	h
72	110	48	H	H	105	151	69	i	i
73	111	49	I	I	106	152	6A	j	j
74	112	4A	J	J	107	153	6B	k	k
75	113	4B	K	K	108	154	6C	l	l
76	114	4C	L	L	109	155	6D	m	m
77	115	4D	M	M	110	156	6E	n	n
78	116	4E	N	N	111	157	6F	o	o
79	117	4F	O	O	112	160	70	p	p
80	120	50	P	P	113	161	71	q	q
81	121	51	Q	Q	114	162	72	r	r
82	122	52	R	R	115	163	73	s	s
83	123	53	S	S	116	164	74	t	t
84	124	54	T	T	117	165	75	u	u
85	125	55	U	U	118	166	76	v	v
86	126	56	V	V	119	167	77	w	w
87	127	57	W	W	120	170	78	x	x
88	130	58	X	X	121	171	79	y	y
89	131	59	Y	Y	122	172	7A	z	z
90	132	5A	Z	Z	123	173	7B	{	{
91	133	5B	[	[	124	174	7C	|	|
92	134	5C	\	\	125	175	7D	}	}
93	135	5D	]	]	126	176	7E	～	～
94	136	5E	^	^	127	177	7F	Del	Del,Delete